Marco Bellabarba
Das Habsburgerreich 1765–1918

Transfer

—

Herausgegeben von
FBK - Istituto Storico Italo-Germanico /
Italienisch-Deutsches Historisches Institut

Marco Bellabarba

Das Habsburgerreich 1765–1918

Aus dem Italienischen von
Barbara Kleiner

Mit einer Vorwort von
Günther Platter

DE GRUYTER
OLDENBOURG

Originalausgabe: Marco Bellabarba, L'Impero asburgico, © 2014 by Società editrice il Mulino, Bologna.

ISBN 978-3-11-067488-0
e-ISBN (PDF) 978-3-11-067496-5
e-ISBN (EPUB) 978-3-11-067506-1

Library of CongressControl Number: 2020936374

Bibliografische Information der Deutschen Nationalbibliothek
Die Deutsche Nationalbibliothek verzeichnet diese Publikation in der Deutschen Nationalbibliografie; detaillierte bibliografische Daten sind im Internet über http://dnb.dnb.de abrufbar.

© 2020 Walter de Gruyter GmbH, Berlin/Boston
Übersetzung: Barbara Kleiner
Coverabbildung: Wien, Kärtnerstraße (Postkarte, um 1910; Privatbesitz des Autors)
Druck und Bindung: CPI books GmbH, Leck

www.degruyter.com

Vorwort

Seit ihrer Einrichtung im Jahr 2011 verfolgt die GECT (Gruppo Europeo di Cooperazione Territoriale/Europäische Gruppe für territoriale Zusammenarbeit), die von den beiden autonomen Regionen Südtirol-Alto Adige und Trentino sowie dem Land Tirol ins Leben gerufen wurde, das Ziel, die grenzüberschreitende und interregionale Zusammenarbeit unter ihren Mitgliedern zu fördern. Mit dem Dekret Nr. 6 vom 30. März 2016 hat die GECT Vertreter der Universitäten der Europaregion, Professor Andrea Leonardi von der Universität Trient, Professor Brigitte Mazohl von der Leopold Franzens Universität Innsbruck sowie Dr. Oswald Überegger vom Kompetenzzentrum für Regionalgeschichte der Universität Bozen damit beauftragt, eine Machbarkeitsstudie zu erstellen, um die zwischen den Universitäten der Region „bereits bestehende positive Zusammenarbeit auf dem Gebiet der regionalen und europa-regionalen Geschichte" zu intensivieren. Die Vertreter der drei Hochschulen haben daher ein HISTOREGIO benanntes Projekt aufgelegt, in dessen Rahmen drei Forschungsrichtungen verfolgt werden sollen, die für die spezifischen Forschungsschwerpunkte der beteiligten Universitäten und für die Themen, die diese vertiefen wollen, repräsentativ sind.

Zusammen mit der Forschung in einem interuniversitären und mehrsprachigen Verbund wollen die am 12. Juli 2017 per Dekret Nr. 7 der GECT entworfenen Initiativen der HISTOREGIO solche Projekte fördern, die sich an eine breite, an historischen Themen interessierte Öffentlichkeit wenden. In diesem Zusammenhang haben die drei Universitäten sich verpflichtet, die interkulturelle Verbreitung von Wissen auch durch die Übersetzung von Texten zur regionalen Geschichte in die jeweils andere Sprache (Deutsch und/oder Italienisch) zu fördern, mit dem Ziel, die Bevölkerung der Europaregion für Themen der gemeinsamen Geschichte zu sensibilisieren. In der Tat zielt HISTOREGIO nicht allein darauf ab, den Dialog zwischen den Spezialisten des Fachs zu fördern, sondern es soll vielmehr auch die Ergebnisse der wissenschaftlichen Forschung einem breiteren Publikum zugänglich machen, soll Material und Wissen zur Verfügung stellen, um die historischen Prozesse zu verstehen, die Trentiner, Südtiroler und Nordtiroler gemeinsam haben.

Im Zusammenhang mit diesem Vorhaben, die gemeinsame historische Identität erkennbar werden zu lassen, steht die Idee, das Buch *L'impero asburgico* von Professor Marco Bellabarba – Dozent für Geschichte der Frühen Neuzeit an der Universität Trient –, das 2014 im Verlag Il Mulino in Bologna erschienen ist, ins Deutsche zu übersetzen. Die wissenschaftlichen Mitarbeiter an dem Projekt HISTOREGIO, Professor Andrea Leonardi, Professor Brigitte Mazohl und Dr. Oswald Überegger sind zu der Auffassung gelangt, dass die Charakteristika dieses Buches (moderater Umfang, klare Sprache, übersichtliche Gliederung) den Anforderungen entsprechen, die an anspruchsvolle populärwissenschaftliche Texte zu stellen sind.

Das Buch erzählt vom letzten großen Kaiserreich Europas. Anhand der komplexen Ereignisse vom ausgehenden achtzehnten Jahrhundert bis zum Ersten Weltkrieg

http://doi.org/10.1515/9783110674965-001

kann der Leser die Entwicklung dessen nachvollziehen, was man als die faszinierendste pluralistische Organisationsform des Alten Europa bezeichnet hat. Allzu lang haben Historiker das Habsburgerreich als ein in sich zerstrittenes politisches Zwangssystem abgetan, in dem das Zusammenleben von Dutzenden Territorien und Völkern von Anbeginn an äußerst schwierig gewesen sei. Im Gegensatz dazu bemüht sich Marco Bellabarba zu zeigen, dass dieses Urteil erst nach der Tragödie des Ersten Weltkriegs allgemeine Verbreitung gefunden hat. In der Tat haben die verschiedenen Nationalgeschichten das Habsburgerreich erst nach 1918 als „Völkerkerker" beschrieben und sich bemüht, ein möglichst negatives Bild davon zu zeichnen. Bellabarba versucht, Ursprünge und Motivationen dieser regelrechten Verzerrungen der Vergangenheit aufzuzeigen, wie sie vor allem im Lauf des 20. Jahrhunderts vorherrschend waren. Auch deshalb wurde das letzte Kapitel, das insbesondere den Nationalitätenkonflikten und der Auflösung des Reichs gewidmet ist, gegenüber der italienischen Version deutlich erweitert und vertieft.

Die Faszination des Habsburgerreichs und die Lehren, die man aus seiner Geschichte ziehen kann, bleiben für die Bewohner des „alten", historischen Tirol, das heute zur Europaregion Tirol-Südtirol-Trentino geworden ist, aktuell; das Wissen um seine Geschichte, ohne nostalgische Beschönigungen oder Schuldzuweisungen, bietet eine Gelegenheit des gegenseitigen Kennenlernens, des Vergleichs und des Austauschs über alle Grenzen hinweg.

Der Präsident der Europaregion Tirol-Südtirol-Trentino
Günther Platter

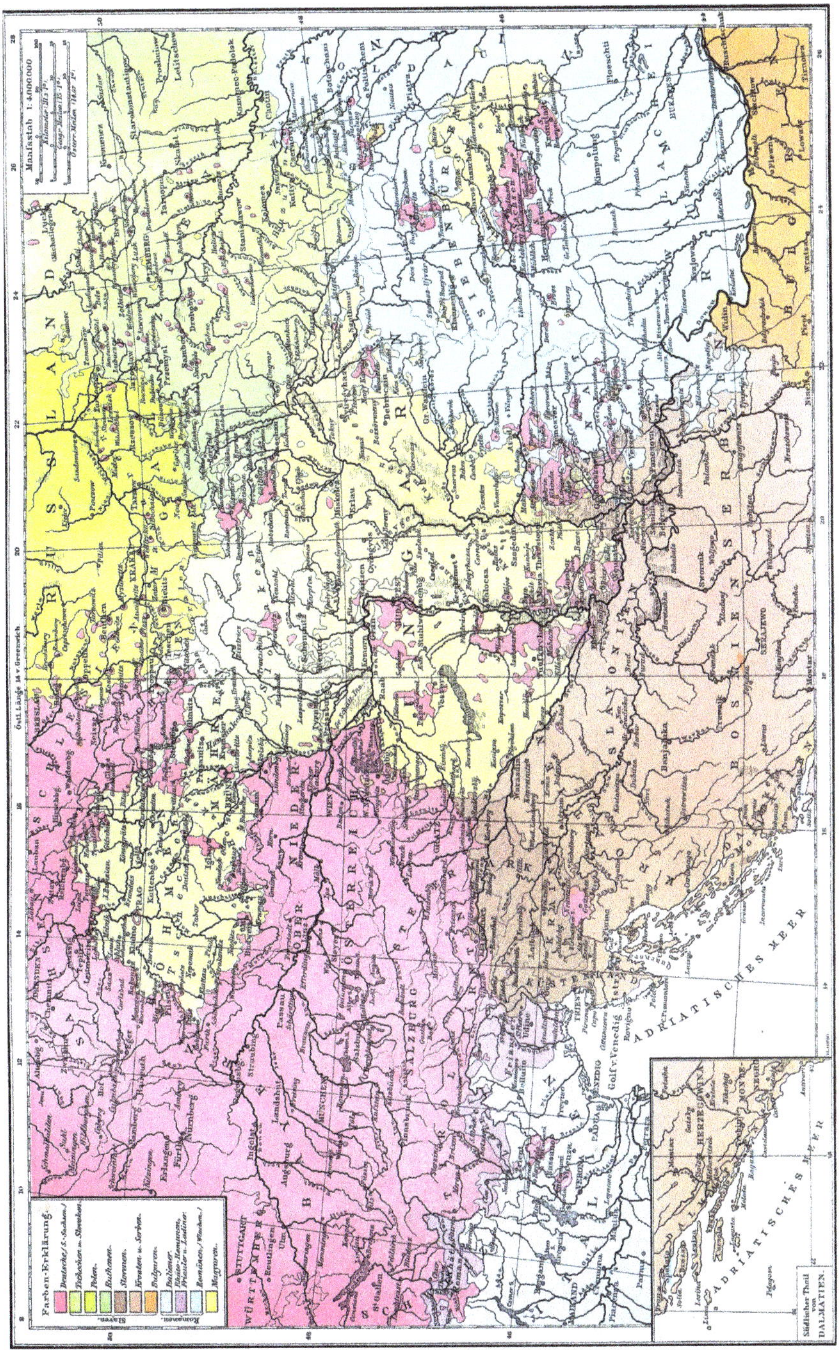

Abb. 1: Völkerkarte von Österreich-Ungarns, Volkszählung 1880 (*Andrees Handatlas*, 1. Aufl.,
Bielefeld / Leipzig 1881)

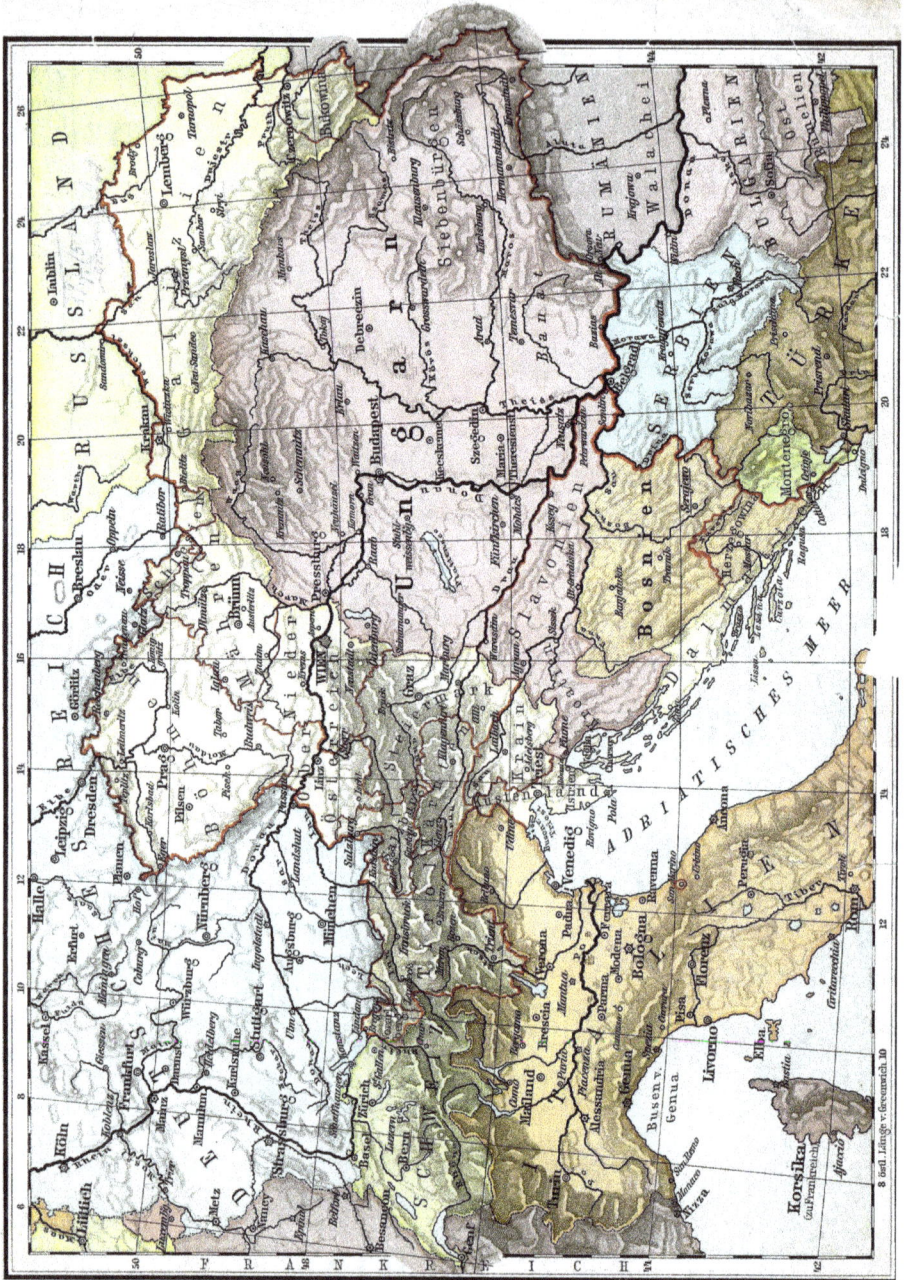

Abb. 2: Die Österreichisch-Ungarische Monarchie 1899 (D.H. Lange, *Volksschul-Atlas*, 300. Aufl., Braunschweig 1899)

Inhalt

Vorwort —— V

Einleitung —— 1

I Römisches Reich deutscher Nation und Habsburgermonarchie
   (1765–1804) —— 6
   Das habsburgische Dilemma: Kaiserreich oder Monarchie? —— 6
   Joseph II. Aufstieg und Krise eines aufgeklärten Despoten —— 20

II Restauration und Vormärz —— 35
   Kriege und Frieden. Das napoleonische Intermezzo —— 35
   Ein Reich gründen (und verleugnen) —— 37
   Das „metternichsche System": Revolution und Restauration? —— 40
   Ungarn und Böhmen: Die Last der Geschichte —— 42
   Lombardo-Venetien, Galizien, Illyrien: Das Neue organisieren —— 49
   Die Krise zeichnet sich ab: Die 1830er Jahre (oder der Vormärz) —— 59

III Revolution und Konterrevolution (1848–1861) —— 69
   China mitten in Europa —— 69
   Galizisches Intermezzo: 1846 —— 73
   Das Jahr der Revolution: 1848 —— 76
   Konterrevolution und „Neoabsolutismus": Die Völker identifizieren —— 88

IV Die konstitutionelle Ära: Vom Dualismus zur Krise (1861–1879) —— 96
   Italienischer Nachkrieg: Schmerling und das erste österreichische
   Parlament —— 96
   Preußischer Nachkrieg: Der Ausgleich mit Ungarn —— 104
   Bürgerliche Ministerien —— 111

V Nationalität und Krieg (1879–1918) —— 122
   Bürger zweier Welten? Ungarn —— 122
   Eine Frage der Sprache: Österreich —— 126
   Am Übergang vom neunzehnten zum zwanzigsten Jahrhundert: Die Lähmung
   des Parlaments —— 132
   Dualismus in der Krise —— 140
   Krieg und Epilog —— 151

Anmerkungen —— 167
   Einleitung —— 167

I   Römisches Reich deutscher Nation und Habsburgermonarchie (1765–1804) —— **168**

II   Restauration und Vormärz —— **169**

III Revolution und Konterrevolution (1848–1861) —— **172**

IV Die konstitutionelle Ära: Vom Dualismus zur Krise (1861–1879) —— **174**

V   Nationalität und Krieg (1879–1918) —— **176**

Weiterführende Literatur —— **185**

Personenregister —— **191**

Einleitung

In den Jahren zwischen der ersten italienischen Ausgabe dieses Buches und seiner Veröffentlichung in deutscher Übersetzung ist es zu einer außerordentlichen Wiederbelebung des Interesses an der Geschichte des Habsburgerreichs gekommen. Einzeldarstellungen[1], Sammelbände[2], Kongressakten und Zeitschriftenbeiträge sammelten sich binnen kurzer Zeit auf dem Schreibtisch des Forschers. Zum Teil verdanken sich diese neuen Untersuchungen dem hundertsten Jahrestag des Ausbruchs des Ersten Weltkriegs, der Historiker in der ganzen Welt zur Reflexion über die Gründe für die Krise und den Untergang der zentralen Imperien angeregt hat. In jedem Fall aber zeugen sie von der beachtlichen Faszination, die die Geschichte des Habsburgerreichs bis heute ausübt. In der letzten Phase seines Bestehens betrachtet, von den Reformen des 18. Jahrhunderts bis zur Feuerprobe des Ersten Weltkriegs, scheint diese Geschichte im Zeichen der Ambivalenz zu stehen und wird auch häufig so interpretiert: Schauplatz einer außerordentlichen intellektuellen Blüte aber auch Inbegriff einer verknöcherten und engstirnigen Bürokratie, politisches System mit Respekt vor dem Andersartigen und zugleich immer mehr im Bann eines „imperialen Patriotismus" stehend, der nicht recht Fuß fassen wollte, war das Reich ein schwer zu entziffernder Gegenstand, für die Zeitgenossen nicht weniger als für spätere Historiker.

Um diesen heterogenen Aspekten gerecht zu werden, verfolgt das Buch die Geschichte des Habsburgerreichs durch das „lange 19. Jahrhundert" hindurch, ausgehend von den letzten Jahrzehnten des 18. Jahrhunderts, als sein Name noch ein innerhalb des Heiligen Römischen Reichs Deutscher Nation gelegenes Territorium bezeichnete, bis 1918 mit dem blutigen Epilog des Ersten Weltkriegs. Diese Geschichte erscheint kontrovers, schon allein, wenn man die vielen Bücher zur Hand nimmt, die Historiker dem Thema gewidmet haben. In der Tat fällt sofort auf, dass das Habsburgerreich eine erstaunliche Vielzahl von Namen besitzt, die insbesondere je nach der historiographischen Tradition variieren: Kaiserreich Österreich, Habsburger Reich (*Habsburg Empire*), Monarchie Österreich-Ungarn, Donau- oder Doppelmonarchie, Habsburgermonarchie, Reich Österreich-Ungarn. Diese Häufung von Namen scheint Ergebnis einer versuchsweisen Annäherung, als ob die Historiker je nach ihrer zeitlichen und örtlichen Herkunft versucht hätten, ihr Bild des Reichs schriftlich festzuhalten – freilich mehr eine provisorische Skizze als ein definitives Porträt.

Die Unsicherheit im Namen hat viel mit den realen Ereignissen im Habsburgerreich zu tun, und in der Tat taucht das Problem regelmäßig bei allen entscheidenden politischen Wendepunkten wieder auf und bringt große Rastlosigkeit mit sich. Aber um diese Unsicherheit wirklich zu verstehen, muss man sie vor dem Hintergrund der politischen Landkarte Europas im 19. und 20. Jahrhunderts und seiner Protagonisten betrachten.

In dieser Zeit präsentiert sich der Alte Kontinent mit zwei Gesichtern: auf der einen Seite Staaten/Nationen, auf der anderen multinationale Reiche: Im Osten dehnen

http://doi.org/10.1515/9783110674965-002

sich endlose Weiten, territorial und ethnisch gesehen Mosaike, gruppiert rings um die Autorität von alten Dynastien, gegen Westen hingegen werden die politischen Räume kleinteiliger und in ihnen leben – oder sollten leben – ethnisch homogene Gruppen, die wenigstens offiziell dieselbe Sprache sprechen und sich einer einzigen nationalen Gemeinschaft zugehörig fühlen. Bereits seit Beginn des 19. Jahrhunderts wird vielfach die Ansicht vertreten, dass Staaten und Reiche nichts gemeinsam haben. Die Auflösung des alten Römischen Reiches Deutscher Nation 1806 durch die napoleonischen Truppen schien den langen Lebenszyklus der Reiche beendet und die Ära der Staaten eingeläutet zu haben: Sogar der Begriff des Reichs war „obsolet, wenn nicht etwas Archaisches geworden, bedrängt von der Moderne, gut nur dazu, aus der Opposition heraus die neuen Formen der Souveränität zu bestimmen, die sich in Europa herausgebildet hatten"[3]. Auch wenn sich die Vorhersage zunächst nicht bewahrheitet, teilt das Habsburgerreich das ganze Jahrhundert hindurch mit seinen Nachbarn im Osten – dem Zarenreich und dem osmanischen Reich – das Schicksal, dass man stets annimmt, ihre Auflösung stünde unmittelbar bevor.

Hundert Jahre später scheint sich die Prophezeiung endlich zu erfüllen. „Wir treten unter den schlechtesten Vorzeichen in das neue Jahrhundert ein", schreibt am 1. Januar 1901 eine Tageszeitung, die in der Stadt Reichenberg-Liberec an der Nordgrenze Böhmens erscheint. Das Reich ist wirtschaftlich zurückgeblieben und unfähig, mit den Nachbarstaaten zu konkurrieren. Hinzu kommen die Konflikte zwischen den Nationalitäten, die ihm mehr Schaden zugefügt haben als die größten Niederlagen auf dem Schlachtfeld im soeben zu Ende gegangenen Jahrhundert. Mit den überall sichtbaren Anzeichen von Stagnation und Niedergang, schließt der Artikel, „erwarten die Völker des alten Kaiserstaats mit berechtigtem Pessimismus" die weitere Entwicklung ihres Heimatlands[4]. Wenig später sollten der Kriegseintritt und die ersten dramatischen Verluste auf dem Schlachtfeld die düstere Prognose bestätigen.

Am 20. August 1916 erscheint in der „Soldatenzeitung", die in Bozen unter dem Kommando der Einheit Erzherzog Eugen gedruckt wird, ein Text mit dem kuriosen Titel „Bin ich ein Österreicher?" Geschrieben hat ihn, ohne mit seinem Namen zu firmieren, Leutnant Robert Musil, der seit ein paar Wochen die Leitung der Zeitung innehat. Der Auftakt des Artikels ist untypisch für ein Propagandablatt, das die österreichisch-ungarischen Regimenter ermuntern sollte zu kämpfen und womöglich in Verteidigung des Vaterlands zu sterben. Tatsache ist jedoch, dass keiner so recht weiß, von welchem Vaterland die Rede ist.

Frage nur einen Bauern in Galizien, einen Schuster in Krain, einen Advokaten in Böhmen, einen Lehrer in Wien, einen Geistlichen in Nordtirol und einen Richter in Südtirol, was sie sind. Du bekommst ganz sicher die Antwort: ein Pole, ein Slowene oder vielleicht ein Krainer, ein Deutschböhme oder ein Tscheche, ein Niederösterreicher oder allenfalls ein Deutschösterreicher, ein Tiroler, ein Italiener. Kein einziger wird auf Deine so einfache Frage ebenso einfach antworten: „Ich bin ein Österreicher!"

Wir haben uns an diesen Zustand bereits so gewöhnt, dass er uns gar nicht auf-
fällt[5].

Immer wieder findet sich in einem Großteil der Artikel Musils die Feststellung
eines Mangels, was fehlt ist die klare Definition eines österreichischen Staates, die
imstande wäre, das Völkergemisch, aus dem das Reich besteht, zu integrieren. Also
muss man Österreich den Anschein einer patriotischen Identität verleihen, die es bis
dahin nicht besaß, auf Kompromisse verzichten, den Irredentismus ausschalten, den
Föderalismus bekämpfen, der die politische Konstitution geschwächt hat, „die internationale Position Österreichs erfordert fatalerweise, dass es sich in einer starken
und kompakten Einheit organisiert".

Angesichts der Herausforderungen des Krieges besteht die einzig plausible Reaktion also in einer Liquidation des imperialen Erbes und dessen Ersetzung durch einen
„österreichischen Staat", von dem alle reden, ohne im Kopf zu haben, wie er sich rea-
lisieren ließe, Musil auch nicht[6]. In seinen Erinnerungen sieht Feldmarschall Conrad
von Hötzendorf im Ersten Weltkrieg die kompakten nationalen Blöcke der Entente
dem habsburgischen „Interessenstaat" gegenübergestellt, der von den internen nationalen Konflikten aufgerieben und daher ganz natürlich zum Niedergang bestimmt
ist[7]. Nach Kriegsende scheint die in den Friedensverträgen vorgenommene Neuaufteilung Europas das Unzeitgemäße des Reichs noch weiter zu unterstreichen. Wenn
eine vor 1914 gezeichnete Landkarte des alten Kontinents wie ein Bild von Kokoschka
aussah, mit einem Gewirr von Linien und Farben, gleicht diese Karte nach dem
Frieden von Versailles einem Gemälde von Modigliani, mit klar umrissenen Flächen,
nur eben angedeutetem Helldunkel und wenigen Überschneidungen von Linien[8].
Doch die von den Siegermächten beschlossene geographische Vereinfachung hat bei
den Politikern und Intellektuellen, die die neuen Nationalstaaten lenken, überhaupt
keine positiven Erinnerungen an ihre ehemaligen Herren zurückgelassen: Die Millionen Toten, die 1914–1918 auf den Schlachtfeldern blieben, lassen die österreichisch-
ungarische Monarchie als riesiges Gefangenenlager erscheinen, in dem die nicht
deutschen Völker schmachteten. So schaffen sich die aus ihrer Asche erstandenen
Staaten eine Identität – entweder aus dem Nichts wie im Fall von Tschechoslowakei,
Jugoslawien und Polen, oder sie verstärken die vorhandenen Identitäten wie im Falle
Italiens, Ungarns und Rumäniens. Und auch diejenigen österreichischen Schriftsteller, die nach der Apokalypse des Krieges eine Spur Sehnsucht nach den leichtlebigen
und eleganten Zügen der Welt von gestern[9] empfinden, entwerfen ein verfälschtes
Bild des Reichs: „Nur noch in der Erinnerung und in der Erweckung der Vergangenheit werden jene zehrenden Sehnsüchte und Verwandlungen neu vollzogen, die einst
auf eine ganz andere Gegenwartsrealität gerichtet gewesen waren"[10].

Oft vergessen wir es, aber ein „Objekt" ausgehend von den letzten Momenten
seines Lebens zu beschreiben, ist nicht immer der beste Zugang zu seiner Geschichte,
weil die Schatten des Sonnenuntergangs unsere Sicht trüben oder deformieren. Im
Fall des Habsburgerreichs entwarfen die ersten Studien zur Erklärung seines Endes
das Bild eines fast jahrhundertelangen Niedergangs, der im Ersten Weltkrieg seinen

Abschluss fand, dem „letzten Sargnagel"[11] für einen maroden Organismus. Es handelt sich dabei um eine umgekehrt spiegelbildliche Vision des Bildes, das britische Historiker vom Britischen Empire zeichneten: Hier ließ die großartige Expansion im späten 19. Jahrhundert die Anfälligkeiten und Schwächen der ersten Jahrhunderthälfte vergessen; im Gegensatz dazu veranlassten die militärischen Niederlagen und die nationalen Konflikte die Historiker der österreichischen Spätzeit dazu, die Ursprünge der Krise immer weiter zurück zu datieren und den Untergang des Reiches 1918 durch viel früher gemachte Fehler zu erklären.

Vielleicht war es für die Historiker, die unmittelbar nach dem Zusammenbruch lebten, unvermeidlich, die Geschichte des Reichs rückwärts zu lesen; in einem von fünf Jahren Krieg, Hass und Blut[12] vergifteten geistigen Klima projizierten sie unwillkürlich Erwartungen und Wünsche auf die Vergangenheit, die eine Umdeutung der Gegenwart in nationalen Termini nötig machten. Daher richteten die Geschichtsschreibung des Habsburgerreichs und die europäische Politik nach 1918 ihr Augenmerk hauptsächlich auf das Nationalitätenthema und verengten so den Horizont auf die Rivalität zwischen ethnischen Gruppen (Deutsche gegen Slawen, Italiener gegen Deutsche, Slawen gegen Italiener), die in dieser Härte erst in der letzten Phase aufgetreten war. Mit anderen Worten, sie spiegelte das Bedürfnis nach nationaler Einheit wider, das auftrat, als die Zugehörigkeit zum Habsburgerreich politisch am Ende, nur noch eine Erinnerung war, über die man nachdenken konnte. Nur dass eine Erinnerung oder die Sehnsucht nach einer untergegangenen Welt uns nicht immer wahre Informationen darüber liefert, was diese Welt in Wirklichkeit war.

In den letzten Jahrzehnten haben die Historiker begonnen, „die hartnäckige und in den Augen mancher irrationale Weigerung des österreichischen Reichs sich aufzulösen"[13] in anderer Weise zu verstehen. Durch eine schlichte Erweiterung des Zeithorizonts fielen nach und nach die Stereotype, an die man gewöhnt war. So hat man zum Beispiel verstanden, dass die Geschichte Europas im 19. Jahrhundert nicht – oder wenigstens nicht nur – die Geschichte der Summe seiner Nationalstaaten war oder des verbreiteten Strebens, neue zu schaffen. Einer der tragischen Fehler der Friedensverhandlungen von 1919 war es hingegen, außer Acht gelassen zu haben, in welchem Maß das Verschwinden der großen Imperien das europäische „Konzert" zerstörte, zu dem sie gerade durch ihre multinationale Verfasstheit[14] einen wesentlichen stabilisierenden Beitrag geleistet hatten. Desgleichen genügten eingehendere vergleichende Studien, um den Eindruck zu zerstreuen, ein Imperium gleiche dem anderen, einfach weil ihr Verschwinden zeitlich zusammenfiel.

Die Geschichte des Habsburgerreichs als sinnloses Streben nach einem besseren politischen Modell zu interpretieren, erscheint heute wenig glaubwürdig, und die letzten Jahrzehnte seines Lebens lassen sich nicht auf das destruktive Auftreten der Nationalismen reduzieren. Das Problem ist vielmehr, die alte Dichotomie Imperien versus Nationalstaaten aufzulösen, indem man sie nicht als grundsätzlich verschiedene Gegenstände sondern als hybride Formen begreift, die sich im Lauf der Zeit immer wieder neu definieren, ohne dass eines notwendig zu Lasten des anderen aufsteigt oder verfällt[15]. Imperien, wie auch immer man den Begriff definieren will, waren immer eine Art und Weise gewesen, zwischen sozialen Gruppen, die häufig wenig Grund hatten sich zu lieben, Stabilität herzustellen. Die meisten Imperien boten ihren Untertanen eine Kombination aus Chancen und Zwängen. Viele haben diese angenommen, andere haben sie, wie vorherzusehen, abgelehnt, alle haben jedoch wahrgenommen, dass ein Imperium eine Anhäufung von Reichtum und Macht ist, aber auch von Kreativität; Faszination und Gelegenheit, die Früchte des eigenen Strebens zu ernten[16].

Die einzelnen Kapitel des vorliegenden Buches versuchen die Geschichte der Verflechtungen von Opportunismus und Loyalität, von Interessen und Gefühlen nachzuzeichnen, die das imperiale System[17] zutiefst prägten; gewiss ohne seine Unvollkommenheiten oder die Feindschaften, die immer häufiger zwischen den Völkern des Habsburgerreichs entstanden, zu übersehen: eines Reichs, das jedenfalls 1918 nicht verschwand, wie ein paar Jahre später der ehemalige Leutnant Robert Musil, nun als großer Erzähler schreiben sollte, sondern „an einem Sprachfehler zugrunde gegangen ist"[18].

Die ersten Kapitel der deutschen Ausgabe geben abgesehen von einigen Korrekturen oder Ergänzungen in den Fußnoten die italienische Version von 2014 wieder. Das fünfte Kapitel hingegen wurde gründlich überarbeitet, um die vielen in der Zwischenzeit erschienen Beiträge zu berücksichtigen. Aufrichtigen Dank möchte ich all jenen sagen, die mir beim Schreiben der beiden Versionen mit Rat und vielfältigen Anregungen behilflich waren: Francesca Brunet, Laurence Cole, Nicola Fontana, Alessandro Livio, Marco Meriggi, Marco Odorizzi, Ilaria Pagano, Claudio Povolo, Luca Rizzonelli, Luca Rossetto, Mirko Saltori, Reinhard Stauber, Chiara Zanoni. Die beiden Bücher von Pieter M. Judson und Steven Beller, die ich in der ersten Fußnote der Einleitung zitiere, boten vielfältige Gelegenheit der Auseinandersetzung und waren eine Quelle der Bereicherung: Durch ihre Lektüre habe ich viel gelernt, und dafür möchte ich den Autoren danken. Schließlich danke ich Barbara Kleiner, die die Übersetzung ins Deutsche besorgt hat, und Friederike Oursin und Michelle Dalceggio für die redaktionelle Betreuung des Bands.

Die Übersetzung dieses Buches ins Deutsche wurde ermöglicht durch Fördermittel des Projekts HISTOREGIO, das von den drei Hochschulen in Trient, Bozen und Innsbruck im Rahmen der Aktivitäten der GEGT (Gruppo Europeo di Cooperazione Territoriale/Europäische Gruppe für territoriale Zusammenarbeit) ins Leben gerufen wurde und getragen wird von den beiden autonomen Provinzen Trient und Bozen sowie dem Land Tirol. Mein aufrichtiger Dank geht daher an die wissenschaftlichen Koordinatoren des Projekts, die Freunde und Kollegen Andrea Leonardi, Brigitte Mazohl und Oswald Überegger, sowie an den Direktor des Italienisch-Deutschen Historischen Instituts der Fondazione Bruno Kessler, Prof. Christoph Cornelissen.

Madonna di Campiglio, Juli 2019.

I Römisches Reich deutscher Nation und Habsburgermonarchie (1765–1804)

Das habsburgische Dilemma: Kaiserreich oder Monarchie?

Unsere Geschichte beginnt mit einer Niederlage. Es ist der 28. Januar 1790, als Kaiser Joseph II. von Habsburg in seiner Residenz in der Hofburg in Wien anordnet, einen Großteil der Reformmaßnahmen zurückzunehmen, die wenige Jahre zuvor dem Königreich Ungarn auferlegt worden waren: Durch kaiserlichen Erlass werden gestrichen die Wehrpflicht, die einheitliche Grundsteuer, der Gebrauch des Deutschen als Amtssprache in Behörden und Schulen. In anderen Provinzen seines Reiches sind diese Gesetze schon in Kraft und dazu bestimmt, deren Verwaltung zu vereinheitlichen. Josephs II. Absicht nach sollte Ungarn der letzte Baustein in einem umfassenden Reformwerk werden, an dem er hart gearbeitet hatte und dabei oft den Widerstand seiner Berater überwinden musste. Doch in den ersten Monaten des Jahres 1790 versinken die habsburgischen Lande im Chaos.

Flandern (das heutige Belgien und Luxemburg) ist seit mindestens zwei Jahren im Aufstand. Um die Reformen zu verhindern, haben Adel und Klerus im ganzen Land eine Reihe von Revolten geschürt, die nur mit großer Mühe von den Truppen eingedämmt werden konnten. Am 11. Januar erhält Joseph II. mit Bestürzung die Nachricht, dass die flämischen Provinzen ihre Unabhängigkeit erklärt haben. Die Rebellion befeuert andere Konflikte: Bauernaufstände, Unruhen in den Städten, Kundgebungen des katholischen Legitimismus folgen einander von Tirol und der Lombardei bis in die Bezirke des Königreichs Böhmen. Die gefährlichste Bedrohung von allen aber, die der Erhebung, kommt aus Ungarn.

Wenige Wochen vor seinem Tod (am eisigen Morgen des 20. Februar) geht Joseph II. die Berichte durch, die den Zustand nahezu offener Rebellion des ungarischen Adels bezeugen. Der Polizeiminister Pergen und der Staatskanzler Fürst Kaunitz weisen ihn auf die unmittelbar bevorstehende Sezession hin, wenn er die letzten Reformen nicht umgehend zurücknimmt. Nach einer Dringlichkeitssitzung der Staatskanzlei droht Kaunitz, der den Kaiser mehrfach zu einer Geste des Verzichts aufgefordert hat, offen mit seinem Rücktritt. Joseph willigt ein, den Schritt zurück zu tun, und unterschreibt am 28. Januar den von seinen Ministern mit Nachdruck geforderten Erlass. Mit Ausnahme des Toleranzedikts, der Abschaffung der Leibeigenschaft und der Maßnahmen zur Einrichtung neuer Pfarreien werden sämtliche in den vergangenen Jahren eingeführten Reformen zurückgenommen. Auch die Stephanskrone und die anderen Insignien der magyarischen Königswürde, die auf seinen Befehl nach Wien geschafft worden waren, um zu verhindern, dass sie bei Krönungsfeierlichkeiten benutzt werden, werden ins Schloss von Buda gebracht. „Ich wünsche von Herzen", fügt er am Ende des Dokuments hinzu, „dass Ungarn durch diese Veranlassung an Glücksse-

http://doi.org/10.1515/9783110674965-003

ligkeit und guter Ordnung so viel gewinne, als Ich durch Meine Verordnungen in allen Gegenständen selbst verschaffen wollte"[1].

Dem britischen Historiker Carlile Aylmer Macartney zufolge veränderte dieser Tag die Geschicke des Reichs. Joseph II., „der den Absolutismus und die Zentralisierung weiter voran getrieben hatte als all seine Vorgänger", musste das Scheitern dieses Projekts eingestehen; so begann eine „Phase der Regression", die die habsburgischen Lande bis zum endgültigen Zusammenbruch 1918 begleiten sollte[2].

Wer eines der vielen Bücher über die Geschichte des Reichs liest, wird sogleich erkennen, welche Faszination die Idee ausübt, den genauen Beginn dieser Regression festzulegen. Die Historiker haben eine regelrechte „Phänomenologie des Zusammenbruchs" geschaffen und dabei sehr unterschiedliche Daten und Zeiträume benannt: Krise des aufgeklärten Reformismus, die napoleonischen Eroberungen, die Revolution von 1848, die in den italienischen Unabhängigkeitskriegen erlittenen Niederlagen bis hin zum Ausbruch des ersten weltweiten Konflikts, natürlich das letzte verfügbare Datum, um über das Verschwinden des Reichs nachzudenken. Dieses breite Spektrum von Chronologien sollte den Leser nicht überraschen; jede Entscheidung für ein Datum hat plausible Gründe für sich, die wir im Lauf dieses Textes erläutern wollen. Letztendlich bleibt jedoch die von Macartney aufgestellte These von allen die überzeugendste: Wenn uns die Geschichte des Reichs im 19. Jahrhundert eher die eines langen, anderthalb Jahrhunderte währenden Niedergangs erscheint, bietet es noch heute viele Vorteile, dessen Anfänge auf das josephinische Zeitalter zu datieren.

Zum Beispiel erlaubt sie, die Doppelnatur der Herrschaft zu begreifen, wie sie Ende des 18. Jahrhunderts über die habsburgischen Lande ausgeübt wurde. Als er seine Unterschrift unter das berühmte Dekret vom 28. Januar setzt, ist Joseph II. sicher einer der mächtigsten Monarchen Europas. Geboren 1741 als Sohn von Maria Theresia und Franz Stephan I. von Habsburg-Lothringen, gelangte er nach dem Tod des Vaters 1765 in den Besitz der Kaiserkrone des „Heiligen römischen Reiches deutscher Nation". Vom juristischen Standpunkt aus betrachtet herrscht er über das einzige Reich, das seit Jahrhunderten als Teil Europas und legitimes Erbe der mittelalterlichen Universalmonarchie gilt. Außerdem hat Maria Theresia ihn sich 1765 als Mitregenten über die habsburgischen Lande an die Seite gestellt, ein sehr weitläufiges Aggregat aus verschiedenen Territorien, über das die Dynastie eine Art monarchischer Herrschaft ausübt.

Den Kern dieser Besitzungen bilden die sogenannten „Erblande", die aus zwei wohlunterschiedenen Blöcken bestehen: Auf der einen Seite die österreichischen Erzherzogtümer, das Herzogtum Kärnten (das heutige Slowenien), Inneristrien, die Grafschaften Görz und Gradisca, die Stadt Triest mit dem adriatischen Küstenland; auf der anderen Seite die Länder der böhmischen Krone einschließlich des gleichnamigen Königreichs, das Markgrafentum Mähren sowie der kleine Anteil am Herzogtum Schlesien, der 1748 nicht an Preußen abgetreten wurde. Abseits der Erblande stehen die Krone von Ungarn (unterteilt in das Königreich Ungarn, das Königreich Kroatien-Slawonien, das Herzogtum Bukowina, das Fürstentum Siebenbürgen, die

Stadt Fiume), und noch weiter im Osten das Königreich Galizien-Lodomerien und das Herzogtum Bukowina, die nach der ersten polnischen Teilung 1772 der Dynastie zufielen. Die Herzogtümer Mailand und Mantua, die österreichischen Niederlande und eine gewisse Anzahl von Feudalherrschaften innerhalb der deutschen Territorien (die „Vorlande") runden die österreichischen Besitzungen nach Westen ab.

Dieses ziemlich heterogene Mosaik aus Besitzungen ist seit dem Spätmittelalter nach und nach durch Eroberungen oder Heiraten zustande gekommen. In ihren Expansionsabsichten ließen sich die Habsburger nie von Überlegungen leiten, die auf „politische, soziale, ethnische oder geografische Kohärenz" abzielten; der materielle Wert der unterschiedlichen Länder und ihre Verfügbarkeit waren die einzigen Kriterien, die ihre Entscheidungen beeinflussten[3]. Genau besehen, sind auch andere europäische Dynastien der frühen Neuzeit nach eher zufälligen Eroberungsstrategien Stück für Stück gewachsen. Doch während diese Reiche vom 15. Jahrhundert an bestrebt waren, in ihrem Inneren Homogenität herzustellen, beispielsweise durch die Vertreibung der Juden aus Spanien oder durch die Religionskriege in Frankreich und Deutschland, ist das Habsburgerreich das vielfarbige ethnische Puzzle von eh und je geblieben. Wenn sie auch den politischen und militärischen Kern des Reichs bilden, machen die Deutschen doch nur ein Drittel von dessen Bevölkerung aus, nicht viel zahlreicher also als die Magyaren in den Provinzen Ungarn und Siebenbürgen. Dicht gefolgt von der Familie der Slawen, wenn auch unterschieden in Böhmen, Mähren, Slowenen, Kroaten, Serben und Polen, dahinter mit einigem Abstand Rumänen, ukrainischsprachige Ruthenen, Juden, Flamen und Italiener.

Das Überleben so vieler ethnischer, sprachlicher und religiöser Partikularismen macht die habsburgischen Lande noch am Beginn des 18. Jahrhunderts zu einem „Konglomerat vieler, mäßig zentripetaler, untereinander extrem heterogener Elemente"[4]. Diese Vielfalt resultiert aus dem Besitz der Kaiserwürde, die die Habsburger fast ohne Unterbrechung seit 1438 innehatten. *Romanorum imperator* zu sein, sicherte der Dynastie eine Vormachtstellung im Verhältnis zu den deutschen Landen und zu einer Reihe kleinerer Staaten vor allem in Italien, die seit Jahrhunderten Vasallen des Kaisers waren. Ihre Rolle als Bewahrer der katholischen Orthodoxie, die sie in der Zeit der Gegenreformation übernahmen, verlieh den Habsburgern ein symbolisches Prestige, das andere europäische Herrscher nicht besaßen. Im Namen des Römischen Glaubens haben die Habsburger Dutzende blutige Schlachten gegen das Osmanische Reich geschlagen, ihrem gefährlichsten und aggressivsten Nachbarn im Osten. Diese Feldzüge führten 1526/27 zur Einverleibung Böhmens und des westlichen Teils von Ungarn bis zum Lauf der Donau; doch der Krieg gegen die ungläubigen Türken ging in den folgenden Jahrhunderten mit kurzen Unterbrechungen weiter. Nach der gescheiterten Belagerung von Wien 1683 griffen die Habsburger und ihre Alliierten in der Heiligen Liga (Russland, Polen und Venedig) das Osmanische Reich in einer Reihe von Militäraktionen an, die 1699 mit dem Frieden von Karlowitz beendet wurden, dank dessen ganz Ungarn, Siebenbürgen und das Königreich Kroatien in österreichischen Besitz übergingen. Auf eine weitere antitürkische Offensive zur Unterstützung

Venedigs folgte 1718 der Frieden von Passarowitz (Požarevac), der die Pforte zwang, das Banat von Temesvár, einen Teil von Serbien und die übrigen Provinzen des ungarischen Königreichs an die Habsburger abzutreten.

Das Banner des Katholizismus diente andererseits auch als wirksame Waffe im Inneren. In erster Linie, um die Ausbreitung der protestantischen Seuche vom Norden in den Süden Deutschlands zu verhindern. Nachdem der Augsburger Frieden (1555) die Spaltung des Reichs in zwei konfessionell geschiedene Teile besiegelt hatte, wurde der Wiener Hof zum Treffpunkt für alle, der römischen Orthodoxie treu gebliebenen deutschen Mächte. Es bildete sich eine große Katholische Allianz, in der sich laizistische Fürsten, Abteien, Klöster und Fürsterzbistümer zusammenfanden, verbunden durch die Konfession sowie den Austausch von Gefälligkeiten (Renditen, Pfründe, kirchliche Würden usw.), die durch die ausgezeichneten Beziehungen des Kaisers zur päpstlichen Kurie garantiert wurden. Der Katholizismus wird von den Habsburgern eingesetzt, um die Menge der zur Dynastie gehörigen Besitztümer zu einen. Als Anfang des 17. Jahrhunderts der böhmische Adel calvinistischen Glaubens dem Kaiser den Treueeid verweigert, zieht ein vielsprachiges katholisches Heer mit Ferdinand II. von Habsburg in den Kampf. Es besteht aus Bayern, Österreichern, Wallonen, Spaniern und Franzosen, die in der berühmten Schlacht am Weißen Berg (8. November 1620) die Rebellen niedermetzeln. Nach diesem Zusammenstoß, der den Dreißigjährigen Krieg entfachte, konzentrierte Ferdinand II. seine Kräfte darauf, jede Spur von Heterodoxie in seiner Umgebung zu unterdrücken. Auch wenn das Zeit brauchte, „behaupteten sich am Ende sowohl der Katholizismus als auch die königliche Autorität, die Hand in Hand gehen"[5]. Die unentwegte Zurschaustellung von religiösen Symbolen und die legendäre katholische *pietas* der Kaiser im 17. Jahrhundert überwogen nach und nach die ethnischen und politischen Verschiedenheiten der neuen Untertanen.

Der Westfälische Frieden schwächte die Position des Kaisers innerhalb des deutschen Reichs. Folglich waren die Habsburger gezwungen, ihre Aufmerksamkeit auf die eigenen Länder zu konzentrieren und innerhalb des Reichs vorwiegend nach dynastischen Interessen vorzugehen. Nach 1648 setzte ein Prozess ein, „den man als Anpassung oder Verlagerung der römischen Kaiserwürde auf die Erblande und Ungarn definieren kann"[6], was den Titel des Kaisers zum einigenden Symbol für die österreichischen Besitzungen werden ließ. Die gelegentlichen Wiederauflagen des verloren gegangenen habsburgischen Universalismus blieben Episoden von geringer Dauer. Noch in den ersten Jahren des 18. Jahrhunderts nutzte der Großvater Josephs II., Karl VI., den spanischen Erbfolgekrieg (1700–1714) für den Traum von einer Wiederherstellung der habsburgischen Macht, die von Ungarn bis zur iberischen Halbinsel reichte, in gewisser Weise eine Neuauflage der europäischen Verfasstheit zwei Jahrhunderte früher. Doch Karl VI. hatte diesen Krieg mehr als österreichischer Herrscher denn als deutscher Kaiser geführt, und die Provinzen, die ihm am Ende des Konflikts zufielen (die Niederlande, die Herzogtümer Mailand und Modena, das Königreich Neapel und Sardinien) wurden dem dynastischen Erbe hinzugefügt, ohne eine Bestätigung der kaiserlichen Prinzipien zu fordern. Im Übrigen hatte der Kaiser ohne männliche Nachkommen die Erbfolge des habsburgischen Besitzes neu geregelt, indem er, außer dem entscheidenden Kriterium der Unteilbarkeit das Prinzip einer Erbfolge in der weiblichen Linie einführte: Bei jeder künftigen Erbfolge sollten die Länder und Reiche der Dynastie „unteilbar und untrennbar" bleiben. Das Dokument, bekannt als „Pragmatische Sanktion", wurde an alle Landtage in den Provinzen verschickt, die einwilligten, sich von nun an als, wenn nicht homogenes, so doch wenigstens unteilbares und untrennbares Ganzes zu verstehen.

Unmittelbar hatte die Pragmatische Sanktion mehr Einfluss auf das Bild der Länder Karls VI. nach außen als auf ihren inneren Zusammenhalt. Da das Ensemble der habsburgischen Besitzungen innerhalb des deutschen Reiches lag, hatte es noch keinen präzisen geografischen Namen. Die diplomatischen Depeschen bedienten sich zu seiner Bezeichnung des Ausdrucks „das Haus Österreich", ein hinlänglich allgemeiner Begriff, um die territoriale Vielfalt des Habsburgerreichs zusammenzuhalten. Der Ausdruck „Haus" ist flexibel auch in geografischer Hinsicht und umfasste auch den juristischen Status der vom Herrscher abhängigen „Kronländer und Provinzen", die jeweils einzeln aufgezählt werden mussten. Erst in den Erbfolgekriegen des 18. Jahrhunderts begann man in der Diplomatensprache, unter dem Begriff „Monarchie des Hauses Österreich" die der Dynastie unterworfenen Provinzen zu bezeichnen.

Die langsame Herausbildung der habsburgischen Herrschaft ergab sich aus dem Zusammenspiel verschiedener Faktoren. Einige gingen zurück auf das, was sich im Rahmen des Kaisertums abspielte. Das empfindliche, politisch-religiöse Gleichgewicht zwischen den deutschen Fürsten war zerbrochen aufgrund des Aufstiegs des protestantischen Königreichs Preußen-Brandenburg, das seine Rolle als Gegenspieler zu Wien zu festigen trachtete. Gerüstet mit einem starken bürokratisch-militärischen Apparat, präsentierte sich das Hohenzollernreich als einziges alternatives Modell zum kaiserlichen, katholischen und aristokratischen österreichischen Hof. Im Reich gab es keine anderen verfügbaren Konkurrenten: Bayern, Pfalz, Hannover, Sachsen waren zu schwach für eine Führungsrolle. Der Wettstreit zwischen dem protestantischen Block der um Preußen gescharten Fürstentümer im Nordosten und den vorwiegend katholischen, mit Habsburg verbundenen im Süden und Westen war Anfang des 18. Jahrhunderts bereits eine Tatsache.

Doch es gab auch Faktoren, die ins Innere der Monarchie wiesen. Wie wir wissen, hatte Karl VI. 1713 die unteilbare Union aller habsburgischen Besitzungen und die Möglichkeit einer Primogenitur in weiblicher Linie festgeschrieben. Ohne männlichen Nachkommen, bereitete Karl VI. in den letzten Jahren seines Lebens das Terrain für die Sukzession seiner erstgeborenen Tochter Maria Theresia und versuchte die dynastischen Ansprüche der Töchter seines Vorgängers Joseph I. abzuwehren. Nach dem Tod des Kaisers 1740 erlangte Maria Theresa die Würde einer Erzherzogin von Österreich und Königin von Ungarn und Böhmen. Als Frau war ihr die Kaiserwürde verwehrt. Dieser Ausschluss lieferte ihren Feinden den Vorwand, die juristische Legitimität der Pragmatischen Sanktion anzuzweifeln. Die Ansprüche der Kurfürsten von

Bayern und Sachsen, beides Ehemänner der Töchter von Joseph I., unterstützend, erklärte der achtundzwanzigjährige König von Preußen, Friedrich II., Maria Theresia den Krieg.

Die Besetzung der reichen österreichischen Provinz Schlesien war ein genialer, in wenigen Wochen beendeter militärischer Handstreich. Der Konflikt um die österreichische Erbfolge rief außer den traditionellen inneren Feinden unter der Führung von Sachsen und Bayern die europäischen Rivalen Frankreich und Spanien auf den Plan. Maria Theresia stellte außerordentliche Fähigkeiten unter Beweis, und in den acht Jahren des Konflikts vermochten die habsburgischen Truppen eine Situation zu wenden, die anfangs ausweglos erschienen war. Der endgültige Verzicht auf Schlesien, das mit dem Frieden von Dresden (1745) an Preußen ging, ermöglichte es, alle Energien gegen die französisch-bayerischen Invasoren einzusetzen und sie hinter die Grenzen der Monarchie zurückzudrängen. Dank der Hilfsgelder aus Holland und Britannien und den vom Königreich Ungarn gestellten Kontingenten brachte Maria Theresia nach und nach die besetzten Provinzen wieder unter ihre Kontrolle.

Nachdem das militärische Debakel abgewendet ist, richtet die Königin ihre Aufmerksamkeit auf die Reform des schwankenden habsburgischen Gebäudes. Der Kreis ihrer Berater unter Leitung von Friedrich Wilhelm von Haugwitz erkennt, dass der konfessionelle und aristokratische österreichische Absolutismus sich notwendig zu einem „reformatorischen Absolutismus" entwickeln muss. Die umfassende Erneuerung[7] des Regierungsapparats beginnt bei den Sektoren, die sich in der Konfliktlage als besonders defizitär erwiesen haben: Heer und Steuerwesen. Haugwitz, der in Schlesien aufgewachsen aber Sohn eines sächsischen Generals ist, ist der perfekte Interpret der „Welt des Krieges", wie die türkischen Diplomaten in ihren Depeschen das deutsche und russische Szenario gewöhnlich beschreiben. Er kennt die österreichischen Defizite aus eigener Anschauung und setzt sich dafür ein, sie so schnell wie möglich zu beheben. Auf seine Initiative hin wird 1746 das Generalskriegskommissariat gegründet, das die Aushebung und Logistik der Linienregimenter koordiniert. Wenig später entsteht das Theresianum (1746), eine Schule für Adelige unter jesuitischer Leitung, und die Militärakademie (1752) in der Wiener Neustadt, in der die künftigen Offiziere des Heeres ausgebildet werden.

Minister Haugwitz schlägt der Königin keine radikalen Lösungen vor, betont aber wiederholt, dass eine gut eingerichtete Steuerverwaltung „die Seele des Staates" und sein sicherstes Fundament ist[8]. Ausgehend von diesen Prämissen ermisst Haugwitz immer wieder den Abstand zwischen Österreich und Preußen. Das Hohenzollernreich ist eine gnadenlose Militärmaschinerie, es verfügt über ein einträgliches Steuerwesen, ist zentral gelenkt, ohne das Hindernis langer Debatten in den Landtagen. Gleichzeitig jedoch ist die preußische Gesellschaft sehr traditionell hierarchisch gegliedert und niemand bezweifelt die politische und ökonomische Vorherrschaft des adeligen Großgrundbesitzes. Die Kombination dieser Elemente erscheint Haugwitz das richtige Rezept, um die Monarchie vorsichtig zu modernisieren.

Die ersten Reformexperimente werden in Kraft gesetzt, noch während die Kämpfe im Gange sind. Die österreichischen Finanzen befinden sich damals in einem verheerenden Zustand: Die Einnahmen belaufen sich auf 22 Millionen Gulden jährlich, aber nur zwei davon stehen tatsächlich für Militärausgaben zur Verfügung. Die Staatsverschuldung hat die schwindelerregende Summe von 101 Millionen erreicht, wovon anderthalb Millionen 1737 durch die Bank von England zur Verfügung gestellt wurden, mit Fälligkeitsdatum zwischen 1743 und 1752. Den Erfordernissen des Krieges steht ein umständliches Besteuerungssystem gegenüber, das von Jahr zu Jahr abhängig ist von der Genehmigung durch die einzelnen Landtage und das seine ganze Ineffizienz erwiesen hat. Obwohl sein Territorium erheblich größer ist als das des Königreichs Frankreich, belaufen sich die Wiener Steuereinnahmen nur auf ein Fünftel dessen, was nach Versailles abgeführt wird. Unterdessen steigen die Ausgaben für die Erhaltung des Heeres in zunehmenden Maßen: 17,45 Millionen Gulden im Jahr 1741, 22,65 Millionen 1743, 22,31 im Jahr 1748, 26,45 Millionen 1754. Die gewöhnliche Heeressteuer, die Kontribution, erbringt geringere Einnahmen als in den Jahren vor Ausbruch des Konflikts: Bewegten sie sich in den dreißiger Jahren des Jahrhunderts um die 12 Millionen, sanken sie im Jahr 1741 aufgrund der französisch-bayerischen Besetzung Böhmens auf lächerliche 5,2 Millionen jährlich, um sich in den folgenden Jahren auf wenig über 9 Millionen einzupendeln. In der Tat erhalten die österreichischen Soldaten Munition, Verpflegung und Sold nur aufgrund von Hilfeleistungen des internationalen Finanzsektors[9].

Am Rande des Bankrotts, erläutert Haugwitz im Juni 1747 den Mitgliedern des Hofkriegsrats den Plan, die Monarchie mit einem stehenden Heer von 108.000 aktiven Kämpfern auszustatten, für geschätzte Kosten von 14 Millionen Gulden pro Jahr. Zur Finanzierung der Truppen sind radikale Neuerungen vorgesehen, darunter die Besteuerung von Dominikalland. Dieses war bisher von der Besteuerung ausgenommen gewesen, sie beschränkte sich auf Rustikalland, das heißt auf an Bauern verpachtetes Land. Es handelt sich um immense Besitzungen, deren genaue Größe den staatlichen Behörden häufig nicht bekannt ist; etwa ein Drittel der Gesamtfläche der Monarchie ist auf wenige hundert große Adelsfamilien verteilt. In Böhmen, Mähren, Galizien und Ungarn werden diese Latifundien, Zehntausende Hektar Grund, die bestellte Felder, Dörfer, kleine Weiler mit den zugehörigen Bewohnern umfassen, seit Generationen weitervererbt. Gerade einmal 28 Familien halten 47% des ungarischen Landbesitzes, und die angesehensten unter ihnen, die Fürsten Esterházy, Batthyány, Pálffy, Károly, Festetics können auf immense Grundeinnahmen rechnen, die sich um die 500.000 bis 700.000 Gulden jährlich belaufen.

Dieses dichte Geflecht aus Grundbesitz, Frondienst und Herrschaftsprivilegien war bis dahin kaum von der Macht in Wien berührt worden. Wie andere große „Agrarimperien" der Zeit leidet die österreichische Regierung an einer Art „optischer Halluzination": In gewissen Bezirken hat sie einen guten Zugriff, in anderen Bezirken ist er lückenhaft und zufällig, in anderen hingegen fast verschwindend gering[10]. An der Peripherie kann sich ihre Macht nur durch sehr geschmeidige Formen des Dialogs oder der Kooptation durchsetzen, bei Eliten sehr unterschiedlichen linguistischen und ethnischen Gepräges. Darüber hinaus haben die einzelnen, in die Erblande integrierten Provinzen eine historische und juristisch-institutionelle Ausnahmestellung gegenüber der Monarchie inne.

Jedes Territorium macht seine eigene Geschichte, und jede Geschichte hat ihre besonderen Statisten und Verläufe. Die persönlichen Beziehungen Maria Theresias zur ungarischen Krone werden während des Krieges nicht unterbrochen. Sie beruhen auf dem alten Modell der „Militäraristokratie", in dem den Dynastien von großen Heerführern und Grundherren innerhalb ihrer Gebiete die Herrschaft zugestanden wird, sofern sie dem Souverän die Treue halten und ihm direkt oder indirekt Waffen und Männer für die Kriege stellen. So geschehen 1741, als die magyarischen Adeligen sich geschlossen auf die Seite der Königin stellten, indem sie rasche militärische Hilfe und Hilfsgelder gewährten, die jedoch im Grunde unbeträchtlich waren.

Nicht umsonst schließen die in den vierziger Jahren diskutierten Pläne zur Besteuerung von Dominikalland *a priori* aus, dass sie auf die unendlichen Weiten der Donauebene angewandt werden könnte. Die bevorzugte Behandlung der ungarischen Adeligen ist freilich eine Anomalie, die die Berater Maria Theresias nur ungern auf andere Familien von „Kriegsherren" ausgedehnt sehen wollen. Der Adel des Königreichs Böhmen, der historisch am engsten mit der deutschsprachigen Elite verbunden ist, hat eine Phase der engen Symbiose mit dem Hof durchlebt, bis zum Auftreten Karls VI., der in seinem Traum von einem neuen „Universalreich" spanischen und italienischen Würdenträgern den Vorzug gab. Die abnehmende Bedeutung der Böhmen im Reich zu Beginn der 18. Jahrhunderts erklärt zum Teil den Treueeid, den sie 1742 Karl Albert von Bayern schworen, der soeben anstelle von Maria Theresias Mann zum Kaiser gewählt worden war. Die Krise wird nach beendetem Krieg beigelegt, aber ihre Nachwirkungen sind der Schlüssel zum Verständnis für die zentrale Rolle des böhmischen Königreichs in den theresianischen Reformen.

Kehren wir einen Moment zurück zu der Rede, die Haugwitz im Juni 1747 vor dem Hofkriegsrat hielt. Bei dieser Gelegenheit hatte er klargestellt, dass es ohne angemessenen militärischen Schutz der Krone auf Dauer unmöglich sein würde, „die aristokratischen Privilegien, die von ihr abhingen, zu wahren"[11]. Ist das eine Art Drohung an die vielen böhmischen Aristokraten, die gegen eine Beschneidung ihrer fiskalischen Freiheiten sind? Vielleicht ist das so, da die Furcht, der Schutz ihrer Privilegien durch die Regierung könne wegfallen, ihren Widerstand beugt. In den folgenden Wochen gelingt es Haugwitz, seine Pläne durchzusetzen. Die Verordnung, die der Krone eine ihren militärischen Bedürfnissen entsprechende Abgabe für den Zeitraum eines Jahrzehnts sichert, wird 1748 vom Prager Landtag ratifiziert. Die Landtage von Böhmen, Mähren und Schlesien, in denen die Vertreter des Adels dominieren, verlieren auf diese Weise einen Gutteil ihrer Macht. Der Befehl zu einer Neuordnung des Katasters sowie die Schließung der autonomen böhmischen Hofkanzlei nach 1749, die nun mit der österreichischen zusammengelegt wird, vervollständigen die zwangsweise Wiederannäherung der Provinzen an Wien.

Die Versuche, das „aristokratisch-militärische" Modell zu korrigieren, bleiben jedoch nicht auf die Peripherie beschränkt. Fast gleichzeitig wird in der Hauptstadt das *Directorium in publicis et cameralibus* eingesetzt, das die Funktion hat, fiskalische und verwaltungstechnische Angelegenheiten zu koordinieren, während alle juristischen Obliegenheiten in einer einzigen Obersten Justizstelle konzentriert werden. Vom *Directorium*, das nach preußischem Vorbild in Abteilungen gegliedert ist, hängen die in den Hauptstädten der Provinzen neu geschaffenen Repräsentationen und Cammern ab, die mit weitreichenden politischen und fiskalischen Vollmachten ausgestattet sind. Vordringliches Ziel dieser Reformen ist es, das Vorrecht der Länder (seien es nun Königreiche oder Erblande) abzuschaffen, dass sie von Jahr zu Jahr über die Höhe der nach Wien zu entrichtenden Abgaben entscheiden können. Die Effizienz der fiskalischen Maßnahmen steht dabei immer im Vordergrund: Man muss an den nächsten Krieg denken, die erhoffte Rückeroberung Schlesiens, die Erhöhung der Kontribution. Auf der anderen Seite erweitern diese Institutionen, einmal ins Leben gerufen, allmählich ihre Kompetenzen und ziehen weitere Ämter nach sich.

Fast automatisch gehen die Gesetzesvorhaben vom verwaltungstechnischen in den juristischen Bereich über, wo die Partikularismen gewiss nicht weniger zahlreich sind. Bei Schaffung der Kreisämter, die 1748 zum ersten Mal in Böhmen eingerichtet werden, sieht sich die Monarchie mit einem Wust von Gewohnheitsrechten konfrontiert, eins verschieden vom anderen, die das tägliche Leben der Grundherren regeln. Formal gesehen besteht die vordringliche Aufgabe der Kreishauptmänner darin, die Übereinstimmung der lokalen Gesetze mit der nächsthöheren juristischen Ebene zu überwachen. Ursprünglich wird von diesen Beamten erwartet, dass sie die Tätigkeit der grundherrschaftlichen Gerichte beaufsichtigen, ohne dass das deren Abschaffung bedeuten würde. Doch wenn die grundherrliche Rechtsprechung rein äußerlich betrachtet unverändert bleibt, höhlt die peinliche Überwachungstätigkeit der Kreishauptmänner sie durch eine anfänglich fast unbemerkte Erosion ihres lokalen Prestiges von innen aus.

Die „Lastpferde der Provinzverwaltungen", wie man die Kreishauptmänner genannt hat[12], erledigen jedoch noch viele andere, nicht weniger wichtige Aufgaben: Sie registrieren den Tod von Personen, katalogisieren Häuser, zeichnen regelmäßig die Ergebnisse von statistischen Umfragen zu den sozialen und ökonomischen Lebensbedingungen der Bewohner des Kreises auf. Rasch füllen sich ihre Archive mit Hunderten von Berichten, die von dem Bedürfnis zeugen, einen direkteren Blick auf das Leben auf dem Land zu werfen. In ihren Amtsstuben nimmt eine Form des praktischen Wissens Gestalt an, das jede Art von Daten bezüglich Ort und Biographie der bäuerlichen Untertanen zu sammeln trachtet und das in der politischen Theorie unter dem Begriff der *Policey* gefasst wird. Die Polizei des 18. Jahrhunderts verfolgt nicht nur Kriminelle, Arme und arbeitslose Vagabunden, sondern bemüht sich auch, die normalen Menschen kennenzulernen, welchem Stand auch immer sie angehören, weil sie all das für dienlich hält, das Wohlergehen der einzelnen Familien mit dem Allgemeinwohl des Staates in Einklang zu bringen. Und unter diesen Voraussetzungen müssen die Funktionäre der Policey „die Menschen und die Dinge" in den Blick nehmen, „in ihrem Verhältnis zum Eigentum, was sie produzieren, das Zusammenleben der Menschen in einem Territorium, was auf dem Markt getauscht wird; aber auch ihre Lebensweise, die Krankheiten und die Unfälle, die passieren können"[13]. Eine wenn auch gut gemeinte Art der Einmischung in das Leben der Untertanen wird von den Kreishauptmännern verlangt, die, obgleich sie die grundherrschaftliche Rechtsprechung nicht antasten, ein einheitliches staatliches Netz darüber legen, ausgestattet mit einem praktischen Wissen, das die Untertanen in Zahlen und die Landschaft in Listen von bestellten Feldern verwandelt, auf die die Grundsteuer zu erheben ist.

In den ländlichen Randgebieten hat die Habsburgermonarchie also ihre anspruchsvollste Aufgabe. In Österreich wie in Preußen oder Spanien suchen aufgeklärte Herrscher die Bauern aus der gröbsten Abhängigkeit zu befreien, zu der sie in den Feudalstrukturen verdammt sind. Zwischen 1749 und 1751 wird das Netz der Kreishauptmänner ausgeweitet, erreicht 1754 zuletzt die Grafschaft Tirol und löst beim dortigen Adel, der besonders eifersüchtig über die eigenen Privilegien wacht, verbreitet Unzufriedenheit aus. Auch die sogenannte „Militärgrenze", der lange Kordon von einer Sonderverwaltung unterstellten Ländern zwischen Kroatien und Osmanischem Reich, ist diesem Transformationsprozess unterworfen. „Es ist klar, dass die Kaiserlichen ein neues, wirkungsvolles Verteidigungssystem haben", berichtet ein venezianischer Beamter aus Zara 1750, „sei es durch den Ausbau der Grenzposten oder Befestigung der Orte im Küstenland, sei es durch Verlegung vieler Garnisonen dorthin"[14]. Ein Verteidigungssystem, bestehend aus Bauernmilizen „nach ungarischer Art ausgerüstet" und einer strengen militärischen Disziplin unterworfen, bewacht die unruhigen Ostgrenzen, ohne auf die Hilfe des lokalen Adels zurückzugreifen, eine Sache, die die Venezianer voller Neid bestaunen.

Doch Anfang der fünfziger Jahre geriet die „Haugwitzsche Revolution" an ihre Grenzen. Die flämischen und italienischen Besitzungen, vor allem aber die Länder der Stephanskrone wehrten sich vorerst gegen jedes Durchgreifen von staatlichen Maßnahmen nach unten. Außerdem war der Zuschnitt der Ämter einerseits unklar, andererseits zu rigide. Häufig folgten einander binnen weniger Monate Änderungen in der Aufteilung der Ministerien: In den ersten Wochen des Jahres 1749 löste die Königin in einer Reihe von Handbilletten die eben erst neu geordnete österreichisch-böhmische Kanzlei auf, die ihre juristischen Kompetenzen an die Oberste Justizstelle und die Steuerverwaltung an das Directorium abtrat, deren Präsident Haugwitz war. Anlässlich einer der zahlreichen Änderungen schrieb der preußische Gesandte Fürst, Haugwitz sei dabei, etwas sehr Ähnliches aufzubauen wie das Generaldirectorium in Berlin, nur noch zentralisierter[15]. Die Schaffung immer neuer Ämter hatte die Beziehungen zwischen Reich und Habsburgermonarchie immer komplexer gemacht. Die Wahl des bayerischen Kurfürsten Karl Albert von Wittelsbach zum Kaiser 1742 hatte den Umzug der Reichshofkanzlei an den bayerischen Hof in München zur Folge und in Wien die zunehmende Bedeutung der österreichischen Hofkanzlei. Eine noch deutlichere Trennung der zwei Regierungsebenen trat wenig später mit der Schaffung einer Staatskanzlei ein, die mit der Erledigung der inneren Angelegenheiten des österreichischen „Staates" befasst war. Obwohl auf wenige Jahre beschränkt, von 1742 bis zum frühen Tod Karls 1745, hatte das bayerische Zwischenspiel dauerhafte Folgen. Mit der Ernennung von Maria Theresias Ehemann Franz Stephan, Herzog von Lothringen und Toskana, zum Kaiser wurde Maria Theresia erneut Kaiserin-Königin, doch die Wiedervereinigung der beiden Ämterwürden stellte das frühere Gleichgewicht nicht wieder her. Wieder in Wien angesiedelt, schränkte die Reichshofkanzlei allmählich ihre Aktivitäten ein, während die Staatskanzlei expandierte und neben der Verwaltung des Inneren auch für die Angelegenheiten der Außenpolitik zuständig war.

1753 übernahm Wenzel Anton von Kaunitz-Rietberg, ein aus Mähren stammender Adeliger, nach drei Jahren als österreichischer Botschafter in Paris die Leitung der Staatskanzlei. Sogleich suchte der Staatskanzler mit Unterstützung und Protektion der Königin die Ineffizienz der Steuerverwaltung zu beheben. Es ergab sich ein Streit mit Haugwitz und dessen Vize im Directorium, dem Grafen Johann von Chotek, in dem sich zwei Auffassungen von Souveränität gegenüberstanden: ein zentralistisches Modell im preußischen Stil bei Haugwitz, ein für die französische Aufklärung offenes Modell, darauf bedacht, die Staatsmacht mit den Rechten der Untertanen in Einklang zu bringen bei Haunitz und seinem Hauptmitarbeiter in wirtschaftlichen Belangen, dem Grafen Ludwig von Zinzendorf. Der Konflikt ergab sich aus der mangelnden Koordination zwischen den Behörden, die im Lauf der letzten Jahre geschaffen worden waren, wie auch aus der Vorsicht bei Eingriffen in Sektoren – Kirchenpolitik, Schulwesen –, die als ebenso zentral angesehen wurden.

Ein erstes Experimentierfeld für die Pläne von Kaunitz war Italien[16]. Die Habsburger versprachen sich viel von den 1714 erworbenen lombardischen Provinzen, eines der potentiell reichsten Gebiete der Monarchie mit einer effizienten Landwirtschaft und einem modernen Manufakturwesen. Auf der anderen Seite war die lombardische Gesellschaft jedoch in ein Korsett aus Einrichtungen gezwängt, die noch auf die Zeit der spanischen Herrschaft zurückgingen. Das Patriziat der Hauptstadt kontrollierte die Ernennung der wichtigsten Funktionäre (Senat, ordentliche und außerordentliche Justizbehörde, die staatlichen Kongregationen, Erzdiözesen) und hatte in Abstimmung mit anderen führenden Kreisen der Stadt ein weitläufiges Netz aus aristokratischen und kirchlichen Mächten gesponnen, mit dem die Spanier sich zu ihrer Zeit abgefunden hatten. Nicht einmal während der ersten österreichischen Periode unter Karl VI. hatte man die Stützen dieser Allianz zwischen städtischen Oligarchien aushebeln können. Folglich betrafen die ersten Maßnahmen die Vergabe von Ämtern, die (wie häufig in Europa) als eine Art privates Gut betrachtet wurden, das man erwerben, verkaufen oder den Nachfahren vererben konnte.

Schon Ende der vierziger Jahre hatten die Gouverneure der Lombardei die Anzahl der Ämter beschränkt und deren Käuflichkeit eingedämmt, indem sie angemessene Gehälter festsetzten. Die *Nuova Pianta*, die Neueinrichtung der Mailänder Justizbehörden von 1749, schaffte nicht nur einige Ämter aus der Zeit der spanischen Regierung ab, sondern gab auch der katastermäßigen Erfassung der lombardischen Ländereien einen entscheidenden Impuls. Die Arbeiten dazu waren der Zensusbehörde anvertraut, sie ermöglichten zum ersten Mal, sich ein exaktes Bild vom Grundbesitz zu verschaffen, vor allem aber die Besteuerung an dessen Wert zu koppeln. Angesichts der rationalen Aufteilung des Bodens in geometrische Parzellen gab es keine Unterschiede mehr zwischen dem Land der Adeligen, dem des Klerus oder dem der Bauern, und das machte die Unterscheidungen ökonomischer Natur zunichte, worauf ein Gutteil der Macht der privilegierten Kreise beruhte. Der theresianische Kataster erlaubte eine rasche Vereinheitlichung des Steuerwesens und die Schaffung der Organe eines öffentlichen Bankwesens wie des sogenannten *Monte di Maria Teresa* (1753), mit dem ein allgemeiner finanzieller Sanierungsplan angestoßen wurde.

Die Arbeiten an der Neuordnung des habsburgischen Italien erreichten ihren Höhepunkt 1757. Auf ausdrücklichen Rat von Kaunitz schaffte Maria Theresia die alten und schlecht funktionierenden Räte für Italien und die österreichischen Niederlande ab und schuf an deren Stelle zwei neue zentrale Departements. Das Departement Italien war das Verwaltungsorgan, das sich von 1753 bis zu seiner Abschaffung 1793 um die italienischen Besitzungen der Monarchie kümmerte. Diese neuen Organe wurden der Leitung der Haus-, Hof und Staatskanzlei unterstellt. Auf diese Weise erlangte Kaunitz, der deren Präsident war, die Möglichkeit, die italienischen Angelegenheiten mithilfe von bevollmächtigten Ministern zu lenken, die nach ihrer Effizienz und Treue zur Monarchie ausgewählt wurden: Sie mussten nicht notwendig aus den österreichischen Erblanden stammen (und in der Tat waren unter Männern des Departements Lombarden, Venezianer, viele Trentiner und Tiroler), aber sie mussten dem Reformvorhaben der Kaiserin und des Kanzleipräsidenten nahe stehen.

Der Erfolg des lombardischen Experiments blieb ein Einzelfall. Wenn das *Departement Italien* – wie Kaunitz einräumen musste – das Beispiel eines effizienten bürokratischen Organs war, hatte das von Haugwitz erdachte System Schwierigkeiten, dem Gleiches an die Seite zu stellen. Die schon in Friedenszeiten spürbaren Schwierigkeiten nahmen in gefährlichem Maße zu, als Maria Theresia und Kaunitz beschlossen, die preußische Aggression von 1740 zu rächen. In den auf den Frieden von Aachen folgenden Jahren war die Rückeroberung Schlesiens die fixe Idee der Wiener Diplomatie, ein Ziel, um die durch Friedrich II. erlittene Schmach in Vergessenheit zu bringen. Die Feindschaft zu Preußen und die Suche nach dem im deutschen Kontext verlorenen Prestige drängten in Richtung auf einen neuen Konflikt. Zur Eintrübung des Klimas in Mitteleuropa trugen außerdem die russischen Ansprüche gegenüber dem Königreich Polen und vor allem gegenüber dem Osmanischen Reich bei, das die Eroberung der Schwarzmeerhäfen verhinderte. Wenn der Einfluss der „Welt des Krieges" auf das übrige Europa sich deutlicher bemerkbar machte als in der Vergangenheit, waren die westlichen Länder – Frankreich, Spanien, England, Niederlande – und ihre Kolonien von anderen Konflikten betroffen. Um die Mitte des Jahrhunderts überlagerten sich die Spannungen wegen der Kontrolle über die Handelswege und die Rivalitäten bei der Eroberung von Land und setzten eine „geopolitical revolution"[17] in Gang, die die bisherigen politischen Gleichgewichte hinwegfegte.

Die Kriegsherde des Siebenjährigen Krieges (1756–1763) betrafen weit auseinanderliegende Szenarien. Frankreich und England kämpften, um sich immer größere Anteile am Überseehandel zu sichern und die militärische Kontrolle der jeweiligen Kolonien zu gewährleisten. In Indien und mit besonderer Brutalität in Québec erfuhren die Franzosen den Expansionswillen der englischen Kolonialisten, die mit Unterstützung des Mutterlands versuchten, im Westen über den Mississippi vorzurücken. 1755 und 1756 folgten einander Seeschlachten und Überfälle auf die kanadischen Forts, wobei Frankreich angesichts der finanziellen Übermacht der Engländer immer mehr in Bedrängnis geriet. Die Zusammenstöße hatten unmittelbare Auswirkungen in Europa, wo die Bourbonenmonarchie mit ihrem außergewöhnlich starken, von Ludwig XIV. aufgestellten Heer (etwa 400.000 Mann) eine allseits akzeptierte Machtbalance aufrechterhielt. Dagegen blieb durch seine Schwäche das Königreich Polen-Litauen ohne Schutz, eine weitläufige und wenig organisierte Adelsrepublik, die von der Ostsee bis zum Schwarzen Meer reichte und bis zu diesem Zeitpunkt neben dem türkischen Reich die Achse der Pariser Diplomatie in Osteuropa darstellte. An diesem Punkt versuchten Preußen, Österreich und Russland sich in die polnischen Rivalitäten einzumischen, um sich gegenseitig Terrain streitig zu machen.

Kaunitz bereitete den Zusammenstoß auf diplomatischer Ebene vor, indem er das System von Allianzen, das im österreichischen Erbfolgekrieg funktioniert hatte, über den Haufen warf; im Westen sicherte er sich die französische, im Osten die russische Unterstützung, während Preußen im Januar 1756 reagierte und mit George II. von England ein gegenseitiges Schutzabkommen schloss. Im August versuchte Friedrich II. der russischen Generalmobilmachung durch die Besetzung von Kursachsen zuvorzukommen, ein Manöver, für das sein Heer gerade einmal zwei Wochen brauchte und an dessen Ende er am 13. September 1756 die Kriegserklärung nach Wien schickte und seinen Generälen befahl, die böhmische Grenze zu überschreiten. Als Österreicher und Preußen zur ersten großen Feldschlacht von Lobositz (Lovosice) aufeinandertrafen, musste Friedrich II. zugeben, dass das nicht mehr die „alten Österreicher"[18] von einst waren. Dank Haugwitz' steuerlichen und organisatorischen Maßnahmen besaßen die Habsburger Truppen nun ausreichende kriegerische Fähigkeiten, um es mit dem am meisten gefürchteten europäischen Bodenheer der Zeit aufzunehmen. Lobositz war ein äußerst gewaltsamer Zusammenstoß, in seinen Ergebnissen aber unsicher. Und im Grunde verzeichnete der ganze Krieg, trotz des Blutbads auf dem Schlachtfeld und trotz des massiven Einsatzes zaristischer und französischer Regimenter keine entscheidende Schlacht. „Das Wunder des Hauses Brandenburg", darin bestehend, dass es gelang, aus der von Kaunitz gewollten Umzingelung auszubrechen, war am Ende eine Kombination aus militärischer Macht, innerem Zusammenhalt und schlechter Koordination unter den Alliierten. Das plötzliche Ausscheiden des neuen Zaren Peter III. aus der Allianz im Januar 1762 erlaubte Preußen, ohne das Schreckgespenst künftiger Gebietsverluste in die Verhandlungen zu gehen.

Im Februar 1763 unterzeichnet, war der Frieden von Hubertusburg ein Waffenstillstand aus Ermüdung. Er zog die Grenzen nicht neu (das ersehnte Schlesien blieb bei Preußen), markierte aber das Ende Frankreichs als Schiedsrichter Europas und den unzweifelhaften Aufstieg Österreichs und Preußens in den Rang militärischer Großmächte. Von diesem Zeitpunkt an bis zum Ausbruch des Ersten Weltkriegs blieben die beiden Reiche mit vollem Recht Mitglieder des exklusiven Zirkels der Großmächte[19], die die europäischen Geschicke beherrschten und zum Teil regelten. Für die Romanow und die Habsburg wurde es oberste Priorität, im Club zu bleiben. Das Bild des Souveräns in der Öffentlichkeit sowie die Legitimität seiner Rolle verschmolzen in der Bewahrung des Status als Großmacht. Wenn die Dynastie diesen aus irgendeinem Grund verlieren sollte, wäre es unmöglich, in einem internationalen Ambiente zu überleben, das die Schwächeren zum Untergang verurteilt.

Auf die Auswirkungen und Wandlungen dieser Besessenheit durch die militärische Macht und den Großmachtstatus werden wir später noch eingehen. Einstweilen begnügen wir uns mit der Feststellung, dass sie einen enorm hohen Preis an Menschenleben forderte (rund 300.000 in der Schlacht gefallene Österreicher) und als Ergebnis Verhandlungen brachte. Auf der einen Seite waren Österreich und auch Preußen zum Frieden gelangt, weil ihre finanziellen Ressourcen erschöpft waren, was ihre Inferiorität Britannien gegenüber zeigte. Sie mussten sich also damit begnügen, wie der französische Minister Choiseul sagte, „nur Mächte zweiter Klasse zu sein, die keinen Krieg führen können, ohne von den Handelsmächten finanziert zu werden"[20]. Auf der anderen Seite erwies der erbitterte Kampf gegen Preußen trotz aller Reformen, dass Wien den Traum aufgeben musste, mit Preußen einen viel kleineren, aber effizienteren Staat zu besiegen. Die Tatsache, dass nach 1763 weder das nahe Deutschland noch Russland oder England die Österreich zustehende Rolle als „erstrangige periphere Macht"[21] in Zweifel zogen, machte es nicht immun gegen das Bedürfnis, sich für weitere Veränderungen zu rüsten.

In der Entwicklung des österreichischen aufgeklärten Absolutismus bedeutete der Siebenjährige Krieg eine Deviation, denn „es kamen neue Faktoren ins Spiel, die in der Ausgangssituation Mitte des Jahrhunderts unwichtig waren oder erst in diesen Jahren aufgetreten sind, nicht zuletzt vorhergesehene und auch unvorhergesehene Konsequenzen der Reformen von 1750"[22]. Der Austausch mit dem, was außerhalb der Monarchie geschah, wurde intensiver. Die Verträge von Hubertusburg und auch der fast gleichzeitige von Paris zwischen Frankreich und England lassen Europa in einer Situation tiefer Instabilität zurück: Die Überlegenheit Englands, die Niederlage Frankreichs, die österreichisch-preußische Finanzkrise und der Auftritt Russlands auf der internationalen Bühne machten die Anfälligkeit des bestehenden Gleichgewichts fühlbar. Die Zuhilfenahme von Separatfrieden war das Eingeständnis der Unmöglichkeit einer gemeinsamen diplomatischen Strategie, um den grundlegenden Dualismus zwischen westlichen und östlichen Staaten auszuräumen. Dadurch war garantiert, dass die Rivalitäten sich nicht mit einem Frieden auflösten, sondern im Gegenteil, mit einer Beschränkung des Raums für die einen und einem Zuwachs für die anderen[23].

Joseph II. Aufstieg und Krise eines aufgeklärten Despoten

Die Überzeugung, dass der Krieg fast wie eine unheilbare Krankheit im Inneren jedes monarchischen Organismus lebt, ist ein unter den Ministern Maria Theresias verbreitetes Gefühl und vielleicht eine der wenigen Ansichten, die Haugwitz und Kaunitz teilten. Unter dem Vorwand der organisatorischen Schwerfälligkeit des Regierungsapparats beginnt Kaunitz nach ein paar Kriegsjahren einige der von seinem Rivalen geschaffenen Regierungsstrukturen abzubauen. Gegen Ende 1760 richtet er den Staatsrat ein, der unter seiner Leitung steht und die Aufgabe hat, die Aktivitäten der anderen Hofstellen zu koordinieren und die Herrscher in den dringendsten Fragen zu beraten. Ein Jahr später schafft er das *Directorium in publicis et cameralibus* ab, das von der Unmenge seiner Aufgaben paralysiert war, und verteilt dessen finanzielle Aufgaben auf drei separate Ministerien; die politischen Kompetenzen gehen an eine Vereinigte böhmisch-österreichische Hofkanzlei, während anstelle der Repräsentationen und Cammer in den Provinzhauptstädten sogenannten „Gubernia" eingerichtet werden, die mit juristischen Kompetenzen und der Kontrollmacht über die Ständeversammlungen ausgestattet sind. Die Revision der Institutionen betrifft die Länder außerhalb der Erblande, vorerst mit Ausnahme Ungarns. Nach Aufhebung der schlecht funktionierenden Conseils für Italien und die österreichischen Niederlande werden auf Befehl der Königin zwei schlankere Departements geschaffen, die ihre Befehle von der Hof- und Staatskanzlei empfangen.

Von seinen ersten Sitzungen an erklärt sich der Staatsrat besorgt über die Kriegführung: Er muss dringende Fragen diplomatischer und finanzieller Natur in Angriff nehmen, aber die Debatten enden immer wieder bei einem Problem, das die Ratsmitglieder für essenziell erachten: die Aushebung. Im Winter nach den Feldzügen von 1760 taucht das dramatische Problem auf, wie man mit einem unzulänglichen Rekrutierungsverfahren die Verluste ausgleichen kann. Gleich nach dem Frieden, während die Finanzeinrichtungen der Monarchie sich mit einer öffentlichen Verschuldung von 300 Millionen Gulden konfrontiert sehen, spaltet die Debatte um die Aushebung den Staatsrat in zwei Lager. Die Kritik am System der „Grundherrenkommandanten", wo die Zusammenstellung der Regimenter praktisch in privater Regie durch die großen Adelsfamilien erfolgt, und die geringen Mittel in der Nachkriegswirtschaftskrise ermutigen die Befürworter des preußischen Kantonsystems. Von 1733 an hat Preußen sein Gebiet in ein dichtes Netz von Wehrbezirken, eben Kantone genannt, eingeteilt, wovon jeder einer militärischen Einheit entspricht: Jeder Kanton stellt ein Regiment Infanterie, bestehend aus Bauern, die die Feldarbeit mit festen Zeiten der Truppenübungen abwechseln. Die Transparenz des Kantonsystems sowie seine offenkundige Wirtschaftlichkeit findet viele Befürworter, mit Ausnahme des Fürsten Kaunitz, der fürchtet, dass eine Nachahmung des preußischen Modells die Macht der Militärs in der österreichischen Gesellschaft über Gebühr vergrößern könne.

Gegen Kaunitz und seine Unterstützer mehren sich die Anklagen, sie seien gleichgültig gegenüber den Gefahren, die die Monarchie bedrohen. Mehrfach werden 1761 und 1762 im Staatsrat die jüngsten Unruhen in Siebenbürgen erwähnt und auf die Notwendigkeit eines gut ausgerüsteten Heeres hingewiesen, sowohl um die Feinde zu bekämpfen als auch um die Untertanen zu beruhigen. Durch den Tod Kaiser Franz I. 1765 verändern sich die Kräfteverhältnisse im Rat. Der Sohn Joseph, 1764 zum Römischen König ernannt und seit 1761 bereits Mitglied im Staatsrat, folgt dem Vater nun in der Kaiserwürde nach. Am 17. September 1765 ernennt Maria Theresia ihn zum Mitregenten für die österreichisch-ungarischen Gebiete. Joseph II. ist ein entschiedener Verfechter der Wehrpflicht, der Erhöhung der Militärausgaben und einer raschen „Verstaatlichung" des Heeres. In einem berühmten Memorial aus dem Jahr 1765 empfiehlt er die Einführung des Kantonsystems in den habsburgischen Landen, damit die Bauern des Reichs sich beizeiten an den Umgang mit Waffen gewöhnen. Gleichzeitig äußert er den Wunsch, dass von nun an ein dreijähriger Militärdienst für jeden Adeligen, der eine Karriere in der öffentlichen Verwaltung anstrebt, verpflichtende Voraussetzung sein solle.

„Nichts ist wünschenswerter für einen Staat", schreibt er 1766, „als ein zahlenmäßig starkes und schlagkräftiges Heer"[24]. In ebendiesen Jahren verändern einige Gesetzesmaßnahmen die habsburgische Militärstruktur: die Zuteilung von festen Garnisonen für die Regimenter, der Bau neuer Kasernen und die Einrichtung von Wehrbezirken. Mit der Ernennung des Grafen Franz Moritz Lacy zum Präsidenten des Kriegsrats setzt der Prozess einer schrittweisen Militarisierung der österreichischen Gesellschaft ein, orientiert am preußischen Vorbild einer stärkeren Integration von Heer und Zivilgesellschaft. Kaunitz sieht den Erlass der neuen Gesetze mit Skepsis, die er im Widerspruch mit den Gewohnheiten des „österreichischen Volkes" erachtet und vor allem wenig verträglich mit den Institutionen, die mit deren Durchsetzung betraut sind (Provinzregierungen und Ständeversammlungen). Doch seine Einwände gleichen einem Rückzugsgefecht, und in der Tat kann er nicht verhindern, dass 1769 ein Generalreglement erlassen wird, das die allgemeine Disziplin der habsburgischen Truppen vom einfachen Soldaten bis zu den Offiziersrängen vorschreibt.

Die beiden Positionen gehen von entgegengesetzten Bewertungen des eben beendeten Krieges aus. Kaunitz zufolge hatte sich die österreichische Revanche in Nichts aufgelöst, mehr durch Schuld der Kommandoebene als durch einen Mangel an Soldaten: Die Preußen hatten fast immer zahlmäßig unterlegen gekämpft, ohne deswegen schwerere Niederlagen zu erleiden. Einen anderen Kritikpunkt sieht Kaunitz in den sozialen Auswirkungen des preußischen Systems; niemand konnte die Reaktion der Bauern auf die Wehrpflicht vorhersehen, eine Maßnahme, die einer ohnehin schon verarmten und mit den Steuerzahlungen ständig im Verzug befindlichen Bevölkerung zusätzlich Ressourcen entzog. Von daher die Verteidigung des alten Systems der Aushebung; man würde weniger Gefahr laufen, Bauernaufstände zu provozieren und man würde die rechte Distanz zwischen den zivilen und militärischen Teilen der Gesellschaft wahren. Joseph II. teilt viele der von seinem Gegner vorgebrachten Argumente. Nur ist es typisch für die ersten Regierungsjahre des jungen Kaisers, dass er der militärischen Solidität der Monarchie vor ökonomischen und institutionellen Problemen den Vorrang gibt.

Diese Rangfolge wird ganz deutlich in einigen *Rêveries*, die Joseph vermutlich gegen April 1763 auf Französisch diktierte, als für die Mutter bestimmte Überlegungen. Wenige Monate nach Ende der Feindseligkeiten fasst der Text sein persönliches Arbeitsprogramm für die nächsten Jahre zusammen. Es handelt sich um eine minutiöse Kritik der Mängel in den politischen und Verwaltungsstrukturen der Monarchie, die so krass ausfällt, dass Maria Theresia deren Inhalt lange Jahre geheim hält. In dem Schreiben äußert Joesph II. eine Auffassung der Herrschermacht, von der er nicht mehr abweichen wird: „Die absolute Macht, alles für das Wohl des Staates zu tun", schreibt er in den ersten Zeilen, ist das Prinzip, das alle Handlungen des Fürsten leiten muss, ohne Zeit damit zu verlieren, die Meinungen anderer anzuhören (ein Kopf allein, wenn auch mittelmäßig, ist mehr wert als zehn ausgezeichnete), oder die Angelegenheiten den Regierungsorganen zu komplizierten Beratungen vorzulegen. Die Unduldsamkeit gegenüber zähen bürokratischen Abläufen betrifft auch die ebenso langwierigen Mediationen, die die Regierung bei Verhandlungen mit den territorialen Einrichtungen auf sich nehmen muss. Josephs Bruder Leopold, Großherzog von Toskana, dem Maria Theresia den Text 1778 heimlich zukommen lässt, begreift sofort dessen scharfe antiständische Richtung: „Das ist konfus und ohne System, enthält aber starke Maximen voller Gewalt und willkürlichem Despotismus und will alle, auch die durch Übereinkunft und Eid garantierten Privilegien der Stände aufheben"[25]. Teil dieser Aversion gegen die Begrenzung der monarchischen Autorität ist auch die harsche Kritik am Adel. Den Hochmut der *Grands* brechen, sie verarmen, sie attackieren und demütigen, das ist für die Monarchie „le plus utile et le plus nécessaire". Aber wenn die *Grands* in jedem Winkel der Monarchie ein Hindernis für die Autorität sind, so stellt der Block des ungarischen Adels die größte Gefahr dar.

Den Ländern der heiligen Stephanskrone widmen die *Rêveries* eine detaillierte Analyse, mit einem Anfangsparagraphen, der die Zurückgebliebenheit der Produktionsstrukturen anprangert, und einem abfälligen Finale über den Adel. Die *grande noblesse* muss durch Belohnung oder Drohungen ruhig gehalten werden, die *petite noblesse* gegen die Magnaten unterstützt und durch die Ernennung in Ämter besänftigt werden, die direkt dem Monarchen unterstellt sind: Auf diese Weise können die Bauern, von der „tyrannischen Herrschaft der Adeligen" befreit werden und für ihre Produkte Zugang zu einem einträglicheren Markt finden.

In der Härte, die Joseph II. sich ausmalt, der ungarischen Führungsschicht gegenüber walten zu lassen, vermengt sich sein antiaristokratischer Radikalismus mit den ersten Erfahrungen im Staatsrat. Auf dem Papier ist der Rat auf Anordnung von Kaunitz nur entstanden, um die „teutsch und inländischen Geschäften" zu bearbeiten, ausgeschlossen sind also die die Königreiche Ungarn, Kroatien-Slawonien und das Fürstentum Siebenbürgen betreffenden Angelegenheiten. In Wirklichkeit sind seit Anfang 1761 Bemühungen im Gange, die Provinzen jenseits der Leitha in den Aktionsradius des Staatsrats einzubeziehen. Die Protokolle der Sitzungen verzeichnen regelmäßig Proteste des Kanzlers Nikolaus (Miklós) Pálffy, der verärgert ist über die Absicht, Erblande und Ungarn gleich zu behandeln. Der Streit zieht sich einige Monate lang hin, bis zu Pálffys Rücktritt, den die Königin verlangt, um das Hindernis in den Beziehungen zwischen Rat und ungarischer Kanzlei auszuräumen.

Seine Ersetzung durch Ferenc Esterházy, eine weitere Figur des Hochadels, beruhigt die Gemüter für eine Weile, mindert allerdings nicht den Zugriff des Staatsrats. Der Druck hatte im Lauf des Krieges zugenommen, in Gestalt von zermürbenden Verhandlungen, um von den Provinzen die für die Kriegsanstrengungen nötige Unterstützung zu erlangen. Die Ergebnisse waren jedoch entmutigend und aufgrund der Weigerung des Landtags von Preßburg (Poszony), wo das Parlament des Königreichs tagte, gelangte wesentlich weniger Geld in die Staatskasse als was man von Böhmen und den österreichischen Herzogtümern bekommen hatte. Wenn die Königin, wie der Botschafter Polo Renier in Venedig 1769 berichtet, in diesen Provinzen agieren kann, „ohne den Widerstand ihrer Völker fürchten zu müssen [...], so kann sie das im sehr großen und sehr mächtigen Ungarn nicht". In der geographischen Geschlossenheit des Landes und seiner hohen Bevölkerungsdichte liegt die Stärke der Krone des heiligen Stephan. Nach der Volkszählung von 1754 machen Deutsche und Böhmen zusammengerechnet 6,9 Millionen aus, während die Einwohner des ungarischen Königreichs (einschließlich Kroatien-Slawonien und Siebenbürgen) sich auf 6,2 Millionen belaufen und eine höhere Wachstumsrate aufweisen als ihre Nachbarn. Doch die Leichtigkeit, mit der die östlichen Provinzen Anordnungen aus der Hauptstadt ablehnen können, hängt für Polo Renier von der außergewöhnlichen Macht ihres Adels ab:

> Der Adel ist aufgeteilt in Komitate und diese sind gegliedert in Landtage, die über alle wichtigen Fragen des Reiches befinden. Mit dieser Regierungsform ließ sich die Herrschaft der Österreicher vermeiden, auch kann die Kaiserin-Königin keine Steuern erheben, keine Soldaten rekrutieren, keine Personen ohne deren Billigung in die Landtage oder Komitate entsenden. [...] Die Adeligen, die seit jeher die Herrscher waren, machten sich ihre eigenen Gesetze, denn sie allein sind diejenigen, die keinerlei Steuer bezahlen, und sie allein sind auch diejenigen, die alle anderen Vorzüge und Privilegien in großer Zahl in diesem Staat genießen[26].

Die stolze Verteidigung der eigenen nationalen Traditionen erfuhr auch nach dem österreichischen Erbfolgekrieg keine nennenswerten Einschränkungen. Um die Jahrhundertmitte schuf das zwischen Maria Theresia und den ungarischen Magnaten ausgehandelte Abkommen einen hinlänglich elastischen Rahmen, um die Erwartungen beider Seiten zu befriedigen. Die großen Familien seit jeher – Esterházy, Batthyána, Festetics, Grassalkovich – bekleideten auch weiterhin die wichtigsten Ämter im Königreich, in Kanzlei, im Statthalterrat, in Kammer und Palatinat und garantierten eine starke Präsenz von magyarischen Würdenträgern in Kirche und Militär. Die Identifikation Königin Maria Theresias mit den habsburgischen Erblanden, dem wirksamsten antipreußischen Bollwerk des Kaiserreichs, war nie in Widerspruch zu ihrem grundsätzlichen ungarischen „Patriotismus" gestanden. Im Übrigen war die heilige Stephanskrone, obwohl der einzige Teil ihrer Besitzungen, der außerhalb der Reichsgrenzen lag, derjenige, der ihr den wichtigsten ihrer Königstitel verlieh und die österreichischen Ansprüche auf Galizien, Dalmatien und Kroatien rechtfertigte[27] .

Diese Symbiose von Interessen hielt den Bedingungen des fast vollständigen finanziellen Bankrotts, in den die Monarchie nach 1763 stürzte, nicht stand. Kaunitz hielt es für eine unumgängliche Priorität, die Stephanskrone genauer zu kontrollieren, wenn man das internationale Ansehen der Monarchie erhalten wollte. Das Ziel einer Verdoppelung der Einnahmen vor Augen, hielt der Staatsrat die einfache Assoziation zwischen Erblanden und ungarischen Besitzungen, die bisher als zwei fast autonome Gebilde nebeneinander bestanden hatten, nicht länger für nützlich.

In gewissem Sinn läuteten die sechziger Jahre die „Entdeckung" der ungarischen Andersartigkeit ein. Das bedeutete eine Horizonterweiterung, mit der Wien nicht allein konfrontiert war. Der Druck des österreichischen Heeres nach Osten und die gleichzeitigen Pressionen Russlands in Richtung Polen und Asowsches Meer hatten die europäischen Kultur vor das Problem gestellt, den großen Block von Ländern zwischen Europa und Asien zu definieren, den der Rückzug der Osmanen frei gelassen hatte. Es blieb lange schwierig, eine passende geografische Bezeichnung für diese Region zu finden, wenigstens bis es allgemein üblich wurde, allem, was sie betraf, das Adjektiv „orientalisch" anzuhängen. Die Stück für Stück den Türken entrissenen Länder, von denen man sehr wenig wusste, wurden eine Art europäischer Orient, eine Welt, nicht ganz innerhalb, nicht ganz außerhalb des Alten Kontinents, wenn auch anders und als etwas unvermeidlich Anderes als die abendländische Kultur. Im Allgemeinen fügten die Atlanten oder die Reisenden des 18. Jahrhunderts Ungarn in den Kontext des orientalischen Europa ein und betonten dabei die relative Neuheit seines Eintritts in den habsburgischen Verbund. Der Fluss Leitha trennte nicht nur zwei Reiche derselben Monarchie, sondern auch zwei nach politischer Tradition, Kultur und Lebensstil unterschiedene Identitäten.

Für die regierenden Österreicher wie für die kultivierten Menschen des Zeitalters der Aufklärung bedeutete die Beschäftigung mit dem unglaublichen ethnischen und linguistischen Gemisch des „Orients Europas" den Eintritt in eine unbekannte Welt. Selbst Kaunitz bekannte eines Tages, dass er die ungarischen Gesetze nicht gut genug kenne und auch nicht über Experten verfüge, um detaillierte Reformvorschläge zu machen[28]. Jedenfalls richtete der Staatsrat, durch leere Kassen unter Druck gesetzt, seine Aktivitäten darauf, in möglichst kurzer Zeit die vom Reich gewährten Steuerfreiheiten abzuschaffen. Es handelte sich dabei um die auffälligste Anomalie im Vergleich zu den Erblanden, ein Wust von Ausnahmeregelungen, die sowohl die Herrschaftsbereiche der Magnaten als auch die mittleren und kleineren Besitzer des Landadels betrafen. Weniger reich, aber kapillar in allen Provinzen vertreten, war diese Schicht die Basis für das lokale politische Gleichgewicht, weil ihre Vertreter überall die Ämter des Untergespan (*alispán*, gewählter Verwalter der Grafschaften) monopolisierten und dabei der hierarchischen Abhängigkeit von dem Obergespan (*föispan*) entgingen, die ebenfalls in den Grafschaften eingesetzt, aber staatlich ernannt und im allgemeinen weniger zahlreich waren.

Magnaten und Landadel bildeten eine Kette von feudalherrschaftlichen Gewalten, die ausgehend von den Grafschaften über die Kongregationen bis ins Parlament von Preßburg reichten. Die konstitutionellen Privilegien zu beschneiden, kam nicht infrage, eine solche Maßnahme hätte auch die dem Hof nahestehenden Magnaten verärgert, also setzten Maria Theresia und Kaunitz bei den Rekrutierungsmechanismen der Abgeordneten auf der unteren Ebene an. Man beschränkte die Wahl der *alispán*, überprüfte ihre berufliche Eignung und begrenzte ihre Amtszeit. Die Absicht, die klientelhafte Nähe der Adeligen in öffentlichen Ämtern zu unterbinden, erinnert stark an die Schaffung der Kreise um die Jahrhundertmitte.

Wie anderswo auch zählte der österreichische aufgeklärte Absolutismus auf die Beharrungskraft der Bürokratie, um den Widerstand der lokalen Einrichtungen zu umgehen. Er betrachtete die Beamten „als eigenen Faktor im Staatswesen", die sich ihrer Funktion bewusst und also „zutiefst antiaristokratisch"[29] sind. Aufrichtiger Respekt vor dem individuellen Talent und vor einer Berufsethik, die der aristokratischen Indolenz Grenzen setzt, trat auch schon in den *Rêveries* Josephs II. zutage. Das Modell eines Beamtenstands im Dienste des Herrschers – ähnlich wie das Militär und der Hofadel, jedoch ohne deren Standesdünkel – würde dem österreichischen Experiment Dauer verleihen. Im Lauf des 18. Jahrhunderts hatten die habsburgischen Beamten in erster Linie die Aufgabe, eine gerechte Verteilung des Reichtums unter den Untertanen zu gewährleisten, daher die heftige Polemik des Staatsrats gegen den ungarischen Adel.

In dem Briefwechsel voller gegenseitiger Anklagen zwischen den magyarischen Ständen, die eine Erhöhung der Steuerlast für illegitim hielten, und dem Wiener Hof, der von den Vetos des Landtags verärgert war, wiederholte sich ein sattsam bekanntes Szenario. Die Berichte über die verheerenden Lebensbedingungen in den ungarischen Grundherrschaften brachten allerdings ein neues Element in diese Grabenkämpfe. Die Gewissheit, dass das geringe Steueraufkommen Ergebnis der „Unterdrückung der armen Bauern durch Adel und Klerus sei", so Kaunitz, bewog den Staatsrat, als Ausweg die generelle Aufhebung des Frondiensts und die Umwandlung der Corvée in Geldleistungen ins Auge zu fassen. Die hartnäckige Obstruktion des Landtags gegen weitere Steuerauflagen verhärtete die Fronten. Das Debakel wurde überwunden durch ein Dekret (oder „Urbarium") vom 23. Januar 1767, das in ganz Ungarn die unentgeltlich für den Feudalherrn zu leistenden Arbeiten auf einen Tag in der Woche einschränkte. Damit verbunden waren detaillierte Anweisungen an die Ämter, für die Einhaltung der Vorschrift zu sorgen, falls nötig mit Hilfe des Militärs.

Die Maßnahme entsprach sowohl der dringenden Notwendigkeit, neue Einkünfte zu generieren, als auch der Annahme kameralistischer Natur, dass die Pachtverträge ohne juristische Bindung an den Frondienst die Produktivität der Böden steigern und die demographische Entwicklung befördern würden. Doch an seiner Verabschiedung hatten gewiss auch die fortwährenden Bauernaufstände, von denen man in Wien hörte, ihren Anteil. Auf die offene Revolte von 137 schlesischen Bauerngemeinden, die 1767 ausbrach, folgte die Einsetzung einer „Urbarialkommission", um deren Ursachen zu erforschen. Die Ergebnisse der Umfrage waren verheerend. Beschrieben wurde ein Zustand der Unterdrückung, der bisweilen schlimmer war als der in den ungarischen Latifundien beobachtete, und das gab Anlass für die Veröffentlichung eines Patents über die bäuerliche Robot vom 6. Juli 1771. Ähnliche Umfragen in den österreichischen Erblanden (Steiermark, Kärnten und Krain) bewegten den Rat, weitere Patente zur Einschränkung des Frondienstes zu erlassen, die jedoch an den Vetos der jeweiligen Landesparlamente scheiterten. Auch die Absicht, die unmenschliche Behandlung der Bauern in den Provinzen Ostgaliziens zu verbessern, traf auf zahlreiche Hindernisse. Die Regierung musste sich damit begnügen, ein paar Strafverfahren gegen die Grundherren anzustrengen: In der Steiermark und Kärnten traten die Erlasse über die Robot 1778 in Kraft, in Krain 1781, während Galizien bis 1782 warten musste.

Verheerende Missernten und eine schreckliche Hungersnot hatten Böhmen im Februar 1771 an den Rand der offenen Rebellion gebracht; vier Jahre später wurden die östlichen Provinzen des Reichs von einer Welle derart heftiger Proteste erschüttert, dass der Einsatz des Militärs notwendig wurde. Die Gefahr einer Ausweitung der Proteste zwang zu einer radikalen rechtlichen Maßnahme. Entworfen von Baron Franz Anton von Raab, sah das Gesetz neben der Abschaffung des Frondienstes die Umwandlung des Bauernlands in Höfe vor, die gegen einen Geldzins an Familien verpachtet wurden. Vorerst hielten die Königin und ihre Ratgeber das sogenannte „System Raab" für so revolutionär, dass sie seine Einführung auf das Land in Staatsbesitz beschränkten. Die adeligen Grundherren, die gegen jede Beschneidung ihrer Privilegien waren, boykottierten die Anwendung des Erlasses. Eine weitere Protestwelle und gegen die Feudalherren gerichtete Plünderungen brachen im Sommer 1775 aus und waren die implizite Antwort an den Teil der Aristokratie, der sich weigerte, das auf dem Land herrschende Elend zur Kenntnis zu nehmen; spontan führten einige Grundbesitzer auf ihren Höfen das neue System ein.

Die wenn auch nur partielle Anwendung des Gesetzesvorhabens Raab erleichterte die Corvée, ohne jedoch das Problem des Frondienstes an der Wurzel zu lösen, da er in seinen rechtlichen Voraussetzungen unangetastet blieb: die Erlaubnis zu heiraten, die Möglichkeit des Ortswechsels, der Verkauf landwirtschaftlicher Produkte sind für die Bauernfamilien Momente des alltäglichen Lebens, worin sie von der Gnade des Herrn abhängen. Abgesehen von Flandern und der Lombardei, wo die Spuren des Feudalismus seit Jahrhunderten verschwunden sind, lässt sich die Bauernfrage nicht auf Maßnahmen der Barmherzigkeit oder der Hilfeleistung für arme Bauern reduzieren: Sie betrifft vor allem die Beziehungen zur grundherrschaftlichen Elite der Monarchie, die juristischen Ausformungen und die Art und Weise, Reichtum in Form von Tributen aus dem Feudalbesitz abzuschöpfen, wie er insbesondere in den östlichen Gebieten verbreitet ist, mit der größten Dichte in Ungarn, der geografisch ausgedehntesten Region der Monarchie, und in Böhmen, der ökonomisch reichsten.

In diesen beiden Gebieten zeitigen die seit Ende der sechziger Jahre in Angriff genommenen Agrarreformen widersprüchliche Ergebnisse. Der Dialog mit der böhmischen und österreichischen Aristokratie mündet am Ende in eine Anerkennung der

Erlasse über die Robot. Im Gegensatz dazu scheint die neue rechtliche Norm nicht über den Lauf der Leitha hinauszugelangen: Die magyarischen Großgrundbesitzer zögern die Anwendung des Urbarium mit allen Mitteln hinaus, und die Drohung mit dem Einsatz militärischer Gewalt bleibt folgenlos. Es ist, als würden die in den zentralen Teilen der Monarchie erzielten Erfolge durch Kontrast die Distanz Ungarns zu Wien vergrößern[30]. In den Verhandlungen über die Gesetze zum Frondienst erweisen sich auch die Mitglieder des Staatsrats geteilter Meinung, während Joseph II., der von Anfang an im Staatsrat aktiv ist, mit Unmut auf die Mahnungen zur Vorsicht reagiert. Seine Verantwortlichkeit in diesem Gremium ist in den frühen siebziger Jahren infolge seiner „Inspektionsreisen" größer geworden – 1768 Banat, 1769–1771 Italien, 1771 Böhmen, 1773/74 Galizien, 1775/76 südslawische Provinzen –, durch die er seine direkte Kenntnis der kaiserlichen Provinzen bereichert hat. Viele der Maßnahmen zur Eindämmung des Einflusses der Kirche auf die österreichische Gesellschaft wurden erörtert, seitdem Joseph II. die Entscheidungen des Staatsrats lenken konnte. Das Verbot von Schenkungen an kirchliche Einrichtungen (1771), die Reduktion von Pilgerfahrten und Festen (1772/73), die Einschränkung des Asyls in Kirchen und Klöstern (1775) sind getragen vom Ideal eines Reformkatholizismus, in dem die Gesamtheit der religiösen Angelegenheiten königlichen Beamten überantwortet sein sollte.

Trotz des Mutes, den die Königin bei vielen Gelegenheiten bewies, hat sich die Zeit der Mitregentschaft als widersprüchliches Gemisch aus aufgeklärter Sensibilität und Staatsdespotismus erwiesen. Mit Kaunitz' Hilfe hat Maria Theresia oft die *Rêveries* ihres Sohnes in kirchlichen oder feudalen Angelegenheiten eingedämmt. Die fortgesetzten Verhandlungen über die Gesetze zum Frondienst in Böhmen, vor allem aber in Ungarn, lassen vermuten, dass die Königin sein Ressentiment gegenüber den *Grands* nie wirklich geteilt hat[31]. Jetzt aber bewirkt die starke Persönlichkeit Joseph II. einen Bruch in der habsburgischen Politik. Hektik, rastlose Tätigkeit und Unduldsamkeit sind Charakterzüge, die er in den Staatsrat einbringt. Eine interne Regelung, die die Rolle des Kaisers gegenüber dem Präsidenten stärkt (obwohl Kaunitz die Befugnisse über die Lombardei und die Niederlande belassen werden) gewährt ihm noch größeren Handlungsspielraum.

Beim Tod der Mutter im Jahr 1780 fällt Joseph II. ein Ensemble von Gebieten zu, das – sofern überhaupt möglich – noch fragmentarisierter ist als früher. Der Erwerb Galiziens 1772 und zwei Jahre darauf der Bukowina, die Katharina von Russland an die Österreicher abtrat, nachdem sie sie den Osmanen entrissen hatte, fügte weitere Völker (etwa zwei Millionen Ukrainer und Polen) zu einem ohnehin schon überaus vielfältigen Völkergemisch hinzu. Erst durch die komplexen Arbeiten von Militärs und Ingenieuren zur kartographischen Erfassung der hinzugewonnenen Gebiete erlangt der österreichische Osten ein deutliches Profil[32]. Das Gebilde der Monarchie hat also im Lauf des 18. Jahrhunderts, statt sich zu vereinfachen, seine linguistische und religiöse Vielfalt noch verstärkt. Aus dem Bewusstsein einer irreduziblen religiösen Vielfalt heraus kommt 1781 der Erlass des Toleranzpatents, mit dem den Nicht-Katholiken Freiheit der Religionsausübung gewährt wird, die Erlaubnis, Schulen zur Lehre des eigenen Glaubens zu errichten und mit dem ihnen der Zugang zu öffentlichen Ämtern ermöglicht wird. Das Patent treibt die Religionsfreiheit so weit wie in bisher keinem anderen europäischen Staat, ob katholisch oder protestantisch. Wenige Jahre später werden den Juden dieselben Freiheiten eingeräumt, und 1783 werden diese um die Möglichkeit der zivilrechtlichen Eheschließung erweitert, ein weiterer bedeutsamer Schritt zum Schutz der Nicht-Katholiken.

Zur Rechtfertigung des Toleranzpatents schreibt der Kaiser, dass die religiösen Unterschiede von Übel sind, wenn sie Fanatismus, Uneinigkeit und Sektierergeist hervorbringen, doch dass dies verschwindet, „wenn alle, die einer Sekte angehören, vollkommen unparteiisch behandelt werden und wenn man alle Übrige Ihm, der die Herzen bewegt, überlässt." Die Überzeugung, dass eine Öffnung vonnöten ist für das Zusammenleben unter Völkern, die darauf angewiesen sind, miteinander auszukommen, lässt den Abstand zu dem strengen Katholizismus ermessen, an dem Maria Theresia festhielt. Diese Orientierung, die nicht ohne Brüche mit der römischen Kurie auskommt, wird die josephinische Kirchenpolitik in den nächsten Jahren bestimmen. Es verwirklicht sich darin die Idee einer weltlichen Macht, die nach und nach die Aufgaben der Kirche übernimmt und ersetzt, kontemplative Orden aufhebt, Klöster schließt, Wallfahrten verbietet, aber auch Seminare gründet, wo die Priester Beamten gleichgestellt sind, die Idee einer Macht, die Aufgaben der Wohlfahrt übernimmt, wo die staatliche Autorität an die Stelle der kirchlichen Amtsträger tritt und bis nach unten, bis zum gemeinen Volk durchdringt.

Der antidogmatische und rationale Katholizismus Josephs II. bedeutet auch, dass religiösen Praktiken nichts der Gesellschaft Fremdes sind, sondern dass sie ihren Platz innerhalb der geordneten Policey der säkularen Institutionen in Harmonie mit den obrigkeitlichen Zielen finden. Wie schon die Instruktionen für die Kreishauptmänner verdeutlicht haben, sind die Übergänge zwischen Disziplin, Gehorsam und Moral der Untertanen fließend. Eine fortschreitende Disziplinierung der religiösen Gewohnheiten scheint daher einer der obligaten Schritte, um die bäuerliche Gesellschaft von Nahem kennenzulernen und zu reformieren.

Im Herbst 1871 setzt eine Flut von Patenten ein, dazu bestimmt, das Erscheinungsbild der Grundherrschaften zu verändern. Das Verbot für den Adel, seine Bauern mit Körperstrafen zu züchtigen und ihre Heiraten zu unterbinden, bildet den Auftakt zu dem berühmten Untertanenpatent vom November, das die persönliche Fron in allen österreichisch-böhmischen Erblanden abschafft (noch nicht jedoch die ökonomischen Verpflichtungen). Vorerst bleibt das Königreich Ungarn von den Regelungen ausgenommen, doch anderswo überschlagen sich die Dekrete, Patente und Resolutionen zugunsten des Bauernstands. Diese plötzlich über die kaiserlichen Lande ausgegossene Flut von Gesetzen ist das hervorstechendste Merkmal des josephinischen „Despotismus". In ihm verwirklicht sich eine Auffassung von Politik als abstrakter Wissenschaft, deren Prinzipien sich ungeachtet historischer oder geographischer Besonderheiten[33] unterschiedslos anwenden lassen, und eine Auffassung vom Herrscher, der die Verpflichtung auf sich genommen hat, das Leben und das Glück seiner Untertanen zu schützen.

Nichts vermittelt die Idee des radikalen und manchmal realitätsfernen Eudämonismus Josephs II. besser als die Suche nach einer vollkommenen Gleichheit der Teile des Imperiums. Gleichschaltung und Gleichförmigkeit werden zu Parolen der Regierungstätigkeit. Die ersten Erlasse, mit denen 1781 Laufbahn und Aufgaben der Beamten definiert werden – von der Einstellungsprüfung bis zum Ruhestand mit einer öffentlichen Pension –, versuchen die habsburgische Vielgestaltigkeit auszugleichen, indem sie das Land mit einem Netz von Personen überziehen, die sich durch die Lektüre der Amtsvorschriften bilden: Söhne von gebildeten Bauern oder Sprösslinge aus adeligem Geschlecht, die auf der bürokratischen Sprossenleiter zuerst in irgendeinem verloren Provinznest anfingen, dann aufstiegen bis in den Rang eines Provinzhauptmanns oder noch höher bis zum Gubernialrat[34].

Die Gesetzgebung für den öffentlichen Dienst ist gelenkt von der Sorge, dass die Funktionäre der Monarchie sich vor allem untereinander verstehen. Das ist kein leichtes Unterfangen; wenn das Deutsche die Sprache der Herrscher und des Militärs ist, wenn es im Allgemeinen die der gebildeten Kreise in aristokratischen Salons ist, nimmt sein Gebrauch nach und nach ab, je weiter man sich von der Hauptstadt entfernt. Aufgrund seiner ethnischen Vielfalt sind im Habsburgerreich eine Vielzahl von verschiedenen Sprachen präsent und eine noch weiter verbreitete Diglossie zwischen Dialekten und Hochsprache. Der erste Schritt muss also sein, dafür zu sorgen, dass eine einheitliche, allgemeinverständliche Sprache ohne literarische Ansprüche das Rüstzeug jedes Beamten der Monarchie ausmacht. Joseph von Sonnenfels, der wichtigste Jurist bei Hof, stellt 1781 ein Handbuch der Verwaltungssprache zusammen, das Leitfaden für die amtliche Korrespondenz ist. Mittlerweile sind wir am Vorabend der berühmten Entscheidung, mit der Joseph II. 1784 das Deutsche zur Amtssprache in seinen Landen erhebt, mit Ausnahme von Flandern, der Lombardei und Galizien. Das Dekret, das die Entlassung derjenigen Beamten anordnet, die nicht imstande sind, sich auf Deutsch auszudrücken, findet vorerst nur in den Kerngebieten Anwendung, während es in den entlegeneren Provinzen erst nach einer Frist von drei Jahren wirksam wird. Nur in Ungarn wird es sofort umgesetzt, weil hier neben dem von den einfachen Leuten auf der Straße gesprochenen Magyarischen die bizarre Gewohnheit herrscht, in den parlamentarischen Sitzungen und im Dialog mit dem Wiener Hof das Lateinische zu verwenden. Gegen eine „tote" Sprache, die jedoch immer noch imstande ist, als Distinktionsmerkmal des exklusiven Zirkels der ungarischen Aristokratie zu dienen, geht der Kaiser sogleich mit Entschiedenheit vor.

Das Dekret über die Sprache hat praktische Ziele. Das Deutsche, die einzige unter den aristokratischen Eliten in den Städten der Monarchie hinlänglich verbreitete Sprache, kann für deren Amtsstuben ein optimales Mittel der Verständigung werden. Im Wesentlichen aus praktischen Gründen entstanden, löst das Dekret in wenigen Monaten einen Sturm der Entrüstung aus. Der vorherrschende Tenor dieser Proteste ist nationaler Art, es wird das Bild eines Kriegs zwischen dominierenden und unterdrückten Identitäten beschworen. Tatsache ist, dass dieser vermeintliche Krieg zwischen Kulturen – ausgefochten vorwiegend von der kosmopolitischen und polyglotten Aristokratie – einen Konflikt verbirgt, für den die Sprache nur ein Indikator ist. Der eigentliche Kern des Problems der im Lauf des Jahres herausgegebenen Anordnungen liegt in den Bestimmungen, in denen spezifiziert wird, dass „wenn ein Amt zu vergeben ist, keine Person in Betracht kommen soll außer der, welche die deutsche Sprache gut beherrscht". Die Ausschließung derjenigen, die nicht die erforderlichen Voraussetzungen mitbringen, von der Laufbahn im öffentlichen Dienst, macht Erblichkeit, Käuflichkeit und manchmal auch schlicht Druck von oben, wie sie bei der Ämtervergabe in den österreichischen Provinzen Gang und Gäbe waren, hinfällig.

Im Gouvernement Triest, dem bedeutendsten Hafen der Monarchie am Mittelmeer, setzt sich der neue Regierungsapparat fast ausschließlich aus Funktionären von auswärts zusammen. Entsendet von Wien mit dem Ziel, ihre Kenntnisse im Seehandel zu verbessern, lösen diese Beamten binnen kurzer Zeit das alte Handelspatriziat in der Leitung der Stadt ab, das an den Rand des politischen Geschehens gedrängt wird, bis es in der zweiten Hälfte des Jahrhunderts jedes Gewicht verliert[35]. In der einen oder anderen Weise erreicht das Vorhaben, eine gemeinsame Regierungssprache einzuführen, nach und nach auch die Peripherie des Reichs; doch wie das Beispiel Triest zeigt, ist dabei maßgeblich der von der Hauptstadt ausgeübte Druck. Die Notwendigkeit, dem größten Hafen des Reichs zum Aufschwung zu verhelfen, drängt zur Eile, wie schon in Ungarn geschehen, wo die Einführung des Deutschen im Rahmen einer Einschränkung der ständischen Autonomien zu sehen ist.

Hinter diesen Maßnahmen erkennt man häufig „einen Mangel an Einheitlichkeit und weitgehende Unabhängigkeit der Aktionen" des Monarchen oder seiner Minister: Die ständigen Konsultationen auf Regierungsebene „zeugen nicht so sehr von dem Streben nach der absoluten Macht" als vielmehr von dem Versuch, „sich einen Gesamtüberblick über die Lage in den Erblanden zu verschaffen und dann beizubehalten"[36]. Doch wenn auch mit großer Vorsicht, gehorcht die Suche nach einer einheitlichen Sprache für die Reformen doch einer präzisen Logik. Die sprachlichen Maßnahmen kommen immer im Gefolge der Patente zur Verwaltungsreform, nie vorher: 1776 wird Triest, das zuvor schon Freihafen war, zum Gouvernement erhoben, damit von Inneristrien und vom adriatischen Küstenland abgetrennt und von den kroatischen Gebieten isoliert, die an die ungarische Krone gehen. Im Februar 1784 tritt in Rovereto die Magistratsverfassung in Kraft, die im Jahr zuvor in Wien eingeführt und dann auf alle österreichischen Städte angewandt wurde. Sie löst den traditionellen Stadtrat ab und ersetzt ihn durch einen vom Kaiser zu ernennenden Bürgermeister sowie einen kleinen Gemeindeausschuss, der unter den vermögendsten Einwohnern zu wählen ist.

Die Verabschiedung neuer Gesetze für das Reich geht in hektischem Rhythmus voran. Einigen Berechnungen zufolge bewegt sich die Zahl der zwischen 1780 und 1789 erlassenen Dekrete um 6.206 (im Vergleich zu den 3.017 der gesamten vierzigjährigen Regierungszeit Maria Theresias). Eine Analyse ihres Inhalts zeigt an der

Spitze (fast ein Fünftel) Normen im Steuerrecht, gefolgt von Erlässen in kirchlichen Angelegenheiten und im militärischen und schulischen Bereich[37], in regelmäßigen Abständen kombiniert mit Maßnahmen bezüglich der lokalen Beamtenschaft, deren Zahl sich seit 1740 verdoppelt hat. Die normative Flut zielt darauf ab, die Autorität der Grundherren abzuschaffen oder doch einzuschränken, indem man die Immunitäten und Privilegien, die der grundherrlichen Rechtsprechung zugrunde liegen, beschneidet. In diesem Kontext versteht sich die Politik Josephs II. zugunsten der Bauern, ehrgeizigstes Ziel und Prüfstein für die Radikalität seiner Reformvorhaben[38].

Mitte der achtziger Jahre wendet der Kaiser sich den Verwaltungsstrukturen in der Lombardei, in den Niederlanden und in Ungarn zu. Mit der für ihn typischen Ungeduld setzt Joseph II. einen Plan zur Abschaffung der lokalen Institutionen ins Werk, und das in den reichsten Provinzen seines Reichs und in dem Königreich, das am wenigsten zugänglich für Neuerungen ist. Im März 1785 werden die „Komitate" – Bastionen der ungarischen Aristokratie – aufgelöst und in zehn Bezirke umgewandelt: die *föispan* und ein paar Monate später die *alispan* verlieren ihre Ämter, an ihre Stelle treten vom König ernannte Kommissare. In der Lombardei, die der Kaiser im Frühjahr dieses Jahres zusammen mit seinem Bruder bereist, geht der Umbau der Verwaltungsstrukturen so vor sich, dass die Provinz in acht Kreise aufgeteilt wird, unter ebenso vielen politischen Intendanten, ähnlich den österreichisch-böhmischen Kreishauptmännern. Ähnlich wird in Flandern verfahren, wo die bestehenden Distrikte verschwinden und einheitlichen *cercles* Platz machen, unter der Leitung von *intendants* und von Kommissaren, die mit Billigung der österreichischen Autoritäten ausgewählt werden[39].

Die Durchführung der Verwaltungsreformen geschieht in einem Zug mit der Neuordnung der Regierungsorgane auf Provinzebene und hat das Ziel, die regionalen Unterschiede auf ein Minimum zu reduzieren. Damit das geschehen kann, müssen sich die peripheren Strukturen in kurzer Zeit an den Verwaltungsstil in den deutschen Erblanden anpassen. Doch die Traditionen und die Verwaltungsgeschichte der Provinzen nach dem österreichisch-böhmischen Muster anzupassen, ist ein schmerzhafter Prozess. Fürst Kaunitz, schon in den sechziger Jahren ein Feind des Haugwitzschen „preußischen" Zentralismus, reagiert scharf auf die Einsetzung des neuen *Consiglio di governo* in Mailand (1786)[40] und im Jahr danach auf die Einsetzung des *Conseil du gouvernement* in den Niederlanden, der die vorherigen Funktionäre auf eine bloß dekorative Rolle gegenüber den Bevollmächtigten aus Wien herabstuft. Seine Zweifel erklären auch das wachsende Misstrauen unter den lokalen Eliten; wenn der Josephinismus etwas mehr war als eine „one-man band"[41], nämlich der Traum einer ganzen Generation von Intellektuellen und Regierungsverantwortlichen, so verliert dieses Projekt jetzt an Strahlkraft und Unterstützung.

So kann zum Beispiel kein Zweifel bestehen, dass die Angriffe auf die Kirche verbreitet Widerstand in der öffentlichen Meinung hervorrufen, die häufig von den reaktionärsten Adelskreisen manipuliert wird. An vorderster Front dieser Proteste stehen die Bischöfe von Brabant, dem wichtigsten Gebiet Flanderns, und der Klerus der Grafschaft Tirol, der die separatistischen Bestrebungen im Land gegen die Einmischung aus Wien schürt. Der bürokratische Apparat vermehrt sich beständig, mit Gesetzesmaßnahmen wie dem Kataster 1784/85, der einzig auf der Rendite des Lands beruht und damit – außer in Tirol und Ungarn – den Unterschied zwischen Dominikalland und Rustikalland abschaffen würde, Maßnahmen, die nur zum Teil umgesetzt oder im Keim erstickt werden. Doch die Gesetzgebertätigkeit kann sich gegen die ursprünglichen Erwartungen kehren. Dem Anschein nach sollte die Befreiung von der bäuerlichen Fron eine bessere Verteilung des Reichtums erbringen und sich damit disziplinierend auf die Beziehungen zwischen den Ständen auswirken. Hingegen ist es sehr wahrscheinlich, dass die Bauernaufstände des josephinischen Jahrzehnts aus dem Bruch mit jahrhundertealten Gehorsamsstrukturen zwischen Aristokraten und Bauern hervorgingen, den die Freizügigkeitspatente verursachten. Bezeichnend ist diesbezüglich der Siebenbürgeraufstand von 1784, wo der ständige Aufschub der lokalen Adeligen bei der Umsetzung des für das Königreich Ungarn beschlossenen Urbariums die Proteste der rumänischen Bauern entfachte. Im Namen Josephs II. und in Erwartung einer ständig aufgeschobenen Freiheit erhoben sich die Bauern des Distrikts Horea gegen die Grundherren, alles magyarische Adelige, in einem überaus gewaltsamen Aufstand, der nach einigen Monaten endete, dank des Eintreffens von Regimentern, geschickt von dem fernen Kaiser, für den sie zu kämpfen glaubten[42].

Die Spannungen und die Volksaufstände im Inneren sollten nicht vergessen lassen, dass die Reformen zum guten Teil über die Grenzen des Reichs hinaus zielten. Das vordringliche Problem Österreichs und im Übrigen aller Staaten mit „aufgeklärtem Absolutismus" war es, durch Reformen ihr kriegerisches Potenzial zu erhöhen. Nicht zufällig waren die berühmtesten Reformer der zweiten Hälfte des 18. Jahrhunderts Herrscher über entschieden aggressive und expansionistische Staaten (Preußen, Österreich, Russland), während Frankreich, eine große Landmacht, sich schwertat, die „aufgeklärten" Reformen zu vollziehen, und eine eher laue Außenpolitik betrieb. Von der Thronbesteigung Maria Theresias an verknüpfte die habsburgische Politik mit der Bauernfrage eine explizit militärische Zielsetzung. Die Monarchie hatte versucht, die aristokratischen Privilegien in militärischen Belangen (Aushebung, Organisation der Regimenter, Ausbildung des Offizierskorps) zu beschneiden, indem sie die wehrtüchtige männliche Bevölkerung in direkten Kontakt mit der Staatsmacht brachte. 1781 gelang es Joseph, das preußische Kantonssystem einzuführen. Durch diese Maßnahmen, sollte fast hundert Jahre später ein österreichischer Jurist schreiben, war das Heer zum „Staat im Staate" geworden[43].

Die Vermengung der beiden Ebenen des habsburgischen Reformismus kam im Sommer 1787 ans Licht, als das Osmanische Reich auf die russischen Übergriffe im Schwarzen Meer reagierte und Katharina II. den Krieg erklärte. Durch ein Schutzbündnis an die Zarin gebunden, begann Joseph II. einen unerwünschten Krieg, wobei er nicht nur gegen einen Feind in Fleisch und Blut kämpfte, die Osmanen, sondern auch gegen einen immateriellen Feind, den Verlust seiner Rolle unter den europäischen Großmächten. Tatsächlich zog Österreich im Februar 1788 ins Feld, um den

Angriff Preußens auf das Reich (König Friedrich Wilhelm hatte 1787 Holland besetzt) abzuwehren und zu verhindern, dass Russland der einzige politische Akteur in Osteuropa blieb. Schauplätze der Kämpfe waren Ungarn, wo soeben die Reformierung der Komitate abgeschlossen war, und die osmanische Balkanregion. Nach enttäuschenden Monaten stellten die in Siebenbürgen und im Banat konzentrierten österreichischen Truppen ihre verbesserte Organisation unter Beweis. Im Oktober 1789 nahm General Laudon die Festung von Belgrad ein, ein paar Wochen später zogen die Österreicher in Bukarest ein und bedrängten die Osmanen in einer Reihe von schnellen Offensiven, die zur Befreiung der Walachei führte.

Trotz der brillanten Erfolge auf dem Balkan blieb die Lage an der diplomatischen Front ungewiss: Die Osmanen zögerten, Friedensverhandlungen aufzunehmen, aufgestachelt von Preußen, das bereit schien, in den Krieg einzutreten. Sechs Wochen nach der Besetzung von Belgrad erklärten die Niederlande ihre Unabhängigkeit von der Monarchie; das waren die Wochen, als in Paris die Generalstände, nachdem sie den Widerstand Ludwig XVI. gebeugt hatten, zu einer permanenten Sitzung zusammentraten, um eine Verfassung zu erarbeiten. Der Widerspruch zwischen einer im Feld erfolgreichen militärischen Kampagne und der offenen Rebellion der Flamen war sicher krass, aber die Erklärung der Stände reflektierte – wie wir eingangs sahen – andere Distanznahmen von der Politik des Kaisers. In den Jahren des Konflikts ließ das verzweifelte Bedürfnis nach militärischer Ausrüstung Josephs Forderungen ins Unermessliche steigen: Um ein Heer von zumindest theoretisch 300.000 Mann aufrecht zu erhalten, verlangte der Kaiser weitere Einberufungen (11.000 neue Rekruten im Jahr 1788, 12.000 im Jahr 1789 und 16.000 im Jahr 1790) und brachte einen für die gesamte Monarchie gültigen Plan zur einheitlichen Besteuerung auf den Weg, die Steuer- und Urbarialregulierung, die auf der endgültigen Abschaffung des Frondienstes basierte.

Graf Rudolf von Chotek, Leiter der österreichisch-böhmischen Staatskanzlei weigerte sich, ein Steuergesetz zu unterschreiben, das bei den adligen Grundbesitzern auf Widerstand stoßen würde. Er reichte seinen Rücktritt ein, wie es ein paar Jahre zuvor schon Graf Karl von Zinzendorf, der Verantwortliche für die Hofrechenkammer getan hatte. Choteks Voraussagen wurden durch eine Flut von Protestschreiben gegen die Steuererhebungen bestätigt, verfasst von den Landtagen von Böhmen, Mähren, der Steiermark, Galizien und Tirol. In Ungarn weiteten sich die Proteste auf das ganze Land aus, die Erlasse Josephs II. wurden öffentlich verbrannt, und verschiedene Offiziere legten Petitionen vor, damit nationale, von der Monarchie unabhängige Regimenter zusammengestellt würden.

Gegen Ende Januar, zwei Monate nach der in Belgien erfahrenen Demütigung, zog Joseph II. diejenigen Maßnahmen zurück, die unter den Ständen den größten Widerstand hervorgerufen hatten. In seiner kurzen Regierungszeit setzte sein Bruder Leopold II., Kaiser von 1790 bis 1792, diese Linie der Übereinkünfte mit den Eliten der verschiedenen Territorien fort, in der Überzeugung, dass eine schrittweise Änderung der Ständeordnung – nicht der Zentralismus – die Krankheit kurieren könne, an der das Reich unter der Herrschaft Josephs II. gelitten hatte: ein typisches Symptom von „imperial overstretch"[44], eine Überlastung mit Aufgaben und Konflikten, die man bewältigen muss, ohne dafür die nötigen Ressourcen zu haben. Oder, will man dem Bericht des venezianischen Botschafters Daniele Dolfin von 1793 Glauben schenken, so war Josephs II. Vorhaben „schon vor seinem Tod zum Großteil gescheitert", in einem Reich, in dem jede Provinz ihre eigene Verfassung hatte und der Monarch „nicht in jeder von diesen in gleicher Weise Herrscher war", der Traum „aus den verschiedenen Nationen ein einziges festes, kompaktes Ganzes mit einer einzigen Sprache und denselben Gesetzen zu formen", war von Anfang an gescheitert[45].

Als Leopold II. am 1. März 1792 überraschend starb, erhob die Versammlung der deutschen Fürsten seinen Sohn Franz II. auf den Kaiserthron. Die Krönungsfeierlichkeiten wurden eigens verzögert und auf den 14. Juli gelegt, den Jahrestag des Sturms auf die Bastille, um so die deutsche Einheit der republikanischen Gefahr entgegenzusetzen. Doch dieser harmlose symbolische Trick sollte keinen sonderlichen Einfluss auf das Verhalten des künftigen Kaisers haben.

II Restauration und Vormärz

Kriege und Frieden. Das napoleonische Intermezzo

Im März 1793 antworteten die Reichsstände unter der Führung von Österreich und Preußen auf die Kriegserklärung, die die Französische Republik ein Jahr zuvor an Franz als König von Böhmen und Ungarn gerichtet hatte. Die sogenannte „Erste antifranzösische Koalition" blieb bis 1797 bestehen, jedoch unter tausend Schwierigkeiten. Auch wenn Wien und Berlin im Namen des Reichs einen gemeinsamen Krieg führten, schlugen sich ihre Heere doch strikt getrennt. Mit verheerenden Folgen: Im Herbst 1794 waren alle linksrheinischen Gebiete von Kleve bis Koblenz und das österreichische Belgien bereits in französischer Hand. An diesem Punkt klinkte Preußen sich aus der kaiserlichen Koalition aus. Ohne jede Vorwarnung an die Alliierten verhandelte Friedrich Wilhelm II. in Basel (April-Mai 1795) ein Abkommen, in dem er auf Gebiete jenseits des Rheins verzichtete, mit einer – vorerst geheimen – Entschädigung auf Kosten rechtsrheinischer kirchlicher Fürstentümer. Obwohl der Präsident der österreichischen Staatskanzlei Franz de Paula Thugut unablässig erklärte, dass der Kaiser alle Maßnahmen abwäge, „um den Frieden im Reich nach dem Willen und Wunsch der Reichsstände zu garantieren"[1], drängten andererseits auch in Wien viele auf einen raschen Abschluss, der nach dem Muster des preußischen Abkommens den Frieden gegen die künftige Abtretung einiger kleinerer, von den Franzosen besetzten kaiserlichen Gebiete eintauschen sollte.

Österreich durchlebte die Kriegsjahre 1795–1797 verstrickt in ein Spiel dynastischer Egoismen und diplomatischer Allianzen, die bei der ersten Gelegenheit auseinanderbrachen. Preußens Austritt aus der Koalition und die nicht erfüllten Versprechungen Englands und Russlands bescherten Österreich einen schlimmen Feldzug. Begonnen 1796 mit dem Angriff der napoleonischen Armee auf Norditalien, endete der Krieg mit dem Vorfrieden von Leoben (18. April 1797), als die französische Vorhut nach Überschreitung der Alpen knapp sechzig Meilen vor Wien lag. Nach Monaten der zermürbenden Verhandlungen war der österreichische Vizekanzler Ludwig Cobenzl am 18. Oktober gezwungen, mit Napoleon den Frieden von Campoformio zu unterzeichnen.

Vom territorialen Standpunkt aus waren die Klauseln des Vertrags unerwartet günstig für Österreich[2]. Im Gegenzug gegen die stillschweigende Anerkennung der französischen Republik, die Abtretung Belgiens (mit Lüttich) und der Lombardei an die Cisalpine Republik, bekam Österreich Venetien, Istrien und Dalmatien bis zur Bucht von Kotor, das Erzbistum Salzburg und einige Teile des Herzogtums Bayern. Trotz der Gebietsgewinne war der Vertrag doch von Nachteil für die Monarchie. Auf der einen Seite festigte er dank der Abtretung von Mantua und des Erzbistums Mainz die strategische Position Frankreichs in Norditalien, auf der anderen Seite legte, nach dem Muster von Preußen in Basel, eine Geheime Zusatzklausel fest, dass künftige

http://doi.org/10.1515/9783110674965-004

Gebietsausgleiche durch Säkularisierung geistlicher Herrschaftsgebiete des Reichs erfolgen sollten, eine Option, die man in einem eiligen Verfahren schon im Falle Salzburgs angewendet hatte. Die Konsequenzen waren schwerwiegend: Die Habsburger waren auch „die kaiserliche Macht"[3], und die eingegangenen Vereinbarungen verurteilten jene Teile des Deutschen Reichs zum Tode – die geistlichen Fürstentümer, die freien Städte, die Ritterorden –, die seit Jahrhunderten seine verlässlichsten Stützen gewesen waren. Aber die österreichischen Herrscher, darauf bedacht, die Dynastie am Leben zu erhalten, hatten unterdessen beschlossen, sich von der deutschen Politik abzuwenden: Wie viele vorhergesehen hatten, war nach Campoformio das Ende des Reichs nur noch eine Frage der Zeit.

In den fast zwei Jahren, die der Rastatter Kongress dauerte (9. Dezember 1797 bis 23. April 1799), traten die Widersprüche der kaiserlichen Politik offen zutage. Der einzige Effekt der langen Verhandlungen war, dass die Desorientierung unter den Reichsständen zunahm und einige von ihnen (allen voran Bayern und Baden) zu der Überzeugung gelangten, dass eine Allianz mit Frankreich erstrebenswerter sei als der fadenscheinige österreichisch-preußische Schutz. Während die Verhandlungen noch im Gange waren, schloss Österreich ein Bündnis mit Russland, England und einigen deutschen Fürsten, eine Geste der Feindseligkeit, auf die Frankreich am 1. März reagierte, indem es der Armee Befehl gab, den Rhein zu überscheiten. Doch die Haltbarkeit der zweiten Koalition (1799–1802) war noch geringer als die der ersten. Im Lauf der Jahres 1800 zerschlug Napoleon in Italien die ineffiziente österreichische Armee und in Süddeutschland die dort stationierten Truppen des Erzherzogs Johann (Bruder Kaiser Joseph II.), die der französischen Offensive freilich besser standhielten; Thugut blieb nichts anderes übrig, als im Namen Österreichs und des Reichs einen Separatfrieden zu schließen.

Der Vertrag von Lunéville (9. Februar 1801) und der folgende von Amiens (27. März 1802) zwischen Frankreich und England beendeten den Krieg. Die Friedensbestimmungen hielten sich an die in Campoformio getroffenen Vereinbarungen, jedoch mit einigen Verschärfungen zu Lasten Österreichs. Die Großherzöge von Modena und Toskana, beide Angehörige einer Nebenlinie der Habsburger, überließen ihre Besitzungen Napoleon und wurden mit Salzburg und dem Breisgau entschädigt. Die Friedensschlüsse von Campoformio, Rastatt, Lunéville und Amiens waren das Vorspiel zum berühmten Reichsdeputationshauptschluss vom 25. Februar 1803, mit dem der deutsche Reichstag eingestand, dass ein Fortleben der alten Verfassung des Kaiserreichs in ihrer bisherigen Form unmöglich sei. Der wichtigste Artikel betraf die Säkularisierung der kirchlichen Güter und Territorien: 112 Reichsstände, darunter 66 geistliche Fürstentümer (mit Ausnahme von Mainz) und alle freien Reichsstädte (mit Ausnahme von Augsburg, Lübeck, Nürnberg, Frankfurt, Bremen und Hamburg) wurden abgeschafft und den umliegenden Territorien eingegliedert. Etwa drei Millionen Untertanen wechselten von einem Tag auf den anderen ihren Herrn, während Tausende Quadratkilometer Grund und Boden samt den dazugehörigen Erträgen aus kirchlichem Besitz verschwanden. Diese radikale Vereinfachung revolutionierte die Landschaft des Reiches zugunsten Preußens (Berlin erhielt als Entschädigung ungefähr fünf Mal so viel wie es links des Rheins verloren hatte), zugunsten Badens, Württembergs und Bayerns, die von den säkularisierten kirchlichen Gütern profitierten, um sich als Mächte mittlerer Größe zu etablieren, in einem entschieden an Frankreich orientierten „dritten Deutschland"[4]. Die Entschädigung Österreichs, vor allem für den endgültigen Verlust Flanderns, fand man in dem neuen Großherzogtum Salzburg (ergänzt um die Bistümer Eichstätt und Passau) und der Abschaffung der Fürsterzbistümer Brixen und Trient, die jetzt zur Grafschaft Tirol gehörten.

In der Zeit nach dem Hauptschluss 1803 schien der Reichstag eine mit nichtigen Debatten über die Zukunft eines mittlerweile sterbenden Reiches beschäftigte Institution. Die Proklamation Napoleons zum Kaiser der Franzosen (18. Mai 1804) machte alle weiteren Debatten überflüssig. Wie Cobenzl einräumte, existierte das alte Reich nicht mehr, und Österreich wäre aus eigenen Mitteln nicht imstande, einen antifranzösischen Krieg zu führen[5]. Doch die Entstehung eines neuen Kaiserreichs in Europa eröffnete unvorhergesehene Szenarien: Napoleons militärische Überlegenheit und seine Ambitionen auf Deutschland als gegeben betrachtend, was würde geschehen, wenn er auch die Krone des Reichs erlangte? Oder wenn die habsburgischen Besitzungen, die rein juristisch Lehen des Reichs waren, sich als Vasallen Napoleons wiederfänden? Der Kanzler unterbreitete dem Hof eine Reihe von möglichen Gegenmaßnahmen, die von der Verwandlung des deutschen Kaisertitels in einen erblichen Titel bis zur Erfindung eines „Empereur d'Hongrie et de Gallicie" reichten, wie vom österreichischen Botschafter in Paris vorgeschlagen, um die deutsche Frage offen zu halten. Am Ende siegte die Option, die den Wiener Juristen in diesem Moment die einzige praktikable erschien, um die Dynastie zu retten: Alle habsburgischen Lande unter der Herrschaft des „Erbkaisers von Österreich" zu vereinen.

Ein Reich gründen (und verleugnen)

Mit dem Patent vom 11. August 1804 nahm Franz von Habsburg also den Titel Franz I., Kaiser von Österreich an, wobei er unter dem Namen Franz II. weiterhin Kaiser des Heiligen Römischen Reiches blieb. Diese doppelte Titulierung stellte in gewisser Weise das Ergebnis einer seit 1714 verfolgten dynastischen Politik dar, als Karl VI. mit der Pragmatischen Sanktion die Unteilbarkeit der habsburgischen Lande dekretierte. Auch in der Kaiserproklamation stellte der Ausdruck „Österreich" keine geografische Kategorie dar, die einem bestimmten Staatsgebiet zuzuordnen war, sondern ein Adelsgeschlecht; es war der Name einer Dynastie, die ein Ensemble von Territorien unter seiner Herrschaft versammelte. Die dynastischen Erwägungen wurden im Text der Proklamation noch verstärkt: Dort war die Rede von „unabhängigen Königreichen und Staaten", deren konstitutionellen Rechte und Privilegien unverändert blieben, auch wenn sie sich nun in der Bindung an den „Kaiser von Österreich" vereint sahen. Es gab kein Reich, aber einen „Kaiser von Österreich"; es gab auch keine österreichischen „Bürger", weil die dem neuen Kaiserreich zugehörigen Territorien dort mit der gleichen konstitutionellen Identität einzogen, die sie seit Jahrhunderten gegenüber den Habsburgern gewahrt hatten.

Wenn die Erinnerung an das Deutsche Reich in den Hintergrund trat, weil man lieber vom österreichischen Kaisertum sprach, setzte der Text der Proklamation in vielen Punkten auf eine Kontinuität zwischen den beiden Reichen. Franz I./II. sagte ausdrücklich in der Kaiserproklamation: „auf Unseren Titel als gewählter Kaiser des Heiligen Römischen Reiches Deutscher Nation muss sogleich der des Erbkaisers von Österreich folgen, sodann Unsere weiteren Titel König der Deutschen, von Ungarn, von Böhmen etc., dann die des Erzherzogs von Österreich, des Herzogs der Steiermark etc. und der anderen Kronländer"[6]. Der Hof sah keinen Widerspruch zwischen dem neuen Erbkaisertum und der Römisch Deutschen Kaiserwürde; im Gegenteil, er betrachtete das vielmehr wie die Pfropfung einer jahrhundertealten Tradition auf einen jüngeren Stamm. Nachdem er den Titel Erbkaiser von Österreich angenommen hatte, bekundete Franz I./II. sogleich seine Absicht, das Primat, das ihm als Kaiser des Heiligen Römischen Reiches Deutscher Nation zustand, zu wahren, indem er erklärte, „Unsere Sorge in Unserer Eigenschaft als Herrscher der Monarchie Österreich soll auf die Wahrung und Behauptung der völligen Gleichheit der Erbkaiserwürde mit den hervorragendsten Herrschern und Mächten Europas gerichtet sein". Mit anderen Worten, die Ranggleichheit zwischen Frankreich, Russland und Österreich musste um jeden Preis unterstrichen werden. Im stillschweigenden Übergang vom Alten zum Neuen enthielt das Patent von 1804 diese beiden Aspekte; es war das Gründungsmanifest eines moderneren Reichs, und doch bemühte es sich, diesen Übergang zu verbergen, ihn fast unmerklich zu machen: Von außen betrachtet, schien die Schaffung das Kaisertums Österreich ein Gründungsakt, der sich quasi selbst verleugnete[7].

Während der Reichstag sich fragte, wie man juristisch Reich und Kaisertum miteinander vereinbaren könnte, liefen drei süddeutsche Staaten, Bayern, Württemberg und Baden im Rahmen des sogenannten „Dritten Koalitionskriegs" zu Frankreich über. Österreich, das sich mit Russland und Großbritannien verbündet hatte, besaß weder die Kraft, es an seine Treueverpflichtungen zu mahnen, noch die, Preußen zur Aufgabe seiner neutralen Haltung zu bewegen. Nach dem Sieg von Ulm und vor allem dem von Austerlitz (2. Dezember 1805), setzte Napoleon im „dritten" Deutschland, das er mit Waffengewalt erobert hatte oder zu seinem Verbündeten gemacht hatte, einen regelrechten Revolutionsprozess in Gang. Nicht nur erhob er Bayern und Württemberg zu Königreichen – Baden wurde Großherzogtum –, sondern er setzte auch den 1803 begonnenen Prozess der territorialen Vereinfachung bis in seine extremen Konsequenzen fort. Von den rund dreihundert Staaten in Mittel- und Westdeutschland überlebten nicht mehr als vierzig den Prozess der französischen Neuordnung. Sechzehn von deren Herrschern, darunter der Erzbischof von Mainz Karl Theodor von Dalberg, bis dahin Reichskanzler, erklärten am 12. Juli 1806, sich vom Reich trennen und unter französischem Schutz den Rheinbund gründen zu wollen. Formell erfolgte die Trennung erst am 1. August, doch bereits am 22. Juli forderte

Napoleon Franz I./II. auf, die Kaiserkrone niederzulegen. Gedemütigt durch den Frieden von Preßburg, um ein Drittel der deutschen Lande gebracht, die zur Konföderation übergegangen waren, ließ der österreichische Kaiser am Morgen des 6. August in Wien verkünden, dass er „die Kaiserkrone niederlegen werde und das Heilige Römische Reich für abgeschlossen erkläre"[8].

Kaum hatte Franz II. die Krone des Heiligen Römischen Reichs niedergelegt, sah Deutschland sich in vier Teile geteilt: die Gebiete unter französischer Herrschaft, den Rheinbund, Preußen und Österreich. Graf Johann Philipp von Stadion, der nach dem Desaster von Austerlitz Cobenzl ersetzt hatte, versuchte die Regierungsstrukturen der Monarchie weniger starr zu gestalten sowie das Heer und das Steuerwesen im Hinblick auf eine militärische Revanche gegen Napoleon zu modernisieren. In der Innenpolitik versandeten Stadions Bemühungen bald in den alten konstitutionellen Strukturen. Geschickter war er darin, Wien als Sammelbecken für alle Gegner der napoleonischen Revolution anzupreisen: Die habsburgische Hauptstadt, wohin sich die aristokratischen Emigranten halb Europas geflüchtet hatten, zog Dutzende deutsche Intellektuelle an, die auf Wien und die Habsburger vertrauten, um Deutschland sein verlorenes Prestige wiederzugeben.

Die romantischen Autoren, die scharenweise in die Wiener Salons strömten, träumten von der Restauration eines mittelalterlichen Reichs – katholisch, konservativ, durch und durch deutsch –, für das sich nach der Besetzung Preußens durch Napoleon 1807 nur Österreich stark machen konnte. Konkret ging es für Stadion darum, die durch das Verschwinden des Reichs entstandene Leere auszufüllen. Er versuchte, einen bis dahin unbekannten österreichischen Patriotismus mit dem Versprechen auf englisch-russische Hilfe zu schüren, um Franz zu überzeugen, erneut gegen Frankeich zu ziehen. Doch schon wenige Wochen nach der Kriegserklärung (9. April 1809) war klar, dass die materiellen und ideellen Voraussetzungen von Stadions Überlegungen falsch waren.

Entgegen seiner Erwartungen sah Wien sich diplomatisch isoliert: Moskau blieb neutral, Berlin verweigerte wieder einmal seine Unterstützung, nur London ließ die versprochenen Hilfszahlungen fließen. Unter Führung der beiden Brüder des Kaisers, der Erzherzöge Karl und Johann, erzielten die österreichischen Truppen zwar einige Erfolge in Italien, Tirol und in der Schlacht von Aspern, wurden aber in der entscheidenden Schlacht von Wagram (5.–6. Juli 1809) geschlagen. Der Frieden von Schönbrunn (14. Oktober 1809), eine Art napoleonisches Diktat, das Franz I. nicht einmal unterschrieb, markierte den Tiefpunkt der österreichischen Außenpolitik. Außer ungeheuren Entschädigungszahlungen sicherte Napoleon sich die Abtretung weiterer habsburgischer Gebiete: Salzburg und Berchtesgaden und das Innviertel gingen an das Königreich Bayern, Westgalizien wurde an das Herzogtum Warschau angeschlossen, während Osttirol, Oberkärnten, Slowenien, Triest mit der Grafschaft Görz und Istrien, ein Teil von Kroatien und die ganze dalmatische Küste bis zur Bucht von Kotor unter dem Namen Illyrische Provinzen an Frankreich fielen. Österreich sah sich auf das Niveau einer zweitrangigen Militärmacht herabgestuft, ohne Zugang zum Mittelmeer und wirtschaftlich vor dem Ruin.

Auf die Niederlage folgte ein rascher Wechsel der dem Kaiser nahestehenden Männer, Stadion wurde all seiner Ämter enthoben und die beiden Erzherzöge Karl und Johann in eher rüder Weise gezwungen, die Hauptstadt zu verlassen. Die Krise der „Kriegspartei" öffnete die Türen der Wiener Politik für den österreichischen Gesandten in Paris, Graf Metternich, ein Diplomat rheinischer Abstammung, der bei Hof gut eingeführt war (er hatte die Enkelin des Fürsten Kaunitz geheiratet) und in bestem Einvernehmen mit dem Kaiser stand. Um der Monarchie Zeit zu lassen, sich von der militärischen Krise zu erholen, bahnte Metternich eine vorsichtige Wiederannäherung an Frankreich an, die in der Hochzeit der Tochter Franz I., Maria Luisa, mit Napoleon gipfelte. Die Verbindung erlaubte es Österreich, neutral zu bleiben, als die Grande Armée 1812 das Zarenreich angriff; die österreichischen Regimenter verließen ihre Feldlager in Schlesien nicht, und dass Österreich nicht direkt in den Krieg eingriff, stärkte Metternichs Rolle als Vermittler, die er in den europäischen Konflikten zusehends übernahm. Er traf Napoleon in Dresden am 16. Juni 1813 und legte ihm Friedensbedingungen vor (Auflösung des Rheinbunds, Rückkehr Frankreichs in die Grenzen von 1794), die empört zurückgewiesen wurden. Das Stocken der Verhandlungen führte zur fünften antinapoleonischen Koalition, der Österreich und viele deutsche Staaten, wie Bayern, beitraten, die aus der Allianz mit Frankreich flüchteten. Die schreckliche Niederlage von Leipzig markierte den Beginn von Napoleons Niedergang; mit dem Herbst 1813 trat Europa, trotz des Intermezzos der „hundert Tage" und des Blutbads von Waterloo in eine entschieden neue politische Phase ein.

Das „metternichsche System": Revolution und Restauration?

Vom Herbst 1814 an versuchten Metternich[9] und Franz I., die sich nie sonderlich einig waren, die Zukunft der österreichischen Besitzung neu zu gestalten. Hervorgegangen aus einer Zeit dramatischer Kriege, genießt das Kaisertum Österreich einen politischen und territorialen Einfluss wie nie zuvor. In erster Linie ist es ein Staat, der homogener und ausgedehnter ist als 1789; der Tausch der flämischen Provinzen gegen das Königreich Lombardei-Venetien hat einen kompakten italienischen Block geschaffen, der außer weiten Teilen der Poebene das Großherzogtum Toskana umfasst, das dem Bruder von Kaiser Ferdinand III. zugesprochen wird, das Herzogtum Parma, das Maria Luisa (Tochter Franz I. und Gattin Napoleons) überlassen wird, und schließlich das Herzogtum Modena, wo Franz IV. d'Este regiert, Spross einer habsburgischen Nebenlinie. Die Lombardei und Venetien grenzen direkt an die ehemaligen Illyrischen Provinzen, die bereits 1813 zurückerobert wurden, und bilden im Landesinneren mit Tirol, Kärnten, Krain (dem heutigen Zentral- und Westslowenien), zum Meer hin mit dem gesamten istrisch-dalmatischen Küstenstreifen bis zur Bucht von Kotor ein einziges Ensemble österreichischer Territorien. Im

Norden erstrecken sich die traditionellen habsburgischen Erblande, die Königreiche Böhmen und Ungarn, und im Osten das Anhängsel des Königreichs Galizien und Lodomerien (mit der Bukowina am äußersten Rand), ein Stück des polnisch-litauischen Commonwealth, das nach den polnischen Teilungen 1772–1795 zu Österreich kam.

Unter dieser Oberfläche sind einige nationale Physiognomien erkennbar – deutsche, italienische, slawische und ungarische –, aber alles, was nicht zur ungarischen Krone gehört, wird unter dem sehr allgemeinen Begriff „deutsche Erblande“ gefasst. Metternich, der sich der dringenden Notwendigkeit bewusst ist, alle nationalen Tendenzen zu unterbinden, kommt mit Preußen überein, einen Deutschen Bund zu schaffen, eine Konföderation aller deutschen Staaten unter österreichischer Präsidentschaft und preußischer Vizepräsidentschaft, was eine Wiederauflage des Prinzips der „komplementären Staatlichkeit“[10] scheint, mit dem das Reich vor 1789 den losen Verbund der deutschen Staaten zusammenhielt. Bei Hof würden einige die volle Integration Österreichs in die deutsche Welt bevorzugen, vielleicht indem man Franz wieder in den Besitz der Reichskrone bringt; andere wiederum drängen darauf, jede deutsche Anbindung zu vergessen und die Monarchie im Sinne einer Expansion nach Osten zu orientieren, mit Ungarn (das nicht im Deutschen Bund ist) als Brückenkopf für die militärische Expansion in Richtung Balkan und Schwarzes Meer. Metternich verwirft beide Alternativen: Vielleicht könnte Österreich ein einheitlich deutscher Staat werden, doch das würde die Verbindung zur Stephanskrone zerstören; umgekehrt muss die für Österreichs Außenpolitik unerlässliche Anbindung an Deutschland aufrecht erhalten werden, freilich unter der Bedingung, dass die deutschnationalen Kräfte nicht ermuntert wurden, da Österreich sonst in einem germanischen Meer untergehen würde.

Metternichs Vision zufolge würde die Struktur des Deutschen Bundes mit der des österreichischen Reichs verschmelzen, während eine analoge, flexible Verbindung die habsburgischen Lande an die italienischen Regionen anschloss. Die österreichische Präsenz auf der Halbinsel, die anfänglich als militärische Abschreckung gegen Frankreich gedacht war[11], geht über die direkte Herrschaft in den lombardisch-venetischen Provinzen oder die Entsendung militärischer Einheiten nach Ferrara, Piacenza oder Comacchio hinaus. Italien, seit Jahrhunderten kaiserlicher Einflussbereich, sollte die Form einer *Lega italica* annehmen, die sich über die gesamte Halbinsel erstreckte, in Funktion und Struktur dem Deutschen Bund sehr ähnlich. Obwohl das Vorhaben schon bald Schiffbruch erleidet, sieht man Österreich in der Zeit nach 1815 tief in die italienische Politik verstrickt, in der Rolle eines Korrektors der reaktionären Politik der rückschrittlichsten Staaten der Restauration, des Königreichs Savoyen und der Päpstemonarchie. Das Schreckgespenst eines erneuten Angriffs Frankreichs auf Wien steht am Ursprung des Projekts *Lega italica*, doch das genügt nicht, um die Sympathien Metternichs für die am Reißbrett geschaffenen Territorien zu erklären. In der Tat, nach Deutschland und Italien wiederholt sich das Modell im Osten, in den sogenannten „Illyrischen Provinzen“, die durch Zusammenlegung eines großen

Blocks von habsburgischen und venezianischen Gebieten 1809 von den Franzosen kreiert worden waren. Die Illyrischen Provinzen sind ein klassisches Beispiel für die von Napoleon geschaffenen künstlichen Staaten, sie ziehen sich von Osttirol über Kärnten, die Triester Küste, Krain und Kroatien in Richtung Süden bis zur dalmatischen Küste, es leben dort ungefähr anderthalb Millionen Menschen mit mindestens fünf Sprachen und zwei vorherrschenden Konfessionen, die einige Jahre lang vom Netz der napoleonischen Präfekturen zusammengehalten wurden. Die Rückkehr unter habsburgische Herrschaft (23. Juli 1814) führt zu einigen Veränderungen im nördlichen Teil (Tirol und Kärnten), aber nicht zum endgültigen Verschwinden der napoleonischen Strukturen. Mit zwei aufeinander folgenden kaiserlichen Patenten (13. Juni und 3. August 1816) schafft Metternich das neue Königreich Illyrien, wobei er selbst den Namen und das Wappen wählt; es ist unterteilt in zwei Regierungsbezirke Triest und Ljubljana, während unterhalb von Fiume das Königreich Dalmatien[12] entsteht, das direkt Wien unterstellt ist.

Dieses merkwürdige Agglomerat aus historischen Königreichen (Böhmen, Ungarn und österreichische Provinzen), neu hinzu gewonnenen Gebieten (Italien und Königreich Illyrien) und föderativen Verbindungen nach außen (Deutscher Bund) erfordert Regierungsstrukturen, die sich deutlich vom Absolutismus des 18. Jahrhunderts abgrenzen. Daher stellen jetzt die politischen Ambitionen des josephinischen Jahrzehnts mit ihrer Tendenz zur Vereinheitlichung, mit ihrer Ablehnung der lokalen Bräuche die absolute Antithese[13] zum institutionellen Patchwork dar, an dem Metternich arbeitet[14]. „Die Teile, aus denen sich die österreichische Monarchie zusammensetzt", schreibt Johann Andreas Damian, ein Statistiker des frühen 19. Jahrhunderts, „haben keine einheitliche Form der Regierung, nicht alle richten sich nach denselben Gesetzen. Joseph II. kam es in den Sinn, in den verschiedenen Teilen seiner Länder dieselben Gesetze einzuführen, und sein vorzeitiger Tod war das Haupthindernis für die Verwirklichung seiner Pläne"[15]. Die extreme Vielfalt an Bräuchen, das Mosaik an Sprachen und historischen Traditionen in den Provinzen hören auf einmal auf, ein lästiger Überrest zu sein. Der ehernen Einheitlichkeit der napoleonischen Verwaltung wird jetzt ein Verbund der österreichischen Territorien entgegengesetzt, die von gefühlsmäßiger Treue zur Dynastie zusammengehalten werden[16]. Ein Reich, das Bestand hat dank des „Segens zahlloser Völker", die unter den Habsburgern zusammengekommen sind, muss notwendigerweise jede Gemeinsamkeit mit dem Modell seines erbittertsten Feindes meiden.

Ungarn und Böhmen: Die Last der Geschichte

Im allgemeinen Klima der Restauration die Einmaligkeit eines paternalistischen Reichs mit Respekt vor lokalen Unterschieden herauszustreichen, ist ein Akt der Selbstverteidigung. Wie das Patent vom 11. August 1804 besagt, will das neue Reich kein Zentralstaat nach französischem Muster sein, und in seiner inneren Ordnung hebt es sich nicht wesentlich von der vorherigen Verfassung ab. Wenn Franz II. in diesem Text von einem „vereinigten österreichischen Staaten-Körper" spricht, erkennt er an, dass das Reich unmittelbar eins ist mit der Geschichte und der materiellen Verfasstheit seiner Territorien. Nicht zufällig bezeichnet der Begriff „Staat" im politischen Vokabular der Habsburger auch die geografischen Einheiten der Länder, aus denen das Reich sich zusammensetzt, und es ist allgemein üblich, von „deutschen Staaten", „ungarischen Staaten", italienischen Staaten", „galizischen Staaten" usw.[17] zu sprechen. Die Territorien oder die Gruppen von Territorien sind also regelrechte „staatliche" Einheiten, auch wenn ihnen – in unseren Augen kurioserweise – die Eigenschaft der Souveränität fehlt.

All jene, die glaubten aus den napoleonischen Kriegen würde ein germanisiertes Kaisertum hervorgehen, mussten sich eines Besseren belehren lassen: „Österreich ist so heterogen und unterschiedlich in seinen Nationalitäten", schreibt die Gattin des preußischen Gesandten in Wien, Caroline von Humboldt, „dass ich wetten würde, dass es noch in diesem Jahrhundert aufhört, eine deutsche Macht zu sein"[18]. Erschöpft von den Kriegen, trotz des internationalen Ansehens knapp an finanziellen Mitteln, steht das Reich vor einer schwierigen Herausforderung. Die revolutionäre Welle hat in den Beziehungen zwischen Wien und den peripheren Eliten Gräben aufgerissen, die schnellstmöglich geschlossen werden müssen. Man beginnt, wie immer, bei den ungarischen Landen, die außerhalb der Grenzen des Reichs liegen und seit jeher am wenigsten in die Monarchie integriert sind.

Im Mosaik der habsburgischen Besitzungen nimmt die Stephanskrone eine eigene Stellung ein. Die Herrschaftsbereiche westlich des Flusses Leitha, eine eher ungenaue geografische Angabe, die jedoch auch damals schon in Gebrauch war, sind ein Amalgam von auf den habsburgischen Landkarten gut erkennbaren Königreichen und Provinzen: Spricht man von Böhmen, den österreichischen Herzogtümern oder von der Lombardei und Venetien, verwendet man die Umschreibung „deutsche Erblande", wie um das Fehlen einer einheitlichen Identität dieser Gebiete kenntlich zu machen. Im Gegensatz dazu gelangt man mit Überschreitung der Leitha in einen Teil des Reichs, den niemand zögern würde, mit dem Namen Königreich Ungarn zu bezeichnen. Auf den ersten Blick scheint das eine Verzerrung, weil sich Ungarn genauso wie Österreich im Lauf der Jahrhunderte durch Annexion von Gebieten und Völkern gebildet hat, die nicht viel miteinander gemeinsam hatten. Von den ca. zehn Millionen Einwohnern zu Beginn des 19. Jahrhunderts spricht weniger als ein Viertel Magyarisch als Muttersprache, während die übrigen mehrheitlich slawische Sprachen sprechen (Slowakisch, Kroatisch, Serbisch), zu geringeren Teilen Deutsch, Rumänisch und Italienisch. Maria Theresias und Joseph II. Siedlungspolitik, mit der sie den Osmanen entrissene Gebiete fruchtbar machen wollten, hat in Ostungarn deutsche und eine Minderheit von serbischen Siedlern heimisch gemacht, denen die Regierung die Ebene zwischen Szeged und Belgrad, die heutige Vojvodina, überließ. Es gibt auch keine vorherrschende religiöse Konfession, vielmehr eine im Hinblick auf das streng katholische Österreich abnorme Vielfalt, Ergebnis der jahrhundertelangen osmanischen Herrschaft. Es finden sich hier lutherische Gemeinden (zumeist in der Slowakei und Siebenbürgen), griechisch-orthodoxe und jüdische Gemeinden, die alle im Sinne der *pietas absburgica* unternommenen Konversionsversuche im Gefolge der Eroberung im 17. und 18. Jahrhundert überstanden haben.

Multiethnisch und multireligiös, findet das Königreich Ungarn auf politischer Ebene zu einer Einheit. Bis zuletzt hatte der ungarische Landtag sich geweigert, die josephinischen Patente auf seinem Gebiet für gültig zu erklären. Und als im Jahr 1790 die in Preßburg versammelten Stände zur offenen Rebellion gegen Wien übergingen, fanden sie sofort Unterstützung beim *Sabor* von Zagreb, dem kroatischen Landtag.

Das Scheitern des josephinischen Experiments eröffnete eine Phase turbulenter Spannungen zwischen dem Königreich Ungarn und seinen kroatischen, zum Teil an die Illyrischen Provinzen abgetretenen *partes adnexae*, die auf die Forderung nach größerer administrativer und finanzieller Autonomie hinausliefen. Die 1805 gestellte Forderung, die magyarische Sprache als offizielle Amtsprache einzuführen oder die, eine literarische Akademie zu gründen, bedeuteten keine weitere Störung in einer institutionellen Beziehung, die sich nach der schwierigen josephinischen Parenthese in den gewohnten Bahnen bewegte.

Österreich, heißt es in den 1830er Jahren in der *Statistik* des Johannes Springer, ist eine Erbmonarchie, in welcher der Kaiser „alle Majestätsrechte in sich vereint und in allen Provinzen uneingeschränkt ausübt"; das gilt überall, nicht aber in Ungarn, wo die Herrschaft vom Status der „reinen und uneingeschränkten Monarchie" zu dem der „eingeschränkten Monarchie" übergeht. Das Kaiserreich setzt sich also zusammen aus zwei verschiedenen Teilen: Auf der einen Seite bunt zusammengewürfelt „alle Provinzen", auf der anderen Seite ein einziger, vom Rest isolierter Block, Ungarn. Springer erkennt diesen institutionellen Unterschied im besonderen Krönungsritual und in den Fällen, da die Ausübung der Majestätsrechte „durch die Zusammenarbeit mit der Standesversammlung des Königreichs beschränkt" ist[19]. Im Übrigen weiß er, dass die Habsburgermonarchie nie offiziell in „Österreichisches Kaiserreich" umbenannt wurde, obgleich der Begriff im informellen Sprachgebrauch der ausländischen Diplomaten durchaus geläufig ist. Die Proklamation Franz II. zum „österreichischen Kaiser" ist nie in den Kalender der dynastischen Feierlichkeiten aufgenommen worden und wird es nie werden, eben aus Angst, ungarische Reaktionen zu provozieren[20]. Aber noch einmal, die Einschränkungen, die die Herrscherhoheit durch die Stephanskrone erfährt, entspringen nicht so sehr juristischen Gegebenheiten als der Wirtschafts- und Sozialstruktur, deren Ausdruck sie sind.

In dieser Hinsicht ist das hervorstechendste Merkmal Ungarns im 19. Jahrhundert eine grundherrliche Agrarwirtschaft, die in dieser Form seit Jahrhunderten unangefochten besteht. Ohne bedeutende Städte – mit Ausnahme von Buda und Pest, die vorerst noch getrennt sind –, besteht das Königreich aus einer ununterbrochenen, sich über das Donautal erstreckenden Kette von Grundherrschaften (*Alföld*). Die Bevölkerung lebt größtenteils von der Landwirtschaft: Zehntausende von Bauern sind durch Frondienst gezwungen, auf den Latifundien der Adelsgüter zu leben und eine Adelsschicht zu erhalten, der die Zentralregierung kaum etwas anhaben kann. In keiner anderen Provinz des Kaiserreichs, ja, in sehr wenigen anderen Gebieten Europas, gibt es eine so große Adelsschicht. Das Adelsregister umfasst etwa eine halbe Million Personen, rund fünf Prozent der Gesamtbevölkerung, während es in Böhmen kaum ein Prozent sind. Innerhalb dieser Masse von Adelsfamilien bestehen teils enorme Unterschiede an Einkommen und Prestige; neben den Gütern der Magnaten gibt es kleine dörfliche Grundherrschaften, bewirtschaftet von einem ländlichen Kleinadel, der sich im Lebensstil nicht wesentlich von seinen Bauern unterscheidet. Die ökonomischen Unterschiede werden jedoch eingeebnet in der Idee einer historischen Einheit Ungarns, die sich auf „den Begriff der *natio* stützt, geistige Grundlage der politischen Institution, bestehend aus den adeligen Mitgliedern der Krone". Die politische „Nation" Ungarn imaginiert sich „als bestehend aus den Aristokraten des Reichs, theoretisch ohne jeden Unterschied zwischen Magnaten, kleinem oder mittlerem Adel", und ungeachtet der sprachlichen Unterschiede oder der ausgedehnten Inseln mit slawischer, rumänischer, deutscher Bevölkerung, die gezwungen sind, innerhalb ihrer Grenzen zu leben[21]. Aus dieser Schicht gehen die Grundbesitzer des "historischen" Ungarn hervor, des Fürstentums Siebenbürgen und des Königreichs Kroatien. Hier besitzt der lokale Adel Güter von kleiner oder mittlerer Größe, während die Großgrundbesitzer alle ungarische Namen tragen: Nugent, Sermage, Gyulay, Batthyány, Erdödy, Rauch, Kulmer; wenn sie dagegen kroatischer oder serbischer Abstammung sind, haben sie sich in Sprache und Benehmen derart den Ungarn angeglichen, dass sie jede Verbindung mit dem Adel, dem sie entstammen, verloren haben[22].

Der Ausdruck *natio hungarica*, der den politischen Körper des Königreichs bezeichnet, bezieht sich ausschließlich auf die Adeligen. Nur die Aristokratie ist in der juristischen Sprache der Zeit der *populos*, entgegengesetzt der *plebs* (oder *misera plebs contribuentis*), die den Großteil der Bevölkerung ausmacht. Die Dichotomie zwischen *populos* und *plebs* wird nur geringfügig abgeschwächt durch die Tatsache, dass der *natio hungarica* auch einige katholische Prälaten und die etwa fünfzig „freie Städte" des Königreichs angehören. Diese kleine zahlenmäßige Erhöhung ändert hingegen nichts an der Kluft, die die Schichten der ungarischen Gesellschaft voneinander trennt und deren institutionelle Mechanismen prägt.

In den ersten Jahrzehnten des 19. Jahrhunderts sind die das Königreich betreffenden politischen Entscheidungen noch einer kleinen, in der Hauptstadt angesiedelten Gruppe von Institutionen vorbehalten, der von Metternich kontrollierten Geheimen Haus-, Hof und Staatskanzlei, dem Kriegsrat, der Hofkanzlei für Finanzen, schließlich dem für Polizei und Zensur zuständigen Ministerium. Mit diesen Ämtern zusammen arbeitet, ebenfalls in Wien, die Königliche Ungarische Hofkanzlei, die in vielen Belangen (Steuern, Militär, Religion usw.) eine Ratgeber- und Vermittlerrolle zwischen dem Herrscher und den lokalen Autoritäten Ungarns innehat. Die größte Macht liegt in Händen der *Königlichen ungarischen Statthalterey* oder dem *Consilium Regium Locumtenentiale*, dem einzigen in Buda ansässigen Organ, das unter dem

Vorsitz des Palatins arbeitet, einer Art Vizekönig, bekleidet von einem Erzherzog des Herrscherhauses[23].

Geht man jedoch eine Ebene tiefer, unterhalb der zentralen Institutionen, die von einem Milieu ausgewählter magyarischer und deutscher Beamter besetzt sind, wird die ungarische Sonderstellung erneut deutlich. In den zweiundfünfzig Komitaten, in die Ungarn traditionell aufgeteilt ist (die Kreishauptmänner wurden hier nie eingesetzt), sind weiterhin die lokalen Gesetzessammlungen in Kraft, ein Ensemble von Bräuchen und Rechtsstilen, die häufig von einer Grundherrschaft zur nächsten variieren. Außerdem muss jede Diskussion mit Wien über Gesetzesvorhaben oder Steuerfreiheit den Landtag von Preßburg passieren, dem Organ, das den institutionellen Koagulationspunkt der *natio hungarica* darstellt.

Der ungarische Reichstag setzt sich zusammen aus zwei getrennten Kammern. In der Magnatentafel haben per Erbrecht oder Ernennung durch den König Angehörige des Kreises der Magnaten und des hohen Klerus Zugang, insgesamt wenige hundert Familien und nur zu einem Drittel ungarischer Abstammung, die 1608 zur juristischen Kategorie der *barones* zusammengefasst wurden. Verwandtschaftlich verbunden mit den großen Adelshäusern des ganzen Reichs, haben sie eine ambivalente politische Identität, in der das Gefühl der Zugehörigkeit zur „Nation" neben der Treue zur Habsburger Monarchie besteht[24]. Von Rechts wegen gehören auch die Statthalter (Obergespan oder *főispán*) der Komitate dieser Kammer an, Funktionäre, die von der Kanzlei ernannt und als deren Abgesandte im Reichstag aufgefasst werden. Da die Rolle gewöhnlich von Magnaten eingenommen wird, verstärken die Statthalter nur den elitären Charakter der Magnatentafel. In der niederen Kammer, der Repräsentantentafel, sitzen zwei gewählte Vertreter aus jedem Komitat, neben ihnen, aber weniger zahlreich, finden sich Deputierte aus den freien Städten und aus den Domkapiteln. Die rund hundert Deputierten aus den Komitaten bringen den Grundtenor des magyarischen Provinzadels zum Ausdruck. Gewöhnlich entstammen sie dem wohlhabenderen Teil der mittleren Grundbesitzer, und sie monopolisieren die Ämter des Richters oder Verwalters der Gespanschaften (Untergespan oder *alispán*), wie auch die typischen freien Berufe wie Anwalt, Notar oder Arzt. Die *bene possessionati*, die Wohlhabenden also, wie sie in Urkunden genannt werden, um sie von den armen Adeligen abzugrenzen, verfügen auf provinzieller Ebene über das Privileg einer faktischen Regierungsmacht, und ihre kapillare Präsenz in den Komitaten gibt der alltäglichen ungarischen Politik ein unverkennbar aristokratisches Gepräge. Dank eines großen sozialen Zusammenhalts scheint Ungarn in den ersten Jahren des 19. Jahrhunderts noch imstande, seine fast vollständige institutionelle Alleinstellung zu wahren; Wien seinerseits hat darauf verzichtet, den ungarischen Reichstag herauszufordern und hat die Versammlung zwischen 1812 und 1825 nicht einberufen.

In gewisser Hinsicht zeigen die Vorgänge in Ungarn einige Ähnlichkeit zu denen in Böhmen. Auch die Länder der Wenzelskrone, des zweiten „historischen" Königreichs der Habsburger, waren ein zusammengesetztes Gebiet (Königreich Böhmen, Markgrafentum Mähren, Herzogtum Schlesien), die durch Erbfolge in den ersten

Jahren des 16. Jahrhunderts angeschlossen wurden. Und auch hier stellten sich Probleme des Zusammenlebens mit den lokalen juristischen Traditionen und einer in manchen Teilen des Landes tief verwurzelten slawisch-deutschen Zweisprachigkeit. Keine innere oder äußere Heterogenität war jedenfalls so stark, aus Böhmen ein Ungarn *en miniature* zu machen. Seine ökonomische Struktur, vielleicht die modernste innerhalb des Reichs, fügte sich perfekt in die der benachbarten österreichischen Regionen ein, die der natürliche Absatzmarkt für seine landwirtschaftlichen oder Manufakturprodukte waren. Analog dazu war die politische Entfernung zwischen Prag und Wien wesentlich geringer als die zwischen Buda-Pest oder Preßburg und Wien. Die Spielräume an konstitutioneller Autonomie, die das Böhmische Reich zur Zeit der Landnahme im 16. Jahrhundert genossen hatte, waren im Verlauf des Dreißigjährigen Krieges abgeschafft worden. Die politische und religiöse Rebellion der böhmischen Stände, die ihre Königskrone 1618 einem calvinistischen Fürsten anboten, war in einer äußerst harten, blutigen Repression erstickt worden. Im Lauf weniger Jahre wurde ein Großteil der Aufständischen von ihren Ländereien vertrieben, und die Habsburger machten Dutzende von Adeligen, die sie aus verschiedenen Regionen des Reichs herbei holten, dort ansässig, Österreicher, Deutsche, Italiener, Flamen, natürlich katholisch und der Dynastie nahe stehend, die bereit waren, ihren Reichtum in den Erwerb der konfiszierten Güter zu investieren.

Die Migrationsbewegung des 17. Jahrhunderts verschob nicht nur die ethnische Zusammensetzung des Adels zugunsten einer bunten Mischung von verschiedenen, fremden Geschlechtern, sondern war auch verbunden mit einer neuen Verfassung, die *Verneuerte Landesordnung*, auf die Böhmen 1627 und Mähren 1628 den Eid leisteten und die die juristischen Privilegien des Königreichs so weit beschnitt, dass es mit irgendeiner der österreichischen Provinzen gleichgestellt war. Der theresianische und josephinische Absolutismus hatte jedenfalls die Vorherrschaft der grundbesitzenden Aristokratie nicht zerstört, die von den habsburgischen Herrschern der Gegenreformation installiert worden war. Die böhmischen und mährischen Provinzen waren nach wie vor bevorzugtes Gebiet für schier grenzenlose Grundherrschaften – die 176.000 Hektar des Herrschaftsgebiets von Krumau/Krumlov im Süden des Landes wurden nach dem Namen der Eigentümer einfach nur „Königreich" der Schwarzenbergs[25] genannt – und eines Feudaladels, der die Politik des Königreichs bestimmte. Nach dem Muster der ungarischen Magnaten waren die böhmischen Adelsfamilien (Colloredo, Liechtenstein, Schwarzenberg, Fürstenberg und Thun) der verlängerte Arm des Wiener Hofs im Königreich; ebenso glich sich das saisonale Pendeln zwischen den Landgütern und den Residenzen in Wien, wie auch der ökonomische Unterschied, der sie von den niederen Rängen des Adels trennte.

Als sie sich im 18. Jahrhundert gegen den Zentralismus zur Wehr setzen mussten, nahmen sich daher die böhmischen Aristokraten den Widerstand der ungarischen *barones* zum Vorbild. In einigen Akademien und intellektuellen Zirkeln wurden Abhandlungen über den Primat der tschechischen Sprache gegenüber dem Deutschen populär, begleitet von ersten geografischen und statistischen Texten, in denen das Land beschrieben wurde als von zwei in vieler Hinsicht unterschiedlichen Bevölkerungsgruppen bewohnt: Auf der einen Seite „die Tschechen", die Hauptnation, auf der anderen die „Deutschböhmen". Aber so sehr sie sich auch bemühten, den ehernen ungarischen Patriotismus nachzuahmen, kamen die böhmischen Adeligen damit nicht weit. Der Landtag von 1790, der im Zeichen einer Restitution der 1627 kassierten Rechte eröffnet wurde, erwies sich als Misserfolg: Leopold II. wies die Vorschläge zu einer separaten Kanzlei sowie einer Rückgabe des Rechts auf autonome Steuererhebung zurück.

Das Ende der institutionellen Illusionen zog weitere Wiederaufnahmen von „erfundenen" Traditionen nach sich. 1791, anlässlich der Krönung von Leopold II. zum König von Böhmen (ein Akt der Höflichkeit, den Joseph II. vermieden hatte) eröffnete und beschloss der Präsident der böhmischen Regierung, Graf Rottenhan, seine Rede im Prager Landtag in gebrochenem Tschechisch[26]. Er verwendete ein noch nicht kodifiziertes Idiom – die ersten tschechischen Grammatiken auf Deutsch kamen seit Ende des Jahrhunderts in Umlauf –, das vor allem von den Nachbarn der Provinz Mähren nicht akzeptiert wurde: Das in Böhmen gesprochene Tschechisch wurde „slawisch" oder „slawisch-mährisch", sobald man in das Markgrafentum kam[27], wo jeder Hinweis auf eine gemeinsame Geschichte als eine von Prag zu Unrecht für sich reklamierte Überlegenheit aufgefasst wurde. Wenn das Tschechische allmählich von der verachteten Sprache der Bauern für die jungen Intellektuellen der höheren böhmischen Gesellschaft zum Gegenstand des Interesses wurde[28], wurde die Hoffnung, dass dies als Bindeglied für separatistische politische Absichten dienen könne, enttäuscht. Diese kleine Schar von gelehrten Philologen und Literaten stellte einen so kleinen Teil der Gesellschaft dar, dass sie es am Ende vorzogen, die ethnisch-linguistischen Aspekte aus ihren Programmen zu streichen und auf solche territorialer Natur Bezug zu nehmen. Das führte zu einer Form von regionalem Patriotismus, der auf der Annahme eines alten böhmischen Staatsrechts (*státní právo*) fußte, das nach dem antihabsburgischen Aufstand 1618 ungerechterweise unterdrückt worden sei. Das war ein Notbehelf und das Eingeständnis einer Schwäche: Verängstigt vom habsburgischen Zentralismus und vom Schreckgespenst der Revolution, übernahmen die Mitglieder des Landtags mit nur minimalen Änderungen das Schema einer nach Ständen geordneten Verfassung, nur etwas erweitert in geografischer Hinsicht. Die Einrichtung des ersten Universitätslehrstuhls für tschechische Philologie in Prag und dann die eines „nationalen" böhmischen Museums änderten nur oberflächlich etwas. Unter gebildeten Leuten jeglicher Herkunft wurde das Tschechische wenig und selten gesprochen, gar nicht zu vergleichen mit der weiten Verbreitung des Magyarischen in Kreisen des ungarischen Adels. Die *natio bohemica* zitierte die neuen Formen der Zivilgesellschaft des 19. Jahrhunderts, doch Inhalt, Ziele und Absichten ihrer Wortführer waren fest in der Ordnung des Ancien Régime verankert.

Sobald in den ersten Jahren des 19. Jahrhunderts der Dialog mit der Hauptstadt wieder in normalen Bahnen verlief, flaute das patriotische Gefühl der Aristokraten ab. Die Einschreibungen in literarische Zirkel wurden weniger, und die böhmische

Nation wurde wieder das, was sie im Grund immer gewesen war: ein vielsprachiger Verbund von vermögenden Familien mit einem Standesbewusstsein und einem Sinn für soziale Unterschiede, die stärker waren als jede territoriale Zugehörigkeit. Aus diesem Grund spielten in der Zusammensetzung des „territorialen Patriotismus" im böhmischen oder mährischen Adel des frühen 19. Jahrhunderts nationale Faktoren eine untergeordnete Rolle und konnten bei Bedarf beiseitegesetzt werden. Die *natio bohemica* wie die *natio hungarica* glichen mehr einem Geflecht von Allianzen zwischen Familien als einer „imaginierten Gemeinschaft" mit gemeinsamer Sprache und historischen Traditionen. Es waren Nationalismen, oder besser, konservative Patriotismen im Dienst von aristokratischen Gesellschaften, auf die Verteidigung von Privilegien bedacht, die keine große Besorgnis für Wien darstellten. Im Gegensatz dazu konnten von denjenigen Territorien, die erst jüngst zum habsburgischen Erbe hinzugekommen waren, größere Problem ausgehen.

Lombardo-Venetien, Galizien, Illyrien: Das Neue organisieren

Während Böhmen und Ungarn (seit 1627 und seit 1699) Bestandteil des österreichischen Erbes waren, war die Legitimität der Habsburger in den neuen italienischen, illyrischen und galizischen Reichen jüngeren Datums und fragil: Alle drei an der Peripherie gelegen und durch die Vereinbarungen des Wiener Kongresses zum Reich gekommen, fehlten ihnen sowohl Verbindungen zum Block der Erbländer als auch gemeinsame institutionelle Traditionen untereinander. Deshalb hielt Metternich es für notwendig, diese Grenzgebiete so rasch wie möglich ins Habsburgerreich einzugliedern.

Der Kanzler hegt ein besonderes Interesse an den italienischen Provinzen, die er als Bollwerk gegen mögliche revolutionäre Rückfälle in Frankreich betrachtet und außerdem als Bausteine in seinen Plänen zu Befriedung der Halbinsel. Die Lombardei und Venetien sind zusammen mit den österreichischen Herzogtümern die einzigen Reichsgebiete, in denen die Bevölkerung, abgesehen von verschwindenden Minderheiten, eine einzige Sprache spricht. Aber die Sprache und die Zugehörigkeit zur italienischen „Kulturnation" sind auch das Einzige, das die beiden Provinzen gemeinsam haben. Die Republik Venedig mit einem Regierungssystem, das in den verknöcherten Traditionen seines Patriziats befangen ist, hatte schon während der ersten Phase die österreichische Herrschaft (1797–1806) vor ernste Probleme gestellt, als die Abgesandten aus Wien sich mit dem enormen Unterschied an materiellem Reichtum und politischen Privilegien konfrontiert sahen, der die Lagunenhauptstadt von den unterworfenen Städten trennte. Die Gebiete der Herzogtümer Mailand und Mantua hingegen gehören seit 1714 zur Monarchie und haben, wie wir sahen, an der Zeit der aufgeklärten Reformen aktiv teilgenommen. Nach einem günstigen Beginn ist die Nähe der politischen Kreise der Lombardei zu Wien jedoch unter dem nivellierenden Druck des josephinischen Absolutismus geringer geworden und ist im revolutionären

Intermezzo völlig abgerissen. Ganze Teile der Gesellschaft – niederer und mittlerer Adel, freie Berufe und Provinzintellektuelle – haben von der französischen Verwaltungsmaschinerie profitiert und schnell Karriere gemacht. Von Mailand aus, das zur Hauptstadt des Königreichs erhoben wurde, verbreitete sich nach 1806 die Klasse der Funktionäre in den übrigen venetischen Provinzen, wo das Verschwinden des venezianischen Patriziats eine Menge öffentlicher Ämter und Aufgaben frei gelassen hatte. Der Abstand zwischen Venedig und Mailand hat also in der napoleonischen Zeit, statt geringer zu werden, noch weiter zugenommen[29].

Obwohl sie in den lombardischen und venetischen Teilen unterschiedliche Gestalt annimmt, kann die Liquidation des napoleonischen Erbes jedenfalls nicht gänzlich mit dem Bestehenden brechen. Dem Gründungspatent vom 7. April 1815, mit welchem das neue Königreich Lombardo-Venetien dem österreichischen Kaiserreich „dauerhaft eingegliedert" wird, gehen stürmische Debatten voraus über die geeignete Struktur, um die viereinhalb Millionen neuer italienischer Untertanen zu integrieren. Die Österreicher arbeiten an einer Materie, mit der sie wenig Erfahrung haben: Es fehlt eine fürstliche Verfassung, es gibt keine Ständeversammlungen, die um die Gestalt des Fürsten eine „Landestradition" aufbauen könnten, es gibt nicht einmal eine Tradition unabhängiger königlicher Staatlichkeit wie in Böhmen oder Ungarn[30]. Das Fehlen jeder vorrevolutionären „Legitimität" ist das Konfliktfeld zwischen den Mitgliedern der von Franz I. *ad hoc* ins Leben gerufenen Kommission, die Vorschläge für die Integration der ehemals napoleonischen Territorien erarbeiten soll. Das ist die Central-Organisierungs Hof-Commission oder COHC: Carl Friedrich Kübeck von Kübau, der junge Beamte, der sich insbesondere mit Verwaltungsfragen befasst, ist der Ansicht, „man solle das napoleonische Modell nicht aufgeben sondern es unauflöslich mit der Macht, dem Schutz und der Gesetzgebung Österreichs verbinden"[31]. Andere Ratgeber, darunter der Präsident Prokop Lažanský, scheinen dagegen eher geneigt, den Ansprüchen der lombardischen Adeligen nachzugeben, die in aller Eile eine provisorische Regierung zusammengestellt haben und Druck auf Wien ausüben, um der Region die Freiheiten wiederzugeben, die sie unter Maria Theresia genossen hatte.

Aber der Plan zu der Mailänder Regierung scheitert sofort; obwohl begrüßt vom leidenschaftlichen Konservatismus des Kaisers, würde jeder Schritt zurück das Vorhaben einer Fusion zwischen den beiden Provinzen undurchführbar machen. Am Ende erweist sich als einzige praktikable Lösung, die Struktur der napoleonischen Verwaltung beizubehalten: Dank einer kosmetischen Operation der Umbenennung (Delegierte anstelle von Präfekten, Kreiskommissare und Prätoren anstelle von Friedensrichtern) überlebt das Netz der französischen Präfekturen und Kantone die Restaurationszeit 1814/15, und die Österreicher verwenden es, um die Provinzen diesseits und jenseits des Mincio in dieselben Verwaltungseinheiten einzuteilen. Die politisch-juristischen Spitzengremien, die Gubernia und die Appellationsgerichte, werden in Mailand und Venedig angesiedelt, was die Gleichrangigkeit der beiden Provinzhauptstädte betonen soll. Eine dritte juristische Instanz, der Senat, ein Ableger der

Obersten Justizstelle in Wien, wird in Verona eingerichtet, dem Hauptstandort des habsburgischen Militärs auf der Halbinsel[32]. Oberhalb der Gubernia regiert in Vertretung des Kaisers als Vizekönig Erzherzog Rainer, der mit seinem kleinen Hofstaat zwischen Mailand und Venedig pendeln sollte, was aber recht selten geschieht. Die Schaffung des Königreichs weist einige für die österreichischen Politik typische Züge auf: „einerseits besteht der Wunsch, schon existierende Strukturen und Rechte in den zu verwaltenden Gebieten beizubehalten, andererseits der, die ‚neuacquirierten Provinzen', im Falle Venetien, wie die ‚alten', schon vor Ausbruch der Revolution[33] ins Reich aufgenommenen Territorien" zu regieren. Königreich daher als notwendiger Titel, um an dem Prestige teilzuhaben, das durch eine lange Reichstradition garantiert ist und auf das sich auch bereits Napoleon bezogen hatte; Lombardo-Venetien als formelle Lösung, welche die beiden Territorien zusammenfasst und juristisch gleichstellt, über deren Rivalität man in Wien jedoch sicher im Bilde ist.

Unterdessen nimmt eine andere Abteilung der Hof-Commission unter der Leitung von Franz von Saurau (künftiger Generalgouverneur in Mailand) die Neuorganisation der sogenannten „Illyrischen Provinzen" in Angriff. Mehr noch als im Fall der Lombardei und Venetien war das illyrische Experiment eine „kalte Fusion" heterogener Territorien: Die westlichen Teile des Herzogtums Kärnten, das slowenische Krain, das Gouvernement Triest, Görz und Inneristrien, alle habsburgisches Erbe, wurden zusammengeschlossen mit der istrischen und dalmatischen Küstenregion, die seit Jahrhunderten in venezianischem Besitz war, und mit kroatischen, zum Königreich Ungarn gehörigen Teilen. Die Heterogenität der historischen Herkunft ist jedoch nur eines der Elemente im Spiel, weil viele Teile des illyrischen Puzzles ihrerseits ohne festgelegte territoriale Identität sind: Die Provinz Triest und das adriatische Küstenland, um nur das auffälligste Beispiel nennen, wurden im 18. und 19. Jahrhundert ständig hin und her geschoben, wobei venezianische oder österreichische Territorien zusammengelegt, italienisch- oder slawischsprachige Bevölkerungen, womöglich für nur wenige Jahrzehnte, vereint wurden, nach den bürokratischen Verwaltungsprinzipien, die Österreich in der ganzen zweiten Hälfte des 18. Jahrhunderts zu verwirklichen trachtete. Die Hof-Commission nimmt die Partie dort wieder auf, wo die Franzosen sie gelassen hatten; und wie im Königreich Lombardo-Venetien überdauert die napoleonische Ordnung den Wechsel der Herrschaft.

Abgesehen von Osttirol und der kroatischen Militärprovinz, die schon 1814 ausgegliedert worden waren, folgt der Grenzverlauf des Illyrischen Königreichs den vormaligen napoleonischen Grenzziehungen. Es wird aufgeteilt in zwei große Gouvernements mit den Hauptstädten Ljubljana und Triest, die ihr künstliches Zustandekommen deutlich erkennen lassen: Zum ersten Gouvernement gehört das Kronland Krain, dem jedoch der westliche Teil von Kärnten hinzugefügt wird, der in napoleonischer Zeit aus seinem angestammten Herzogtum herausgebrochen wurde, und der Kreis Klagenfurt, der hingegen zu den illyrischen Provinzen gehörte; der zweite Gubernialbezirk hat als Hauptstadt Triest, seit 1719 habsburgischer Freihafen, davon hängen ab die Grafschaften Görz und Gradisca, das Markgrafentum Istrien und der

Distrikt Fiume. Das Leben des neuen Agglomerats ist von Anfang an sehr mühsam. Schon nach wenigen Jahren erfährt seine Geographie erste Korrekturen: 1822 kehrt der Kreis Fiume auf Anfrage Ungarns zum ungarischen Königreich zurück, und die zuvor vom Kvarner Hafen abhängigen istrischen Ortschaften werden dem neuen Kreis Pisino (Pazin) eingefügt, ein Ort in der Mitte Inneristriens, Erzherzogtum und mit kroatischer Mehrheit. Drei Jahre später betrifft die verwaltungstechnische Umgestaltung Triest, Hauptstadt des Küstenlands, sie wird aus dem Territorium des eigenen Kreises herausgelöst, um einen autonomen Verwaltungsdistrikt zu bilden, er wird regiert von einem politisch ökonomischen Magistrat, der mit den Zentralorganen verbunden ist.

Die fehlende Kommunikation zwischen Ljubljana und Triest könnte an den ebenfalls eher sporadischen Meinungsaustausch zwischen den Regierungen in Mailand und Venedig erinnern, aber in den illyrischen Provinzen lassen die sprachlichen Unterschiede und ein Gemisch aus disparaten historischen Traditionen die Möglichkeit einer Annäherung noch geringer erscheinen. Wenn bei der Schaffung des Königreichs Illyrien in einem anderswo nicht vertretbaren Ausmaß Teile zusammengefügt und wieder auseinandergerissen wurden, gerade wegen der unklaren territorialen Verhältnisse, verläuft das Regierungsvorhaben, sie zu einem organischen Teil der Erbländer zu machen, schon bald im Sande. Zur Bewältigung der gewöhnlichen Aufgaben (Rekrutierung, Steuererhebung, und Bildung) genügen die einzelnen Gubernialbezirke und ihre Außenstellen, die durch einfache interne Beziehung in den einzelnen Provinzen imstande sind, ihre Aufgaben zu erfüllen. Und wie in Italien wird die Uniformität der Gesetzgebung allmählich hergestellt, nicht durch Bildung eines einheitlichen politischen Rahmens, sondern „durch die Konzentration aller Entscheidungsmacht in Wien"[34] und durch das Wirken von Verwaltungsbeamten, Richtern, Polizisten, die sie vor Ort repräsentieren.

Das Bemühen, sozusagen auf Kommando sehr unterschiedliche institutionelle und historische Erfahrungen zusammenzuführen, verbindet die österreichische Politik gegenüber den Königreichen Illyrien und Lombardo-Venetien. Da wird es nicht verwundern, dass gegenüber der dritten Gruppe von nach 1815 „neuacquirierten" Provinzen dieselbe Strategie angewendet wird, gegenüber den galizischen Provinzen nämlich.

Im extremen Osten des Reichs gelegen, kam Galizien infolge der zwischen Österreich, Russland und Preußen vereinbarten brutalen Teilungen Polens zum Erbe der Habsburgerdynastie. Im Jahr der ersten Teilung 1772 wurde die Entstehung eines formell Königreich Galizien und Lodomerien genannten habsburgischen Territoriums bekräftigt, wozu 1775 die Bukowina hinzukam. Das Gebiet hatte sich in den beiden aufeinanderfolgenden Teilungen (1792 und 1795) vergrößert, durch Abtretungen an das napoleonische Herzogtum Warschau (1809–1813) verkleinert, und war in den diplomatischen Verhandlungen 1814 wieder aufgetaucht. Die Habsburger beanspruchten es für sich, indem sie Herrschaftsrechte auf angebliche ungarische Besitzungen geltend machten, aber die Ansprüche auf das dynastische Erbe bemäntelten (und nicht einmal gut) die Tatsache, dass dieses Königreich, ein Produkt aus dem

Austausch von Gefälligkeiten unter absoluten Herrschern, nichts weiter war als „ein Name für den österreichischen Teil Polens"[35].

Der Übergang von der ersten zur zweiten Phase der österreichischen Herrschaft vollzog sich ohne Veränderungen der bestehenden Sozialstruktur: Der Niedergang des litauisch-polnischen niederen Adels (*szlachta*) in der Zeit der Teilungen hatte die Schicht der Großgrundbesitzer kaum berührt, ihnen war es vielmehr gelungen, ihre Besitzungen durch Spekulationen auf die Krise ihrer weniger begüterten Standesgenossen zu erweitern. Es fehlte eine bedeutendere deutsche Bevölkerung, abgesehen von den entsandten Beamten, die gewöhnlich widerwillig kamen, um ein Land zu regieren, das als das armseligste und unzivilisierteste galt. Dadurch erinnerte die Situation an die in Lombardo-Venetien und in gewissen Teilen des adriatischen Küstenlands; doch die Analogie ist nur oberflächlich, weil anstelle der kompakten Einsprachigkeit jener Gebiete die ethnische Zusammensetzung Galiziens entlang einer ziemlich klaren geografischen Nord-Süd-Achse verläuft: einer polnischen Mehrheit in Westgalizien (dem ersten an Habsburg angeschlossenen Teil) steht eine ruthenisch- oder ukrainischsprachige Mehrheit in den östlichen Teilen gegenüber; dazwischen eingestreut, zumeist in den ländlichen Gebieten, beträchtliche jüdische Anteile, etwa zehn Prozent der Bevölkerung. Der Unterschied zwischen den beiden slawischen Stämmen verlief jedoch nicht nur entlang einer ethnisch-linguistischen Grenze. Ein einziger großer Archipel von Grundherrschaften erstreckte sich dies- und jenseits der linguistischen Grenze, und identisch war auch das Profil der Grundeigentümer, alle ausnahmslos Polen. Ihre Besitzungen nahmen die ganze Fläche der Provinz ein, während die Sprache ihrer Fronbauern variierte, polnische Dialekte im Westen, ukrainische im Osten mit den dazugehörigen Konfessionen, katholische oder unierte orthodoxe Kirchen.

Insgesamt gesehen stellten das Fehlen größerer deutscher Gruppen und ihr materieller Reichtum vor allem an Ländereien für den galizischen Adel einen Vorteil dar. Anlässlich des Besuchs Franz I. in Italien im Herbst 1815 unterstrichen die lombardischen Adeligen mehrfach – in einem Tonfall der Überlegenheit, die ihnen das Selbstverständlichste der Welt erschien –, wie inakzeptabel es sei, dass die COHC sie als gleichrangig mit Galizien behandelte, einem armen Land mit einer nur halb so großen Bevölkerung und überhaupt keiner Ähnlichkeit mit den Provinzen des Königreichs.

Nun verfügte Galizien gewiss nicht über eine entwickelte Wirtschaft, und die Lebensformen reichten nicht an die Kultiviertheit der Salons in den italienischen Städten heran. Und doch war die provinzielle Lebensweise des galizischen Adels kein Synonym für Unterwürfigkeit, wie man in Mailand annahm. Die Central Organisierungs-Hof-Commission und der erste Generalgouverneur Galiziens (Peter Goëss, später in derselben Funktion nach Venedig versetzt) wägten die politische Identität der galizischen Grundherrenelite sorgfältig ab. Weder in Mailand noch in Venedig hatten die habsburgischen Beamten eine „Adelsnation" angetroffen, die, nachdem sie die administrative Gleichmacherei unter Napoleon überstanden hatte, imstande gewesen wäre, ihre städtische Kirchturmpolitik hintanzusetzen. Im Gegenteil, die viel

„zurückgebliebenere" galizische *szlachta* brachte alle Voraussetzungen mit, um als getreues institutionelles Abbild ihres Landes zu gelten.

In Wien nahm man das zur Kenntnis. In den letzten Sitzungen des Wiener Kongresses gab Metternich in einem von Goëss initiierten Briefwechsel die in der Provinz anzuwendende Strategie vor: Die Unternehmungen des Generalgouverneurs sollten nicht darauf zielen, die Polen in Deutsche zu verwandeln, sondern vor allem „echte Galizier" aus ihnen zu machen. Mit Geduld musste man die „Seelen der Galizier" gewinnen, das heißt die Großgrundbesitzer, und dabei nach und nach die Praktiken einer Adelsdemokratie abschaffen, die ein Erbe des polnisch-litauischen Königreichs waren. Obwohl nationale Gefühle seit jeher als gefährlich betrachtet wurden, ließ in diesem Fall die Angst doch Raum für das Projekt, aus dem Nichts eine Nation von Provinziellen zu schaffen, die der „echten Galizier" eben. Die geografische Künstlichkeit des Gebildes musste mit Menschen aufgefüllt werden, einem Volk, das auf dem Reißbrett der Kongressdiplomatie entstanden, nun eine spezifische Identität erhalten musste[36].

Ausnahmsweise hielten sich die Österreicher in ihrem Vorgehen an das Prinzip, dass nationale Identitäten nach Belieben formbar sind. 1817, im Jahr seines ersten offiziellen Besuchs, erlaubte Franz I. die Wiedereröffnung des galizischen Landtags, des *Seijm*, der schon von Joseph II. eingesetzt und unter Napoleon geschlossen worden war. Die Existenz eines Provinzparlaments bedeutete an sich schon, dass Galizien ein historisches Land und als solches gleichberechtigt mit den anderen habsburgischen Territorien war. Im selben Jahr gründete Franz I. die Universität von Lemberg (Lviv) neu, genehmigte ihr einen Lehrstuhl für polnische Sprache und Literatur und gewährte der mächtigen griechisch-katholischen Kirche Schutz und Erlaubnis zur Eröffnung von Seminaren und Schulen, um die Kenntnis der ruthenischen Sprache auf elementarem Niveau zu fördern. Eine ganze Reihe von Maßnahmen (Eröffnung von Bibliotheken, Förderung von Zeitschriften, Geldschenkungen) wurden also in Wien ersonnen, damit sich die neuen galizischen Untertanen und ihre Kultur im Umfeld des habsburgischen Patriotismus wohl fühlten.

Gegenüber dem phantomatischen Königreich Galizien und Lodomerien diente die Politik der kulturellen und linguistischen Konzessionen dazu, den Dialog mit einer örtlichen Elite anzubahnen, die sich ohne weiteres im Reich akklimatisieren konnte: Die grundherrlichen Strukturen Galiziens ruhten auf demselben Fundament wie die österreichisch-böhmische Herrschaft; die gesamte politische Gesellschaft drehte sich um die Privilegien der großen Adelsgeschlechter und ihre familiären Beziehungen; die ökonomische Kluft zwischen der *szlachta* und ihren Bauern – ganz gleich, ob Polen oder Ruthenen – war ebenso groß wie der Abstand zwischen den ungarischen Magnaten und ihren Bauern. Angesichts der Ähnlichkeit der aristokratischen Welten konnte man die verschiedenen linguistischen Hintergründe ignorieren und zulassen, dass die Galizier in die bunte Gemeinschaft der habsburgischen Adelswelt eintraten. Den Aufbau eines „patriotischen" Bewusstseins in den Landen jenseits der Weichsel zu begünstigen, bedeutete also keinerlei Gefahr.

Das andere Extrem zu Galizien – „equally curious"[37] – ist das Königreich Lombardo-Venetien, wo eine umgekehrte Situation besteht. Hier ist die napoleonische Hinterlassenschaft, die in den slawischen Provinzen schnell vergessen ist, das erste Hindernis, auf das die österreichischen Beamten treffen. Der unmittelbare Eindruck, dass den Franzosen nachgetrauert wird, zwingt daher zu einer Selektion unter den mit dem alten Regime verbundenen Funktionären, die in der Lombardei drastischer ausfällt als in Venetien, wo den Österreichern 1814 ohnedies ein besserer Empfang bereitet wurde. Wenn die höheren Chargen der gut ausgebildeten napoleonischen Verwaltungsbürokratie gemeinhin ihre Ämter beibehalten können, werden die Militärs und Intellektuellen, die keine spezifische Kompetenz vorweisen können, rasch entfernt: Dutzende jetzt arbeitslose kleine und mittlere Beamte neben den Veteranen der napoleonischen Schlachtfelder „stellen bei Anbruch der Restaurationszeit eine potenzielle politische Opposition dar, von der die österreichische Regierung weiß, dass sie sie im Auge behalten muss"[38].

Um die durch die Säuberungen entstandenen Lücken zu füllen, beginnt Wien Beamte aus den Erblanden zu „importieren": Die höheren Ränge von Militär und Polizei kommen aus dem gesamten österreichisch-ungarischen Raum, während man bei den Verwaltungs- und Justizbeamten auf Personal aus Tirol oder dem Küstenland zurückgreift, das hinlänglich zweisprachig ist und eine juristische Ausbildung an österreichischen Universitäten genossen hat. Es sind jedoch Faktoren, die vor der Ankunft der Franzosen liegen, welche die Aufgaben der Bürokratie erschweren. Vor allem ist da die Siedlungsdichte in den Städten. Im Königreich Lombardo-Venetien liegen 12 der 19 größten Städten des Kaiserreichs, gegenüber einer Fläche, die ein Achtel aller habsburgischen Besitzungen ausmacht. Zentren der regen lombardo-venetischen Wirtschaft, bilden die Städte außerdem seit Jahrhunderten den Kern der politischen Struktur: Wenn anderswo die Distrikte der Monarchie von einem Netz ländlicher Grundherrschaften überzogen sind, gibt es in Lombardo-Venetien diese Form der feudalen Aufteilung des Territoriums nicht mehr, und die Ernennung von Funktionären, die Steuererhebung innerhalb und außerhalb der Stadtmauern und das Körperschaftrecht sind ausschließliches Monopol der Familien, die im Stadtrat sitzen.

Die Oligarchie der lombardisch-venetischen Patrizier war Konkurrenz nicht gewöhnt. Die Kontrolle der Ländereien durch städtische Familien – ausgenommen wenig ertragreiche Hügelgebiete oder Gebirgslandschaften, gehörten alle fruchtbaren Besitzungen der Ebene ihnen – hatte den ländlichen Grundherrschaften alle Autonomie entzogen und folglich den feudalen und auf ritterlichen Idealen beruhenden aristokratischen Lebensstilen jede Attraktivität entzogen. Was hingegen, wie wir gesehen haben, die vorherrschende aristokratische Lebensform in den österreichischen, slawischen und ungarischen Provinzen war; unausweichlich musste die Begegnung zwischen den beiden aristokratischen Universen von Verständnislosigkeit belastet sein.

Zum größeren Teil hatten die lombardisch-venetischen Patrizier nie die Erfahrung einer Auffassung vom Adel als privilegierter Klasse gemacht, die vom König zum Dienst im Militär oder in der Verwaltung herangezogen wird. Die Österreicher ihrerseits betrachteten dieses Gemisch aus Grundeigentümern und Händlern, die sich nicht im Waffenhandwerk übten, wie einen geringeren Adel. Das Einmalige an der italienischen Situation war – wie Marco Meriggi festgestellt hat –, dass die Grundeigentümer nicht im juristischen Sinn von Standeszugehörigkeit oder Geburt profitierten, während im Gegensatz dazu „der konstitutive Kern in der Verfassung der Erblande, das heißt die Grundherrschaft, Ausdruck der erblichen Herrschaft einer einzigen Familie ist und über die im Herrschaftsbezirk Ansässigen ausgeübt wird". Im ersten Fall hat man es mit einer „atomisierten und individualistischen modernen Gesellschaft zu tun, fassbares Resultat der Reformprozesse, die von den Herrschern des 18. Jahrhunderts eingeleitet und in der napoleonischen Zeit juristisch ins Extrem getrieben wurden; im zweiten Fall mit einer antiquierten, organischen und paternalistischen Gesellschaftsform", die entschlossen ist, ihre ständische Verfassung nicht in Zweifel zu ziehen[39].

Das Fehlen von juristischen Titeln, die sich mit den fürstlichen oder gräflichen Würden, wie sie im Reich üblich waren, vergleichen ließen, hatte eine brüske Nivellierung der Hierarchien zwischen dem Patriziat der alten Hauptstädte Mailand und Venedig und dem der kleineren urbanen Zentren zur Folge. Die Prüfung, der man nach 1815 die Stammbäume unterzog, um eventuelle Messaillancen mit Familien bürgerlicher Herkunft aufzudecken, verschlimmerte das Unbehagen der lombardo-venetischen Oligarchien noch weiter. Schon die ersten österreichischen Abgesandten, die in Mailand residierten, bemerkten den Unmut, den die von Franz I. angeordneten Maßnahmen in der Gesellschaft hervorriefen: Die Last der Kriegskontributionen, die Agrarkrise, die „schwierige Lage, in die sich Tausende Beamte versetzt sahen, die nicht wussten, wie sie satt werden sollten"[40] traten zur Abneigung der lokalen Eliten hinzu.

„Warum ist die österreichische Regierung in Italien nicht beliebt?", fragte sich der Trentiner Joseph von Sardagna 1816/17 in einer *Mémoire* über die italienischen Provinzen, „warum würden wir im Falle einer Gefahr nur bei den in den Kasernen stationierten Garnisonen Hilfe finden?" Bei seiner Analyse ging er davon aus, dass der lombardische Adel „theoretisch dem Hause Habsburg zugetan war", jedoch von dessen mangelndem Respekt vor seinen Machttraditionen enttäuscht war[41]. Obwohl ihm die Unzufriedenheit unter den Patriziern bewusst war, teilte Sardagna den Vorschlag zu einer „réaction complete" nicht. Die Übernahme des französisch-napoleonischen Verwaltungsmodells, die in Wien für die beiden italienischen Provinzen beschlossen worden war, hatte die Präsenz von bürgerlichen Beamten und Eigentümern mit sich gebracht, derer man sich realistischerweise nicht entledigen konnte. Er drang jedoch darauf, dass man die „nationale" Besonderheit des Königreichs berücksichtigen solle, indem man in der Hauptstadt eine Kanzlei einrichtete, die sich aus italienischen Mitgliedern zusammensetzte, ähnlich dem seinerzeit von Kaunitz geleiteten Departement. Wahrscheinlich fügte sich der Vorschlag dem metternichschen Plan ein, drei neue Kanzleien zu schaffen – eine böhmisch-mährisch-galizische, eine österreichisch-illyrische (die Dalmatien mit umfasste) und eine italienische –, als Ausgleich für die Autonomie, die man der ungarisch-siebenbürgischen Kanzlei zugebilligt hatte, und sie einem Innenminister als Repräsentanten der zentralen Staatsgewalt[42] zu unterstellen. Doch der Plan, der aufgrund von Bedenken Franz I. schlecht in Gang kam, wurde in der Ausführung noch schlechter durch Säumnisse in der Festlegung der Kompetenzen und der Ernennung der Männer, die ihn in die Praxis umsetzen sollten, was das ohnehin schon unruhige italienische Publikum noch mehr irritierte. Die Kanzlei im Stil des 18. Jahrhunderts wurde nicht wiederaufgelegt, „aus dem einfachen Grund, dass 1817 auch die nationalen Kanzleien der anderen Länder aufgelöst wurden"[43]. Die Aufgabe der COHC hatte sich erledigt, und Franz I. verfügte die Einrichtung der Vereinigten Hofkanzlei, in der sämtliche Kanzleien (mit Ausnahme der ungarischen) zusammenflossen, und die eines einzigen Departements des Inneren, unterteilt in Sektionen für jedes der Territorien.

Die zentrale Einrichtung der Kanzlei in Wien bedeutete das Ende sowohl der Vorschläge Sardagnas, der empfänglich war für den Separatismus des alten Patriziats, als auch der Anregungen jener österreichischen Beamten, die wie der Generalgouverneur Saurau im Gegenteil darauf drängten, die beiden Provinzen unter einer Regierung zu vereinen, die ohne verwaltungstechnische Vermittlung direkt dem Kaiser unterstellt sein sollte. Die beiden Optionen flossen zusammen zu einem schwierigen Kompromiss in dem kaiserlichen Patent, das in Mailand und Venedig zentrale Kongregationen einrichtete und in jeder Stadt, die Sitz einer Delegation war, eine Provinzkongregation. Mit Inkrafttreten der Kongregationen gewährte die Regierung den lombardo-venetischen Eliten im Königreich diejenigen politischen Repräsentationsorgane, deren Schaffung in der Hauptstadt man ihnen verwehrt hatte. Als Ausgleich für die Konzessionen an den Adel war da jedoch die Abhängigkeit der zentralen Kongregationen von den beiden Generalgouverneuren und das Recht des Kaisers zur Ernennung sämtlicher Mitglieder. Die beiden Schritte, Schaffung von Repräsentationsorganen und deren Entleerung, entsprach einer auch anderswo schon angewandten Strategie. Bereits vor Eröffnung des Wiener Kongresses hatte Metternich vorgeschlagen, die Monarchie auf der Basis der Gruppen von historisch bestehenden Ländern und deren Ständevertretungen wiederaufzubauen – eine Möglichkeit, die ausdrücklich im Gründungsakt des Deutschen Bundes vorgesehen war. Für den Kanzler kam in den Landtagen eine elitäre Gesellschaftsordnung zum Ausdruck, die beruhigend für ihn war; sie waren daher in Tirol und Slowenien reaktiviert worden, 1817 in Galizien zugelassen und mit einigen Abänderungen auch in den italienischen Territorien.

Die vom verwaltungstechnischen Rationalismus Napoleons aufgehobenen Parlamente wiedereinzusetzen, bedeutete keine wirkliche Wiederherstellung der Machtverhältnisse. Überall wurden die Kompetenzen der Landtage zusehends eingeengt durch das Netz von Kreisämtern oder, auf höherer Ebene, durch die Provinzgouvernements. Wenn die Regierung in Wien die Ständeversammlungen reaktivierte, so weil sie sie für einen Treffpunkt von Adeligen, kirchlichen Würdenträgern und wohlhabenden Bürgerlichen hielt, die ausgewählt genug waren, um keine Unruhen zu provozieren. Den Italienern eine repräsentative Instanz zu geben, erklärte Sardagna in seiner *Mémoire*, würde gefährliche Forderungen nach konstitutionellen Zugeständnissen im Keim ersticken. Und tatsächlich, die Aristokratie der Erblande hatte der fortschreitenden Schwächung der Landtage zugestimmt aus Angst davor, dass liberale Repräsentationssysteme eingeführt werden könnten.

Aber die Situation in Lombardo-Venetien war objektiv komplizierter, so Sardagna, aufgrund der zirkulierenden „idées d'indépendance nationale" und dem noch immer attraktiven Traum von einem „Royaume italien". In jenen Jahren war die Rede von einer unmittelbar bevorstehenden nationalen Revolution unbegründet, und die Beschwörung der Gefahr einer Unabhängigkeitsbewegung war größtenteils eine Instrumentalisierung durch die Staatsbeamten. Und doch, von nun an interpretierten die Wiener Ministerien Berichte über die „schlechte öffentliche Meinung" in ebendieser Weise. Ein Brief wie der des Generalgouverneurs Strassoldo, der 1820 das Verschwinden jeden „attachements"[44] des Adels für Österreich feststellte, wurde als Bestätigung der umstürzlerischen Bestrebungen der italienischen Provinzen gelesen.

Gleich mit Beginn der Restaurationszeit beschloss die Regierung, statt die Wiederentdeckung der poetischen und literarischen Traditionen Italiens zu fördern, sie zu unterdrücken: An den Universitäten wurden die Lehrstühle für Rhetorik abgeschafft, da sie als Brutstätten des Patriotismus galten; in den höheren Schulen wurde der Unterricht in italienischer Literatur verwehrt, nach vielen Protesten wurde er erst ab 1818 zugelassen; „Dazu kommt die den Italienern besonders verhasste Praxis, die Lehrer für Lombardo-Venetien aus anderen Teilen des Reiches zu holen", so dass sogar der Generalgouverneur Strassoldo sich veranlasst sah, Metternich größere Vorsicht bei den Schulen zu empfehlen[45]. Aber das Misstrauen der Österreicher gegenüber der italienischen Kultur war mehr als alles andere Misstrauen gegenüber den italienischen Literaten, dieser Schar von Journalisten, Schriftstellern, Schullehrern, die mit der französischen politischen Erfahrung groß geworden waren und insgesamt des antideutschen Denkens verdächtigt wurden. Um sie herum sammelte sich eine heterogene Gruppe von ehemaligen napoleonischen Militärs, aus öffentlichen Ämtern gejagten Beamten und mit der starren österreichischen Verwaltung unzufriedenen Adeligen, die alle unter die allgemeine Kategorie „liberal" gefasst wurden. Die Überwachung der öffentlichen Meinung durch den Polizeiapparat sowie der *Piano di censura* (Zensurplan), der am 8. März 1815 für das Königreich erlassen wurde und unerhört harte Kontrollmaßnahmen für die Presse vorsah, zielten darauf ab, die Stimmen aus diesen Kreisen, wo sie auch nur entfernt nach Kritik am Herrscher klingen konnten, zu unterdrücken.

Der Begriff der „Germanisierung" umfasste also nur scheinbar nationale oder ethnische Fragen; vielmehr bezweckte man dadurch, die im Entstehen begriffene liberale Bewegung Italiens und die womöglich aus ihr resultierenden Unruhen im Volk zu unterbinden. In der bescheidenen Verschwörung der Carbonari 1820/21 (berühmt geworden durch die Gestalt Silvio Pellicos) sahen die Österreicher vor allem die Verbindung zwischen französischem Erbe und liberalem Gedankengut. Es kann kein Zweifel bestehen, schrieb Giuseppe Acerbi, Herausgeber einer regierungsfreundlichen Zeitschrift, 1821, „dass die Straße uns betrogen hat, durch die Einpflanzung des verhängnisvollen Keims der nationalen Unabhängigkeit in die italienischen Herzen, der allein schon viele unserer Träumer zugrunde gerichtet hat und wer weiß wie viele noch zugrunde richten wird". Doch der nationale „Keim" war nur der Hintergrund von Gefahren, die ein Mitarbeiter von Acerbi, Giuseppe Carpani, in jenen Jahren für entschieden bedrohlicher hielt: Pressefreiheit, religiöse Gleichgültigkeit, die natürlichen Bürgerrechte, „Prinzipien, die unter dem verlogenen Namen ‚liberale Freiheiten'" verbreitet werden, während die Völker nur ein einziges und wahrhaftes Recht haben sollten, „nicht das, sich in die Regierung einzumischen, sondern das, gut regiert zu werden"[46].

In dieser Auffassung von Politik hatten die „liberalen Ideen" offenkundig keinen Platz, umso weniger in den italienischen Provinzen. Daher ging Wien von Anfang an scharf gegen den italienischen Nationalismus vor; in der Tat konnte man sich keine Illusionen darüber machen, dass die Italiener sich in ihren Traditionen im Lauf der Zeit den Werten der dominierenden ethnischen Schicht angleichen würden. In Galizien oder im Königreich Illyrien prägte der lokale Patriotismus eine literarische Kultur aus, wo friedliche Bilder von einem beschaulichen Alltagsleben in Respekt vor dem Kaiser vorherrschten. Im Königreich Lombardo-Venetien hingegen waren Nationalismus und Liberalismus – welche Bedeutung auch immer man diesen Begriffen geben mochte – diskursive Praktiken, die die Unzufriedenheit der reichsten und unruhigsten Provinz der Monarchie zum Ausdruck brachten.

Die Krise zeichnet sich ab: Die 1830er Jahre (oder der Vormärz)

Im Jahr 1816 fragt sich Baron Anton von Baldacci, ein Mitglied der COHC, nach den Aufgaben der Monarchie in einem „bunten Staat" wie Österreich. In der Monarchie leben 26 Millionen Einwohner, unterteilt in etwa zwölf „Nationalitäten" mit ebenso vielen Sprachen und einem halben Dutzend Religionen; mit teils unvereinbaren Konstitutionen, juristischen und ökonomischen Interessen und bei immensen Entfernungen zwischen den Provinzen und Ländern. Von den Hunderten Dokumenten, die dem Herrscher unter die Augen kommen, kann nur ein Minimum persönlich geprüft werden; daher werden sie von dem dichten Netz der zentralen und peripheren Behörden der „österreichischen Staatsmaschine" erledigt, deren Lob Baldacci mit Überzeugung anstimmt. Die habsburgische Bürokratie bildet den einzigen gemeinsamen Nenner in der extremen politischen Diversität Österreichs. Nicht nur das: Die manchmal entnervende Langsamkeit, mit der Akten von den Ministerien in die Regierungsämter und die regionalen Kreisämter befördert werden – das Gegenteil von der Geschwindigkeit, mit der unter Napoleon Entscheidungen umgesetzt wurden – bewahrt den Bürger vor eventuellem Machtmissbrauch. Aber wie kann man verhindern, dass diese Maschinerie von Ämtern und bürokratischen Vorgängen, statt ein „harmonisches Ganzes" zu bilden, zu einem formlosen Chaos verkommt? In seiner Antwort greift Baldacci, der bis dahin so verständnisvoll auf die typischen Besonderheiten der Provinzen blickte, zurück auf die Rolle des Monarchen und der Hauptstadt; eine starke zentrale Leitung, die von Wien aus den ganzen Beamtenapparat organisiert, ist für die österreichische Monarchie überlebensnotwendig wie sonst für keinen anderen europäischen Staat[47].

Wenn er die Vorzüge einer starken verwaltungstechnischen Lenkung hervorhebt, empfiehlt Baldacci ein nicht unbedingt originelles Rezept. Der Hinweis auf die Aufgaben Franz I. ist verbunden mit einer patriarchalischen Auffassung vom Reich als dynastischem Gut und der Vorstellung vom Herrscher als Beschützer seiner Untertanen, wie sie in den naturrechtlichen Abhandlungen des späten 18. Jahrhunderts ausgearbeitet worden waren. Ebenfalls ein typisches Erbe des 18. Jahrhunderts ist das Vertrauen darein, dass die Unterschiede zwischen den Territorien oder Völkerschaften sich auf administrativem Weg aufheben lassen, dank der treuen Diener des öffentlichen Wohls – wie sie in Joseph II. *Rêveries* auftauchten –, die durchtränkt sind von einer aseptischen und bürokratischen „Liebe zum österreichischen Vaterland", die keine nationalistischen Anklänge hat.

In den ersten Jahren des 19. Jahrhunderts und mit der Veröffentlichung des Strafgesetzbuches und des Allgemeinen Bürgerlichen Gesetzbuches (1804 und 1811) setzt sich die Idee durch, dass es eine perfekte Kontinuität zwischen juristischer Ordnung und politischer Souveränität gebe. Die Zunahme der Normen schlägt sich seit 1813 in der Ausarbeitung von Gesetzen nieder, die es zum Ziel haben, ein für das gesamte Reich gleichförmiges administratives Modell festzulegen. Die Anzahl des in den Ämtern angestellten Personals nimmt rapide zu: Vom Ende der zwanziger Jahre bis 1840 steigt die Zahl der zivilen Verwaltungsbeamten von 71.000 auf 140.000[48]. Es sind dies die Jahre, in denen der Beamte, der Antiheld *par excellence* in den Romanen des 19. Jahrhunderts, in der österreichischen Literatur als Figur omnipräsent wird: In seinem hartnäckigen Festhalten am Bestehenden „gegen das dynamische Drängen der Zeit"[49] und in seiner Unterwürfigkeit gegenüber Befehlen von oben verkörpern sich die Regierungsmethoden des Kaiserreichs. Auf der anderen Seite nimmt der graue Beamte in Uniform eine bevorzugte Stellung in der Gesellschaft ein; am Anfang seiner Karriere stehen strenge Auswahlverfahren mit Prüfungen zu seinen Studienabschlüssen (für die unteren Ränge ist das Abitur obligat, für den höheren Dienst ein Studienabschluss) und lange, unbezahlte Lehrzeiten, die dazu dienen, die Anwärter auszusieben.

Diese Hindernisse, dazu da, diejenigen Kandidaten auszuschließen, die sich eine solche Lehrzeit nicht leisten können, erneuern die Beamtenschaft in ihrer Zusammensetzung: Wenn die Positionen bei Hof und die höheren Ränge in der zivilen Verwaltung, in Militär und Diplomatie nach wie vor dem Adel vorbehalten sind, öffnen sich in den niederen Rängen die Türen häufig für Aspiranten ohne Adelsprädikat. Überall sind die Salons der höheren Beamten Orte eines regen habsburgischen Kulturlebens: Und die dichte Amtskorrespondenz, erleichtert durch das Deutsche als *lingua franca*, fördert die Kommunikation über die Grenzen der einzelnen Territorien hinaus. Der Kosmopolitismus und die geografische Expansion der Staatsmaschine verändern in diesen Jahrzehnten das Gesicht der Monarchie. So sehr, dass viele zeitgenössische Beobachter, erstaunt über die wachsende „Verbeamtung" der österreichischen Gesellschaft, über die Folgen einer so massiven Präsenz debattieren.

Zu den neugierigsten Zeugen gehört der Engländer Peter Evan Turnbull, der das Österreich der 1830er Jahre in zwei, überaus reich mit Daten und Statistiken aus offiziellen Quellen versehenen Bänden schildert. Turnbull erzählt von einem außergewöhnlich uniformen habsburgischen „officer corps":

> [A]lle haben die gleiche Ausbildung; alle haben (im Hinblick auf ihren Studienabschluss) dieselben Bücher gelesen, und die meisten wohl keine weiteren; alle sind bestrebt, die Stabilität der Regierung aufrechtzuerhalten, nicht nur, weil sie ihr ihr tägliches Brot verdanken, sondern als Bürge für die Vielzahl von Familien, die mit ihnen verbunden sind, und in gewisser Weise für jede Familie des Kaiserreichs, die sich für sich, ihre Kinder und Bekannten eine ähnliche Zukunft erwarten darf[50].

Der englische Schriftsteller glaubt, in diesem bürokratischen Spinnennetz, das sich von den Familien der Beamten bis zum Heer der Aspiranten erstreckt, eine der verlässlichsten Stützen der Regierung zu erkennen; gleichzeitig aber, fügt er hinzu, ist die Bürokratie eines der schlimmsten Übel Österreichs, weil die Hunderte von „civil servants", geeint nur von einem blinden Gehorsam dem Herrscher gegenüber, das Prestige, das sie genießen, eingetauscht haben gegen die Fähigkeit, die Stimmen der sie umgebenden Gesellschaft zu vernehmen. Mit diesem Ausfall gegen die Beamtenschaft steht Turnbull gewiss nicht allein. In einem einige Jahre später geschriebenen Buch des Görzer Adligen Viktor Andrian-Werburg *Österreich und seine Zukunft* werden die Symptome der Krise, in die der österreichische Staat verfällt, zurückgeführt auf den übertriebenen Raum, den der Kaiser seinen Beamten zugesteht. Die österreichische Bürokratie ist

> eine beispiellos komplizierte Regierungsmaschine, ohne alle geistige, überhaupt ohne irgendeine andere Richtung als die der möglichsten Erhaltung des status quo, welche alle selbständige Entwicklung des öffentlichen Lebens und der Gemeinden hemmt und die geringste ihrer Tätigkeiten an tausend Förmlichkeiten, Schreibereien und Pedanterien bindet.

Diesem gnadenlosen Porträt fügt Werburg noch den in seinen Augen größten Defekt der österreichischen Beamtenschaft hinzu, nämlich ihre bescheidene soziale Herkunft: Der Zwiespalt zwischen den Aristokraten und der „dummen und verhassten" Beamtenschaft ist zurückzuführen auf das Fehlen moralischer Prinzipien, die nur der Adel besitzt, während die „österreichische Bürokratie in ihrer beschränkten Geistesarmuth keinen Zweck, keinen Beruf, kein Interesse [kennt] als ihr eigenes"[51].

Doch in den Jahren des Vormärz ist die habsburgische Bürokratie buchstäblich von allen Seiten der Kritik ausgesetzt: In der Schar der Kritiker sehen wir Industrielle,

Händler und Bürgerliche, die die Botmäßigkeit der staatlichen Ämter gegenüber dem Druck der adeligen Großgrundbesitzer anprangern; bestallte Beamte wie den Richter des Berufungsgerichts Ignaz Beidtel[52], für den die Schuld an dem verwaltungstechnischen Wirrwarr der mächtigen „Adelsdiktatur" angelastet werden muss, die mit stillschweigender Duldung des Kaisers die höheren Ränge besetzt hält; schließlich hochgestellte Angehörige der Regierung wie Baron Kübeck (der von der COHC zu den exklusiven Hofstellen aufgestiegen ist), der sich nach dem Vorbild Beidtels über den lähmenden Einfluss des Hochadels ereifert, der den – ohnehin schon schleppenden – Gang der Praktiken zur Vorlage und Unterzeichnung durch den Kaiser zusätzlich behindert[53].

Man muss sich nach den Gründen für dieses Kreuzfeuer auf die Bürokratie fragen. Die von Andrian-Werburg vorgebrachte Polemik ist in jenen Jahren typisch für viele europäische Aristokraten. Als Mittel zur Dämonisierung der „institutionellen Apparate an sich, ihres wachsenden Einflusses – ungeachtet dessen, wer sie befehligt", prangert sie die territoriale und klientilistische Ausübung der Macht durch die Ergebenheit dem eigenen Stand gegenüber an[54]. Der Görzer Adelige übersieht – oder tut so, als kennte er sie nicht – die doch sehr deutlichen Grenzen der bürokratischen „Tyrannei": In Ungarn funktionieren die Komitate mit vom lokalen Adel eingesetztem Personal und erkennen keinerlei Abhängigkeit vom Staatsapparat an; der Vorwurf der Tyrannei muss hier also dem Stand der Magnaten gemacht werden, sicher nicht den Staatsbeamten, die eher wenige sind. Dann muss man diejenigen Fälle berücksichtigen, in denen ein Eintritt in den Beamtenstand verweigert wird, wie beim Großteil der lombardo-venetischen Patrizier der Fall, zum Zeichen des Protests gegen die Invasion der „ausländischen" Beamten, oder die internen Barrieren zwischen der aristokratischen Führung und der Masse der aus der Mittelklasse stammenden mittleren Kader, die das eigentliche Gerüst der habsburgischen Beamtenschaft ausmachen.

Der wiederholte Vorwurf, die Beamten schwankten zwischen einem bürgerlichen und einem adligen Ideal, bildet die Wirklichkeit eines sehr heterogen zusammengesetzten Corps ab, das durch die theresianischen und josephinischen Reformen für Kandidaten aus allen sozialen Schichten zugänglich geworden ist. Die fulminante Karriere des Baron Kübeck, Sohn eines schlesischen Schneiders, ist keineswegs eine seltene Ausnahme, wie der Rat Beidtel meint, (der im Übrigen selbst Sohn eines Händlers ist und aus einer kleinen mährischen Stadt stammt). Im Großteil der deutschen Staaten, vor allem im Königreich Preußen, sind die Stellen der Staatsbeamten fest in Hand des mittleren und höheren Adels und werden vom Hof streng kontrolliert, während in der Monarchie keine solche Auswahl getroffen wird. Die Dichotomie zwischen Adel und Bürokratie, oder der analoge Gegensatz zwischen Hof und Beamtenschaft sind bequeme Vereinfachungen. Legitimismus und liberale Tendenzen, Konservatismus und Antiabsolutismus sind in der habsburgischen Bürokratie gleichermaßen vertreten, und in einigen Fällen lässt sich in ihren Entscheidungen die Tendenz erkennen, sich mit dem Unmut der Zivilgesellschaft zu identifizieren, in anderen diejenige, unerschütterlich an der bestehenden Ordnung festzuhalten.

Außerdem verwechseln die Kritiker der „zweiten Gesellschaft" – wie die Büro-kratie gelegentlich pauschal genannt wird – oft die Anzahl der Beamten mit ihrer Effizienz. Die Macht des Staatsapparats ist im ungarischen Teil verschwindend gering und anderswo fragmentarisch: Auf den unteren Ebenen der Provinzgouvernements agieren ungehindert die Funktionäre der Grundherren, die wie ihre ungarischen Kollegen dem Feudalherren einen Treueeid geleistet haben. Nur in Lombardo-Venetien ist die Lokalverwaltung in der Hand von öffentlichen Funktionären (Prätoren und Kreiskommissaren), was für die Staatskasse erhebliche Ausgaben verursacht. Neben Klagen über den Fiskus finden sich negative Urteile über die Arbeit der Beamten, und nicht zufällig werden die Steuerlast und die bürokratische „Tyrannei" binnen weniger Jahre zum Symbol für die schlechte Regierung, die den „Italienern Österreichs" auf-gezwungen wurde. Die Tatsache, dass im Reich die Ernennung von Beamten, ein-schließlich derer in Heer und Polizei, allein Wien zusteht, ist einerseits eine Bestä-tigung für die „Zentralisation der öffentlichen Macht in der Organisation des zivilen Zusammenlebens"[55], die durch das Wirken einer fernen, abstrakten Bürokratie ohne jeden Bezug zur lokalen Gesellschaft ausgeübt wird; andererseits scheint eben der tägliche Kontakt mit der öffentlichen Macht und deren materiellen Kosten den Aus-bruch der Widersprüche vorwegzunehmen, von denen Österreich im Vormärz geprägt sein wird.

Insgesamt betrachtet sind die lombardo-venetischen Provinzen die reichsten in der Monarchie. Sie besitzen ein reges Manufakturwesen und eine einträgliche Landwirtschaft. Die Buchproduktion hat Mailand zur kulturellen Hauptstadt Itali-ens gemacht. Dennoch ist der Reichtum in dramatischer Weise ungerecht verteilt: „In Italien gibt es nur zwei Klassen von Untertanen, die Reichen und die Armen, die Besitzenden und die Nicht-Besitzenden"[56], bemerkt in den 1830er Jahren ein nach Italien versetzter böhmischer Polizeibeamter, Carl von Czoernig, als er die Scharen von Landarbeitern in der Poebene sieht, die sich auf der Suche nach einem Stück Brot von einem Gehöft zum anderen schleppen. Die wirtschaftliche Leistungsfähigkeit findet ihre Entsprechung in einer ebenso modernen Kommunalverwaltung, wo der aufgeklärte Reformismus und die napoleonische Gesetzgebung alle feudalen Reste hinweggefegt haben. Das hat jedoch das schmerzliche Ungleichgewicht zwischen den Besitzenden und den Massen des einfachen Volks nicht beseitigen können. Im Lauf der 30er Jahre lösen die Gesetze zur Kommunalverwaltung und zum Verkauf der All-menden (1831) auf dem Land eine Reihe von Tumulten und blutigen Aufständen aus, die die österreichische Gendarmerie nur mit Mühe niederschlagen kann. Im Sand ver-laufen auch die Versuche, das Monopol der Adligen auf die Sitze in den Kongregatio-nen zu lockern. Die in den venetischen Provinzen sehr heftigen Proteste brechen sich an der zögerlichen Haltung Wiens, wo man am Ende keine Stellung bezieht und damit „schuldhaft die Unsicherheit und den Unmut"[57] des ökonomisch aktivsten Sektors der Gesellschaft schürt.

Die österreichische Regierung ist nicht imstande, die Kritik der Italiener von Grund auf zu verstehen. Die Angst vor drohenden Verschwörungen, die nach den

Prozessen gegen die Sekte der Carbonari in Mailand zugenommen hat, und die konstitutionellen Revolutionen von 1820/21 drängen Metternich, sich in seinem Vorgehen
an den reaktionärsten Regimen auf der Halbinsel zu orientieren. Die verschärfte poli-
zeiliche Überwachung macht es unmöglich, eine habsburgfreundliche öffentliche
Meinung im Reich zu etablieren, eine konservative Partei, die sich als „Instrument
der Verteidigung der bestehenden politisch-territorialen Ordnung versteht, dabei
aber zugleich als Träger von nicht regressiven legislativen, wirtschaftlichen und verwaltungstechnischen Maßnahmen"[58]. Angesichts der zunehmenden Schwierigkeiten
wirkt die österreichische Beamtenschaft wie benommen; betroffen von der tiefen
ökonomischen Kluft innerhalb der italienischen Bevölkerung, erklärt sich Carl von
Czoernig diese als Auswirkung einer individualistischen und „unmoralischen" Wirt-
schaftsweise, und setzt ihr das „organische" Modell einer ländlichen Gesellschaft
nördlich der Alpen entgegen, die gelenkt wird von einem loyalen und religiösen Adel,
weit entfernt von der „unorganischen und schwankenden Geldaristokratie" Italiens[59].

Aber der Vergleich ist nicht nur resignativ, sondern auch in sich verfehlt. Gerade
die ausgedehnten Ländereien der Grundherrschaften, die Czoernig zum Vorbild
nimmt, haben in eben diesen Jahren aufgehört, ein ausgewogenes soziales Ganzes
zu sein. Auch im ruhigen Österreich untergraben der demografische Wandel und
der beginnende Aufschwung der Manufakturwirtschaft die Grundlagen einer bäuerlichen Gesellschaft[60]. 1821 haben die Bauern in Mähren gegen den von den Grundherren geforderten Robot zu den Waffen gegriffen; 1834 war es an den Bauern
Niederösterreichs, die sich gegen die Privatisierung der Allmenden zur Wehr setzten.
Einige Hauptstädte – Prag, Buda, Pest, Wien, Brünn und Triest – leiden unter den
gewaltsamen Folgen des Zuzugs von ländlichen Massen auf der Suche nach Arbeit
und Unterkunft. Auch in Galizien und Ungarn, den großen Kornkammern der Monarchie, den beiden „organischsten" der habsburgischen Provinzen, werden die von der
allgemeinen Verschlechterung der Lebensbedingungen ausgelösten Spannungen –
übrigens auch in den Gebieten westlich der Leithe – das beherrschende Thema in den
politischen Debatten.

1825 trat nach langer Pause der ungarische Landtag wieder einmal zusammen.
Die ungenügenden Einnahmen der Stephanskrone zwangen den Wiener Hof, zum
wiederholten Mal mit dem Parlament in Preßburg in ermüdende Verhandlungen über
die Stauerlast einzutreten. In seiner Rede vor der Magnatentafel forderte der Führer
der Magnaten, Graf István Széchenyi, eine Steuersenkung und die Einführung des
Magyarischen in öffentlichen Ämtern und Schulen. In seiner auf Ungarisch gehaltenen Rede – scheinbar nur, weil der deutschsprachige Széchenyi schlechter Latein
sprach als Ungarisch – schlug er einen vorsichtigen Reformkurs unter der Leitung
der Magnaten und mit Billigung der Zentralregierung vor. Der Ton der Diskussionen
änderte sich drastisch bei der Wiedereinberufung des Gremiums 1832. Unter den Magnaten taten sich Personen hervor wie der siebenbürgische Baron Miklós Wesséleny,
die Széchenyis Haltung nicht billigten, weil sie sie für zu nachgiebig gegenüber den
slawischen und rumänischen Minderheiten im Land hielten, die hingegen bei einer

Gruppe progressistisch orientierter Abgeordneter der Repräsentantentafel Gehör fanden. Die hatten ihre Leader in dem Anwalt Ferenc Deák, einem kleinen katholischen Adeligen aus Westungarn, und Lajos Kossuth, einem Anwalt slowakischer Abstammung und Lutheraner, der zu diesem Zeitpunkt als Journalist die Arbeit der Repräsentantenkammer verfolgte. Die Veröffentlichung der Sitzungsprotokolle des Parlaments war ein Publikumserfolg, den Deák in seiner Aktion gegen die Magnaten geschickt auszunutzen wusste.

Die liberalen Abgeordneten vermieden es, sich mit den großen Adelsgeschlechtern anzulegen; sie zogen es hingegen vor, unterstützt von der breiten journalistischen Kampagne Kossuths, die mangelnde Durchschlagkraft der von Széchenyi vorgeschlagenen Agrarreformen zu attackieren. Die Bauernfrage wurde für die vier Jahre seiner Dauer das beherrschende Thema des Landtags. Jedes Mal, wenn die Repräsentantenkammer vorschlug, die Frondienste abzuschaffen, blockierte die Magnatentafel das Vorhaben; ihr Vetorecht ausnutzend (die beiden Kammern mussten über jeden Vorschlag gemeinsam abstimmen), behinderten die Deputierten des niederen Adels Gesetzesvorhaben, die von der gegnerischen Partei vorgebracht wurden. Am Ende, 1836, waren die Ergebnisse der hitzigen Parlamentsdebatten bescheiden: Eine Grundsatzerklärung zur Aufhebung des Robot für die Bauern und die – vorerst nur symbolische –Abschaffung der Steuerfreiheit des Adels.

Aber der „Landtag der Reformen" bezeichnete gleichwohl eine Wende in der ungarischen Geschichte. Die Verhaftung Kossuths und Wessélenyis setzte den Diskussionen ein Ende und ließ seitens der Regierung der Hypothese Raum, nur mit der Magnatentafel zu verhandeln. Aber unterdessen war der Kontrast zwischen Széchenyi und einigen Magnaten (außer Wesséleny, József Eötvös und György Appony), die zu progressiven Lösungen tendierten, so aufgeladen, dass er schwer zu überbrücken schien. Die gelegentlichen Übereinstimmungen der beiden Parteien fanden definitiv ein Ende, als Kossuth den aristokratischen Block öffentlich mit der Forderung nach Abschaffung der Feudalherrschaft konfrontierte. Graf Széchenyi reagierte nervös und beschuldigte den Herausgeber des liberalen „Pesti Hirlap" (Pester Zeitung) Kossuth und „seine Partei" der „terroristischen Umtriebe"; er verteidigte vehement die Funktion der Magnatenkammer, die er als den tragenden Pfeiler betrachtete, auf dem die ungarische Verfassung und das Prestige der magyarischen Nation in der Monarchie[61] ruhte. Es war der Versuch, das Parlament wie eine mittelterliche Ständeversammlung zu behandeln, der jedoch nur zeigte, wie abgehoben die Magnaten von der sie umgebenden Wirklichkeit waren.

Robin Okey hat sehr wirkungsvoll das Bündel von Herausforderungen skizziert, denen sich die österreichische Führungsschicht zu Beginn der 1830er Jahre gegenübersah. Die von ihren Schulden erdrückten bäuerlichen Kleingrundbesitzer jammerten über das unvollendete Erbe der Reformen Joseph II.; die konservativen Großgrundbesitzer in der Lombardei wie in Böhmen wollten nichts ändern; bürgerliche und liberale Adlige sahen eine Gesellschaft vor sich, die in Teilen auf dem Weg in eine „moderne" Zukunft jedoch gebremst war von der Last einer absolutistischen Verwaltung[62]. Vor dem Hintergrund der inneren Spannungen zeichnete sich eine unruhige internationale Lage ab. Die 1830er Revolution in Paris mit der Thronbesteigung des „Bürgerkönigs" Louis Philippe löste in ganz Deutschland eine Reihe von Revolten aus, die gegen den entschiedenen Widerstand Metternichs in der Verkündung von Verfassungen gipfelte (in Hannover, Sachsen und Kurhessen). Indem Österreich sich gegen jede Konzession gegenüber liberalen Kräften verschloss, isolierte es sich im Deutschen Bund immer mehr. Am anderen Ende der Monarchie gefährdete der Ausbruch der polnischen Revolution gegen die Zarenmacht Ende November 1830 die Sicherheit der Grenzen im Osten. Durch Ermordung und Vertreibung von Hunderten Aristokraten niedergeschlagen, nährten die polnischen Unruhen bei Metternich den Verdacht, es handle sich um eine großangelegte revolutionäre Bewegung – von Frankreich über Belgien zum Papststaat und Modena, wo die Polizei einige mazzinische Verschwörungen aufdeckte –, und bewegten ihn, engere Beziehungen zu den Hütern des europäischen Konservatismus, Russland und Preußen, einzugehen.

Das österreichische Regime fand keine konkreten Antworten auf die inneren und äußeren Herausforderungen. Das chronische Defizit im Staatshaushalt der Monarchie, Hauptgrund des Streits mit Ungarn, ließ das Fehlen einer in allen Ländern gleichen, kohärenten Steuerpolitik erkennen. Wenn in der Lombardei, in Tirol oder Niederösterreich die Erhebungen zum Kataster, mit denen Mitte des 18. Jahrhundert begonnen worden war, seit einer Weile glücklich abgeschlossen waren, verhinderte die Verweigerungshaltung der Großgrundbesitzer in Ungarn, Galizien und Teilen Böhmens, dass man auf verlässliche Grundbücher zählen konnte. Das Gros der Steuerlast lag auf Handel und Manufakturwesen oder wurde durch indirekte Steuern eingebracht, unter denen die Konsumsteuer hervorstach, die verbreitetste und meistgehasste Steuer im Reich, die auf Grundnahrungsmittel erhoben wurde. Die Suche nach einer Verbesserung der desolaten finanziellen Lage war 1826 Ursache für die Berufung des Oberstburggrafen von Böhmen, Graf Anton von Kolowrat nach Wien, der im Staatsrat mit der Finanzpolitik beauftragt wurde. Kolowrat ist eine ambivalente Figur, hin und her gerissen zwischen seiner Herkunft aus dem Hochadel und der josephinischen Bürokratietradition, erwies er sich als schlechter Verwalter. Das größte Manko der österreichischen Regierung, das Fehlen von autonomen und mit Freiheiten ausgestatteten Ministerien, wurde nicht angetastet. Die Kontrolle der Finanzen war Kolowrats Sprungbrett, Höhepunkt war 1830 die Auflösung des siechen Innenministeriums und die Übernahme von dessen Aufgaben durch den Staatsrat. Außerhalb der Kontrolle des Staatsrats und Kolowrats gab es nur noch die Hof- und Staatskanzlei, wo Metternich, dank des Vertrauens des Kaisers, immer noch die habsburgische Außenpolitik bestimmen konnte.

Der Dualismus Metternich-Kolowrat war mehr als nur eine einfache persönliche Antipathie und begleitete die letzten Regierungsjahre Franz I. Bei seinem Tod 1835 und der Thronbesteigung durch den schwachen Ferdinand I., der unfähig war, die Geschicke des Reichs zu lenken, verschärfte sich die Opposition zwischen den beiden. Das Mittel, ein neues Regierungsorgan zu schaffen, die Staatskonferenz, offiziell unter Leitung des Kaisers, de facto jedoch unter der von Erzherzog Ludwig, verfehlte das Ziel, in der Regierungstätigkeit neue Impulse zu setzen. Zwischen den beiden Persönlichkeiten bestanden keine wirklich tiefen ideologischen Differenzen oder Unterschiede in der politischen Auffassung: Kolowrat, antiliberal und protektionistisch eingestellt, vermittelte den Eindruck, die Ständeversammlungen zu unterstützen, eine Haltung, die ihm später den – völlig unverdienten – Ruf einbrachte, ein Befürworter der Konstitution zu sein: Metternich, unterstützt von Kübeck, stand in der öffentlichen Meinung für Zentralismus, häufig mit in bürokratischer Hinsicht germanisierenden Zügen, die vor allem den ungarischen Adel aufbrachten.

Aber diese seltsame Kombination zwischen „bürokratischem Absolutismus" und aristokratischem Konservatismus hatte nicht mehr den Weitblick oder den Mut des aufgeklärten Absolutismus des 18. Jahrhunderts. Die von Kübeck entworfenen Wirtschaftspläne, um die Verbindungen zur ökonomischen Sphäre Preußens zu fördern, kamen aufgrund der Furcht der böhmischen Industriellen und der ungarischen Großgrundbesitzer der deutschen Konkurrenz zugute. Da kein Gesetzesvorhaben Gefahr laufen durfte, sich die Sympathien des Adels zu verscherzen, waren viele der Reformvorschläge, die von den Ständen in den Ländern vorgebracht wurden, Quelle für innere Konflikte. In Ungarn legte die Fehde zwischen den beiden Tafeln über den Feudalismus selbst die gewöhnliche Verwaltung in den Komitaten lahm. Nur wenn es darum ging, den Nationalcharakter des Königreichs zu stärken, ließen der liberale niedere Adel und Magnaten ihren Streit beiseite: Die Dekrete, die das Magyarische als Amtssprache einführten und zwischen 1836 und 1845 auch für die Aufzeichnung der Parlamentsdebatten verbindlich machte, stießen auf keinen Widerstand[63]; doch all das schuf Probleme mit den ethnischen Minderheiten und verschärfte die verwaltungstechnische Paralyse der Komitate.

Die Handlungsunfähigkeit der Zentralregierung weitete sich wie durch Dominoeffekt in die peripheren Gebiete aus. Unterdessen gaben Berichte über die Befindlichkeit der habsburgischen Völker deutliche Alarmsignale. Als er einen Bericht über den x-ten Hungeraufstand in Böhmen las, tat Kolowrat ihn mit einer verächtlichen Bemerkung ab: Exzesse dieser Art, schrieb er, kommen häufig vor, auch in ruhigen Zeiten, aber sie sind unwichtig, weil „ohne politische Bedeutung"[64]. Dass die Bauernaufstände oder die Konfliktsituationen in den großen Industriestädten dagegen eine präzise politische Bedeutung haben, war eine mittlerweile auch von den Landtagen der österreichischen Länder geteilte Meinung. Die ganzen 1830er Jahre hindurch hatte der böhmische Landtag in einem lähmenden Frontenkrieg über den Robot und die Verbesserung der steuerlichen Lage der Bauern diskutiert: Die Vorschläge der Feudalherren zur Förderung des bäuerlichen Kleinbesitzes, ohne jedoch das aristokratische Erbe anzutasten, mit der Begründung, dass nur sie, die Feudalherren, den Zusammenhalt des Landes garantierten, hatten sich als ebenso wenig umsetzbar erwiesen wie die von Széchenyi erträumten Reformen. Zu Beginn des folgenden Jahrhunderts dann sollten Fragen der öffentlichen Ordnung in den Debatten immer mehr Raum einnehmen.

Im „Grenzboten", einer in Leipzig erscheinenden Zeitschrift der liberalen Exilanten, mokierte sich ein Journalist über die österreichischen Landtage und definierte sie als Versammlungen, in denen die Mehrheit der Anwesenden ihre Zeit damit vertat, über die Jagd und Pferde zu debattieren[65] – eine ganz und gar nicht zutreffende Beschreibung, wie wir im nächsten Kapitel sehen werden.

III Revolution und Konterrevolution (1848–1861)

China mitten in Europa

Eines der Bilder, mit denen das Habsburgerreich zu Beginn des 19. Jahrhunderts wiederholt beschrieben wurde, war das vom „deutschen China" oder vom „China Europas". Die Analogie stützte sich auf mindestens vier Charakteristika, allesamt natürlich negativ: die übermäßige territoriale Ausdehnung, eine in Standesunterschieden erstarrte Gesellschaftsstruktur, eine omnipräsente Bürokratie (wie die der Mandarine), eine lahmende Wirtschaft[1]. Obwohl die Metapher vom „chinesischen" Österreich auch im Sinn einer Überlegenheit der orientalischen Welt gedeutet werden konnte, war die Botschaft doch völlig klar: Ähnlich wie seine despotischen euroasiatischen Analoga (ob osmanisch, zaristisch oder chinesisch) stand das Habsburgerreich der „Modernität" der europäischen Nationen doch recht fern. Diese Vorwürfe der Zurückgebliebenheit haben Schule gemacht. Als heillos altmodisch und ineffizient erschien Österreich noch in den großen Nationalgeschichten des 20. Jahrhunderts, ein dynastisches Kaiserreich, zusammengesetzt aus vielen, voneinander unabhängigen Reichen, überwölbt von einem Wirrwarr an teils staatlichen, teils auf Provinzebene angesiedelten Ämtern ohne einen Funken an Organisation.

Kein anderes europäisches Land versuchte also, sich gegen die zwei „progressiven" Tendenzen der Zeit zur Wehr zu setzen: den bürgerlichen ökonomischen Liberalismus und seine politische Übersetzung, den Nationalismus. Der vorherrschenden Lesart der Historiker zufolge war die Zurückgebliebenheit des Kaiserreichs auf das Vorhandensein einer alten Adelsschicht zurückzuführen, die den größten Teil der Macht innehatte, und darunter einer Bürgerklasse, die sich scheute, die Privilegien der höheren Stände anzutasten. Ohne radikale Klassenkonflikte, also ohne eine wirkliche Opposition, lebten das Volk und der größte Teil der städtischen Bourgeoisie noch in fast patriarchalischen politischen Traditionen[2]. Noch am Vorabend der Revolution war der Einfluss des Adels sehr groß: Etwa vier Fünftel der Bodenfläche der Monarchie war in Händen von adeligen Grundbesitzern; ihnen standen die Leitung der Provinzparlamente zu, die höheren Ränge der Diplomatie, der Verwaltung und natürlich des Militärs. In Österreich, vermerkte Baron Kübeck in seinem Tagebuch, „war die Aristokratie die vorherrschende Macht und ist es noch immer"[3]. Unterhalb des Hochadels begann das, was später „die zweite Gesellschaft" genannt werden sollte, eine zahlenmäßig starke und heterogene Welt, in der Bürgersfamilien zusammenkamen, die aufgrund des Zutritts zur öffentlichen Verwaltung geadelt worden waren, oder Angehörige des mittleren und niederen Adels, die die Beamtenlaufbahn einschlugen. Die Ränge des „Dienstadels" zogen tendenziell Kandidaten aus allen Adelsschichten an, weil die Präsenz in der Bürokratie juristischen Schutz für die Standesinteressen garantierte und meist die Möglichkeit bot, auf die in den Landtagen gefassten Beschlüsse Einfluss zu nehmen. Außerdem steigerte die Aufnahme

http://doi.org/10.1515/9783110674965-005

in die Beamtenschaft für Adelige die Möglichkeit, jene Rolle eines Mittlers zwischen weit auseinander liegenden Orten und Bevölkerungen des Reichs beizubehalten, in der das lokale Privileg wurzelte.

Trotzdem betraf, wie auch immer Kübeck das sehen mochte, die Herrschaft des Adels, die schon durch die josephinischen Reformen geschwächt war, nur eine dünne Schicht des böhmischen und ungarischen Hochadels, die er korrekt als „oligarchische Aristokratie" bezeichnete. Eine (verglichen mit der preußischen oder bayerischen) überaus großzügige Nobilitierungspolitik hatte dazu beigetragen, die Symbiose zwischen Adel und Bürokratie zu befördern. Dank der raschen „Verbeamtung" in den ersten Jahrzehnten des Jahrhunderts war ein beträchtlicher Teil der bürgerlichen Gesellschaft in die Sphäre des öffentlichen Dienstes eingetreten, was eine sehr respektvolle Haltung gegenüber dem legitimistischen Konservatismus hervorgebracht hatte. Diese typisch „österreichische Sonderform des Liberalismus"[4], bestehend aus Gebildeten, bürgerlichen Beamten und eng mit der staatlichen Verwaltung verbundenen Adeligen führte oft zu Allianzen zwischen Adel und bürgerlichen Gruppen, die anderswo schwer zu finden gewesen wären. Nicht überall war der Versuch der Amalgamierung geglückt – zum Beispiel nicht in Lombardo-Venetien[5] und, aus entgegengesetzten Gründen, nicht in Galizien –, doch trotz der im Großteil der Monarchie angehäuften Spannungen war im Jahrzehnt nach dem Tod Franz I. die allgemeine Stimmung „merkwürdig unaufgeregt"[6].

Bis in die 1840er Jahre blieb das Gleichgewicht zwischen adeligem Grundbesitz und Bürokratie aufrecht. Wie alle großen „bürokratischen Reiche"[7] beruhte auch das von Franz I. und Ferdinand auf Kaisertreue, auf weitgehender territorialer Autonomie in den peripheren Gebieten und, um alles zusammenzuhalten, auf den zentralistischen Impulsen der Bürokratie. Um zu funktionieren, musste die Staatsmaschinerie auf die Zusammenarbeit zwischen der öffentlichen Verwaltung mit dem adeligen Großgrundbesitz setzen, der aufgrund seines ererbten Reichtums und – vor allem in Böhmen und Ungarn – aufgrund der ihm übertragenen Gerichtsbarkeit bei den bäuerlichen Massen große Autorität genoss. Zwischen den beiden Komponenten – bürokratische Zentralisierung und Widerstand „archaischer" feudaler Bindungen – bestand kein grundsätzlicher Widerspruch: Wo die „Kriegs-" oder „Grundherren" in wirksamer Weise die Agrarrendite zu erzwingen und einzunehmen wussten, mussten die Herrscher ihre Regierungstätigkeit ganz natürlich auf persönliche *patronage* mit deren Exponenten stützen[8].

Eine erste Beeinträchtigung erfuhr dieses Gleichgewicht durch das von Kolowrat geförderte Wiedererstarken der Hocharistokratie, sobald er in der Innenpolitik freie Hand hatte. Eine Auswirkung dieser konservativen Rückentwicklung erkennt man in dem Schweigen, womit die österreichischen Regierenden die Volksaufstände der 1830er Jahre beobachteten. Für Kolowrat waren die Proteste gegen Steuererhebungen so etwas wie periodisch wiederkehrende Krankheiten, in denen jedoch keine politische Tendenz zum Ausdruck kam. Die Häufung von Ausbrüchen der Volksgewalt und von Hungersnöten veranlassten ihn nicht zu einem Umdenken: 1835, nachdem er die Aufstellung durchgesehen hatte, mit welcher der Gouverneur von Dalmatien Lebensmittellieferungen anforderte, legte er sie *ad acta* mit der Bemerkung, nur „im Centrum", d.h. in Wien, verfüge man über verlässliche Maßstäbe, um festzustellen, was die Provinzen benötigten[9]. Die konservative Publizistik teilte im Übrigen diese Neigung zum Herunterspielen. Selbst angesichts der wiederholten Arbeiterproteste (die Streiks und die Episoden von Maschinenstürmerei in Böhmen im Jahr 1844), die mehrfach den Einsatz des Heeres erforderlich machten, gingen die Autoren kaum weiter als bis zu einem moralistischen Kommentar über die Übel der Industriekultur. Der Zusammenhang zwischen den wiederholten Agrarkrisen und dem Preisverfall bei Manufakturprodukten mit den ständigen Haushaltsschwierigkeiten der Regierung (die öffentlichen Schulden hatten sich in fünfundzwanzig Jahren mehr als verdreifacht) schien von den Regierenden nicht wahrgenommen zu werden.

Das Gefühl, in Zeiten eines unkontrollierten Wandels zu leben, wird dagegen eher fern von Wien wahrgenommen. Im September 1847 legt der Podestà von Mailand, Gabrio Casati, in einem Brief an einen österreichischen Korrespondenten die Krise bloß, unter der das Königreich Lombardo-Venetien litt. Die Gründe erinnern an diejenigen der ersten Jahrzehnte nach der Wiederkehr der Österreicher: die bloß dekorative Rolle des Vizekönigs und der Kongregationen, das Fehlen von italienischen Repräsentanten in den Wiener Ministerien, die den Kaiser über die konkreten Bedürfnisse der Provinzen informieren könnten und die Besetzung der Spitzenstellen in der Verwaltung mit „ausländischen" Beamten. Dem Brief zufolge hat das Fortbestehen dieser Mängel die Distanz des Adels von der Dynastie vergrößert: Die reiche lombardische Jugend entferne sich jeden Tag mehr von den öffentlichen Ämtern, aus einem Gefühl des Widerwillens heraus, das bald – warnt Casati – in eine regelrechte „aversion au gouvernement" übergehen wird. Doch im Brief des Grafen Casati liest man zwischen den Zeilen eine Sorge, die ihn persönlich betrifft. Die Abneigung der „classes élevées" gegenüber Regierungsämtern fällt in seinen Augen weniger ins Gewicht als die Schwierigkeiten der öffentlichen Instanzen, die „masses" zu kontrollieren: In der zunehmenden Zahl von Delikten und in der Missachtung der Gesetze, die er auf den Straßen Mailands beobachtet, erkennt der Podestà das Herannahen einer Revolution „dans le sens anarchique", wozu die Volkaufstände gewöhnlich ausarten[10].

Obwohl er sie nicht ausdrücklich erwähnt, ist sowohl ihm als auch den Österreichern die missliche Lage der unteren Klassen bekannt. Seit 1846 hat die Gendarmerie in vielen Provinzen des Königreichs Hungerrevolten und Angriffe auf Steuereinnehmer bekämpfen müssen. Einige unter den lombardischen Adeligen stuften das als Werk von durch die Regierung bestellten Provokateuren ein, aber Tatsache ist, dass die schwierige europäische Wirtschaftslage die Erbitterung der „basses classes" fühlbarer werden lässt. In seiner Reaktion auf die Verschlechterung der italienischen Lage übergeht Metternich diese Alarmzeichen, orientiert sich vielmehr an den Erfordernissen der Außenpolitik. Wenn der Kanzler in den 1830er Jahren auf der Halbinsel eine Politik der Reformen verfolgt hatte, bringt ihn die veränderte internationale Lage – der Aufstieg der savoyischen Macht, mit der zahlreiche Grenzkonflikte bestehen – dazu, solche Reformen nun zu bekämpfen. Eine mögliche nationale Revolution unter Führung von Carlo Alberto wird zum Schreckgespenst für ihn: Reformen helfen nicht, die Revolution zu verhindern, sondern ebnen ihr den Weg. Die Konstitution, die gefährlichste der Forderungen, wird in der „an Vergleichen und Metaphern reichen Sprache, die Metternich jetzt oft verwendet, eine Seuche"[11], die Österreich in die Falle der italienischen Nationalisten tappen lässt.

In Wirklichkeit gehen nicht einmal die radikalsten Österreich-Kritiker so weit, sich eine Revolution vorzustellen, mit der die Lombardei aus dem Reich ausscheiden würde. Im Übrigen steht auch in Ungarn eine Abkehr von Wien nicht auf der Tagesordnung. Das ungarische Parlament ist damit beschäftigt, Gesetzesreformen im konstitutionellen, ökonomisch-fiskalischen Bereich und zur juristischen Befreiung des Bauernstands von der Fron zu debattieren, und über diese Gesetzesvorhaben entzweien sich die beiden „Tafeln" immer wieder. Das politische Spektrum Ungarns umfasst eine Reihe unterschiedlicher Positionen, angefangen bei der Gruppe der Konservativen – unter der Führung des Vizekanzlers György Appony – über die gemäßigten Liberalen um Istvan Széchenyi bis hin zu den Progressisten um Lajos Kossuth und Ferenc Deák und schließlich den Radikalen von der Bewegung Junges Ungarn mit Sándor Petöfi, die „politischen Progressismus mit einem glühenden Nationalismus vereint"[12]. Gegen das Milieu der großen Adelsgeschlechter, die als eine an ihren Ämtern klebende Kaste von „Brahmanen" dargestellt werden, erhebt sich die Opposition der Abgeordneten der Repräsentantentafel, die entschieden die Meinung vertreten, man müsse dem Land ein liberales Gesicht geben. Unter ihnen bringt der Kult des Ungarischen als Landessprache das Bedürfnis zum Ausdruck, den Ruf eines zurückgebliebenen Landes abzustreifen und nach außen hin das Gefühl der Unterdrückung zu überwinden, das davon herrührt, dass sie sich wie eine sinkende Insel im slawischen Meer fühlen.

1840 bestätigte das Parlament nach hitzigen Debatten in der Repräsentantentafel die Ersetzung des Lateinischen durch das Magyarische als offizielle Landessprache des Königreichs, mit beschränkten Konzessionen an die Deputierten aus Kroatien – wenn sie nicht imstande waren, Magyarisch zu sprechen, durften sie sich weitere sechs Jahre auf Latein ausdrücken. Die Anhänger Kossuths machten gar nicht den Versuch, das Paradox eines Gesetzesvorhabens zu verbergen, das weiteren Maßnahmen vorausging (Erweiterung des Wahlrechts, Pressefreiheit), die jedoch als Vorrecht einer einzigen nationalen Gruppe aufgefasst wurden. Unterdessen gaben andere Provinzen der Sankt Stephans-Krone Zeichen der Unruhe: In Zagreb setzten die Vertreter eines Großkroatien die regierungsnahe Partei der „Magyaren" unter Druck; in Siebenbürgen stritten sich die Großgrundbesitzer, die auf eine rasche Vereinigung mit Ungarn drängten, mit einer kämpferischen liberalen, deutsch und rumänischsprachigen Opposition, die einer Politik der forcierten Magyarisierung feindlich gegenüberstand.

Während er die Arbeiten des Landtags verfolgte, gewann Metternich den Eindruck, Ungarn sei „nur einen Schritt von der Hölle der Revolution entfernt". Gelähmt vom Schreckgespenst der liberalen Nationalismen, suchten sowohl er als auch Kolowrat die politische Situation auf dem *status quo* zu erhalten: Nicht zufällig strebte er als Antwort auf die ungarischen Fibrillationen eine Allianz mit den „fortschrittlichen Konservativen" unter Appony an und bemühte sich, einen wirtschaftlichen Reformplan in Gang zu setzen, der den Interessen der ungarischen Großgrundbesitzer entgegenkam, zwei Maßnahmen, eigens dazu erdacht, Liberale und Nationalisten zu brüskieren. Im Königreich Ungarn und in den anderen Provinzen des Kaiserreichs waren die Protagonisten im Kampf um die Ausweitung der politischen Rechte im Allgemeinen Städter, Adelige, Bürger, Intellektuelle, die Lesezirkel besuchten, Studenten und Universitätsprofessoren. In diesem Klima einer üppigen intellektuellen Blüte, „wie es sie in Europa weder je zuvor gegeben hat noch später mehr geben sollte"[13], nahmen die Diskussionen darüber, wie man die alte Ordnung des österreichischen Kaisertums korrigieren könnte, leicht ein nationalistisches Gepräge an.

Doch die nationalen Forderungen, die in den gebildeten Zirkeln der Städte erhoben wurden, waren nur ein Teil der Geschichte. Die Finanzkrise und die wirtschaftlichen Schwierigkeiten jener Jahre brachten die Bewohner der ländlichen Regionen in eine verzweifelte Lage: Zu den langfristigen negativen Konjunkturphasen traten 1845 und 1846 besonders schlechte Erntejahre hinzu, die Hälfte Ertrag weniger als in den Jahren zuvor. Wieder einmal erlitt Europa eine Versorgungskrise: Die Lebensmittelspekulation tat ein Übriges, um die Preise für Agrarprodukte in die Höhe zu treiben. Hungersnöte, die Aufstände gegen die Teuerung, die Langsamkeit in der Bereitstellung von Hilfsmaßnahmen für die Bevölkerung schwächten die kaiserliche Macht außerhalb der städtischen Zentren.

Mehr als jede städtische Revolte oder Unruhe war es in der Tat der offene Protest auf dem Land, der die Legitimität der alten feudal-agrarischen Elite in ihren Grundfesten erschütterte. Wie sich einige Zeugen von 1848 später erinnern werden: Gegen bewaffnete Bürger konnte das Militär eingreifen, doch auf dem Land war es, als würde sich die Bedrohung durch die vielen Unruheherde vervielfachen. Der Protest gegen die Feudallasten, der die Debatten im ungarischen und böhmischen Landtag in den vorangegangenen Jahren immer wieder beschäftigt hatte, schadete den Grundbesitzern alten Stils, die sie für eine Art angeborenes Adelsrecht hielten. Er war aber auch eine Bedrohung für „geschäftlich geschickte Größen, die die Basis für die neokonservativen Regierungen bildeten, die nach 1815 entstanden waren"[14]. Auf völlig unerwartete Weise kam die Kombination aus antiherrschaftlichem Ressentiment, schlechter Wirtschaftslage und Hoffnung auf nationale Errettung in der rückständigsten Provinz der Monarchie zum Ausbruch, in Galizien.

Galizisches Intermezzo: 1846

Das Königreich Galizien und Lodomerien war Ergebnis der Ende der 18. Jahrhunderts zwischen Österreich, Preußen und Russland vereinbarten Teilungen Polens; das österreichische Galizien grenzte an die Republik Krakau, eine unabhängig gebliebene Enklave von circa 1.000 Quadratkilometern, und an die Preußen zugeteilte Region Posen. Wie wir wissen, bildeten in dem vom Wiener Kongress geschaffenen Kronland die polnischen Großgrundbesitzer den reichsten Teil der Bevölkerung, obgleich zahlenmäßig in der Minderheit im Verhältnis zu den ruthenischen Bauern (etwa 42%) und anderen lokalen ethnischen Gruppen (Deutsche, Juden, Rumänen, Armenier, Magyaren). Die mit der Wiener Regierung ausgehandelten Übereinkommen hatten sie geschützt und ihnen erlaubt, ein Agrarsystem aufrechtzuerhalten, das auf der Fron beruhte und das zu verändern sie sich weigerten. Im Februar 1846 planten die polnischen Exilanten in Frankreich eine Erhebung, die gleichzeitig in Krakau und in den preußischen und österreichischen Gebieten hätte stattfinden sollen. Die Revolte kam in Posen erst gar nicht zum Ausbruch, im Keim erstickt durch bei der Polizei eingegangenen Denunziationen, und dauerte in Krakau nur ein paar Tage, eben so lang, bis die österreichischen Truppen unter General Collin und Oberst Benedek, gefolgt von russisch-preußischen Einheiten, mit Gewalt Ordnung schafften (im November wurde Krakau endgültig dem Habsburgerreich angeschlossen). In der Umgebung des galizischen Kreises Tarnow hingegen nahm der Aufstand einen blutigen Verlauf, bei den ersten Meldungen über die Erhebung richtete dort eine Menge von Bauern, in der Mehrheit Ruthenen, unter den polnischen Adeligen ein regelrechtes Blutbad an. Es dauerte drei Wochen und verlangte ein paar Tausend Tote, bis das österreichische Heer die Provinz wieder unter seine Kontrolle brachte.

Diese blutigen Ereignisse fanden in der europäischen Öffentlichkeit enormen Widerhall. Die liberale Presse und die polnischen Exilanten waren über die Verantwortlichkeit für das Blutbad geteilter Meinung: Sie wurde sei es in den extrem harten Fronbedingungen gesucht, sei es in einer stillschweigenden Übereinkunft zwischen den Aufständischen und den österreichischen Autoritäten, die hinter den Kulissen die Rache der Bauern an den Grundbesitzern begünstigt hätten. Unter dem Druck einer journalistischen Verleumdungskampagne war die Regierung gezwungen, die Krisensituation zu beheben, indem sie in Leopolis einen außerordentlichen Kommissar ernannte, Graf Rudolf von Stadion, dem Metternich seinen persönlichen Gesandten, Fürst Felix von Schwarzenberg, zur Seite stellte.

In ihm sehen wir eine der Schlüsselfiguren der Revolutionszeit vor uns. Spross eines der großen österreichisch-böhmischen Adelsgeschlechter, Gesandter in England, Russland und Italien, kam Schwarzenberg im Februar/März 1846 nach Galizien. Seine Untersuchungen über die Ursachen der Tumulte finden ihren Niederschlag in einigen Zeitungsartikeln und, Monate später, in einem vertraulichen Bericht für Metternich, worin die zentrale Bedeutung der galizischen Vorgänge für die österreichische Regierung klar erkennbar wird. In einem anonym im „Grenzboten" veröffentlichten Artikel mit dem Titel „Brief eines Reisenden aus und über Galizien" schreibt er die Schuld an den Aufständen den adeligen Großgrundbesitzern zu. Die „polnische Nation", das heißt die *Szlachta*, ist nach Schwarzenbergs Ansicht das Residuum einer anachronistischen mittelalterlichen Herrschaft, die sich nicht der „Familie der österreichischen Nationen" hat einfügen wollen.

Aber was ist das polnische Volk, fragt er sich in dem Artikel, wenn nicht eine undisziplinierte Kaste von Militärs ohne Bürger und Bauern, ohne die geringste Spur von institutioneller Organisation? Und stellen die polnischen Adeligen wirklich eine Nation dar?

Im „Grenzboten" nimmt die Frage die Form eines Dialogs an. In Pilzno, einem der aufständischen Dörfer, trifft Schwarzenberg eine Gruppe mit Sensen bewaffneter Bauern und fragt sie, was sie da tun; hier die Antwort:

„Wir haben die Polen ertragen. – Wie, die Polen?, fragte ich. Wer seid ihr denn? – Wir sind keine Polen, wir sind die Bauern des Kaisers. – Wer sind denn dann die Polen? – Ah, die Polen! Das sind die Herren, die Verwalter, die, die schreiben können, die Intellektuellen, gut gekleidete Herren, wir sind Bauern (*Chlapi*), kaiserliche Bauern"[15].

Dieser, aller Wahrscheinlichkeit nach erfundene Wortwechsel sollte nicht als bloßes journalistisches Mittel betrachtet werden. Natürlich verabscheute Fürst Schwarzenberg die Aufstände der Bauern, doch deren Kaisertreue und die Widersetzlichkeit des Adels haben einen Bruch zwischen den beiden Ständen offenbart, den man mit einer Reihe von Maßnahmen schnellstens beheben musste: Aussetzung der Grundsteuer für das Jahr 1846, Abschaffung des Robot mit finanzieller Entschädigung der Grundbesitzer, Aufhebung der grundherrschaftlichen Gerichte, Bau von Straßen und Eisenbahnverbindungen, Schaffung neuer Stellen bei der Gendarmerie. Diese Empfehlungen, die Schwarzenberg in dem Bericht vom 17. Januar 1847 Punkt für Punkt auflistet, laufen jedoch ins Leere. Ausnahmsweise einmal einig, gehen Metternich, Kolowrat und Kübeck auf diese Ratschläge nicht ein: Metternich, weil er Russland nicht verprellen will, Kolowrat, weil er eine Ausweitung der Reformen auf andere Provinzen fürchtet, und Kübeck, weil er sich um die Kosten sorgt. Mit ihrer Obstruktion lassen sie jedoch die wertvollste Einsicht, die Schwarzenberg aus den Ereignissen gezogen hat, außer Acht: dass nämlich die „Struktur" der galizischen Gesellschaft ihre Verankerungen verloren hat, dass die vom Adel verkörperten Machthierarchien und kulturellen Symbole bei den Menschen nicht mehr ankommen. Den fiktiven Dialog mit den Bauern von Tarnow muss man zusammen mit dem von Schwarzenberg konstatierten Bedeutungsverlust der „polnischen Nation" lesen: Die *Szlachta*, die Adels„nation", kann nicht mehr beanspruchen, die Bauern"nation" zu vertreten, und hinter ihr tut sich eine bedrohliche Leere auf, in die früher oder später eine andere Revolution treten wird.

Vielleicht nicht in Wien, aber mit Sicherheit in den Landtagen des Reichs alarmierten die galizischen Ausschreitungen die Besitzenden. Die Frage nach der Macht der Parlamente wurde insgesamt Gegenstand von Debatten, nicht nur aufgrund von Vorschlägen wie dem von Andrian Werburg, der wollte, dass von ihnen eine konstitutionelle Neuordnung ausgehen solle, „sondern weil sie *de facto* der politische Ort des aristokratischen Widerstands"[16] gegen Metternich wurden. Auf der anderen Seite begannen in den Landtagen Forderungen nach politischer Freiheit, Steuererleichterungen oder Lockerung der Zensur zu kursieren, die auch außerhalb der Adelsgesellschaft ausgearbeitet wurden. Das ganze Jahr 1847 hindurch arbeitete diese merkwürdige Allianz zwischen Liberalen und Aristokraten in den Provinzversammlungen Seite an Seite, bis die Ständerevolution Platz machte für die „Revolution des Volkes".

Das Jahr der Revolution: 1848

Vielleicht niemals vor dem Frühling 1848 war das Habsburgerreich so nah daran zu verschwinden. Die revolutionären Brandherde entstanden am Schnittpunkt zweier langer Ursachenketten: der Verdammung jeder liberalen Öffnung im Vormärz und der Entwicklung von oppositionellen Kräften an verschiedenen Stellen. Schon in den ersten Monaten des Jahres war klar, dass Italien und Ungarn für den Bestand des Kaiserreichs kritisch waren. Den Demonstrationen im September 1847 in Mailand aus Anlass der Ernennung des neuen Erzbischofs Romilli und aus Protest gegen die Besetzung Ferraras durch die Österreicher, folgte eine Flut von Anträgen an die Kongregationen, die neben den üblichen ständischen Forderungen „eine neue Sensibilität für moderne Instanzen erkennen ließen: Pressefreiheit und Freiheit der Person, die eine zu erreichen durch eine Lockerung der Zensurgesetze, die andere durch eine Beschränkung der Polizeimacht"[17]. In einigen Briefen an den Gesandten Karl Ludwig von Ficquelmont schlug Metternich vor, kurzen Prozess zu machen: Die Lombardei sei „krank", schrieb er knapp, und als Mittel gegen die Krankheit müssten harte Maßnahmen ergriffen werden, die geeignet wären, die verseuchteste Klasse der Gesellschaft zu treffen, „diese verdorbene Rasse dekadenter Aristokraten"[18].

Während die Autoritäten in Wien besessen waren von dem, was sie als den „Verrat" der lombardischen Aristokratie betrachteten, liefen aus Mailand widersprüchliche Nachrichten ein. Am 4. März 1848 beschrieb der Polizeidirektor Carlo Giusto Torresani eine nicht gänzlich aussichtslose Situation:

> Die Dinge sind nicht so schlimm, wie die ausländischen Blätter sie zu schildern belieben, und ich kann sagen, dass ich nicht die geringste Unbill erlitten habe. Das bedeutet nicht, dass die Situation der Deutschen in Italien nicht unangenehm wäre, nachdem eine Trennlinie zwischen ihnen und den Italienern gezogen ist. Wir sind gezwungen, so gut wie isoliert zu leben oder uns zumindest auf die wenigen Freunde zu beschränken, die der guten Sache treu geblieben sind. Der Karneval ist schlimmer als die Fastenzeit; keine Bälle, keine Gastmahle und das Theater leer. Der Hof des Vizekönigs und der Gouverneur mussten alle Feste absagen. Die Köpfe sind erhitzt, und ich weiß nicht, wann sie zur Vernunft zurückkehren werden[19].

Torresanis Zuversicht wurde bald von den Ereignissen Lügen gestraft. Einen Tag vor dem Brief hatte Lajos Kossuth im Landtag von Preßburg gegen die Habsburgerherrschaft in Ungarn eine furchtbare Anklage erhoben. Die Rede, Epilog einer bereits ein Jahrzehnt währenden Agitationskampagne, bewegte die Abgeordneten der Repräsentantenkammer dazu, ein Reformpaket zugunsten einer separaten ungarischen Verfassung zu unterschreiben. Trotz des Widerstands der Magnaten um Appony, die vor allem gegen die Abschaffung des Robot waren, wurde das Dokument einer Delegation übergeben; auf dem Weg in die Hauptstadt zogen sie durch die Straßen von Buda und Pest, die von einer jubelnden Menge gesäumt waren. Etwa zehn Tage später, am 11. März, verlangten zwei weitere Papiere, unterzeichnet vom Landtag Niederösterreichs (das Land, in dem Wien liegt) und einer Gruppe von Beamen und Juristen vom Wiener Juridisch-Politischen Leseverein unter dem Vorsitz des Barons Franz von Sommaruga, die Abdankung der Berater des Kaisers, die Schaffung eines einheitlichen Parlaments, in dem auch die niederen Stände vertreten sein sollten, eine Justizreform und die Abschaffung der Zensur.

Eine weitere Einberufung des Landtags am 13. März (ein symbolträchtiger Termin, denn es handelt sich um das Geburtsdatum Kaiser Josephs II.) stürzte die Hauptstadt ins Chaos. Das Heer, das Befehl hatte, die Demonstrationen rund um die Hofburg und in den Stadtrandgebieten zu zerstreuen, schoss auf die Menge und verursachte um die sechzig Tote, „teils zu ihrem eigenen Schutz, teils um den Kampf weiterzuführen, woraufhin die Demonstranten Barrikaden errichteten. Die Bürgerwehren [...] verweigerten den Befehl"[20] und die Zusammenstöße nahmen mit der Zeit an Heftigkeit zu. In den ersten Nachtstunden nahm der Kaiser das Rücktrittsgesuch Metternichs an, löste die Staatskonferenz auf und ernannte Kolowrat zum Leiter eines provisorischen Staatsministeriums, welches das Innenministerium mit Baron Franz von Pillersdorf mit umfasste. Die Soldaten kehrten in ihre Quartiere zurück und überließen die Kontrolle der öffentlichen Ordnung der Bürgerwehr und den Studenten der „Akademischen Legion", zusammen mit den Arbeitern die eigentlichen Protagonisten der Unruhen.

Die Nachricht von der Entfernung Metternichs stürzte die politischen Verwaltungsorgane fern von Wien in Unsicherheit. Am 18. März veranstalteten in Mailand Handwerker, Studenten und Arbeiter einen Aufstand, in dem sie den Truppen von Feldmarschall Radetzky fünf Tage lang heftige Gefechte lieferte, so dass er gezwungen war, die Stadt zu verlassen. Am selben Tag, als die Österreicher aus Mailand flohen und sich in das Festungsviereck zurückzogen, erhob sich auch Venedig unter Daniele Manin und Niccolò Tommaseo. In der zweiten Hauptstadt des Königreichs brauchten die Aufständischen nicht einmal Gewalt anzuwenden: Nach sehr kurzen Verhandlungen verließ Gouverneur Pálffy sowohl die Stadt als auch das Kommando der regulären Truppen, die zu den Milizen der Aufständischen überliefen oder einfach desertierten und in ihre Heimatorte zurückkehrten. Die Zerstreuung des Heeres zeigte sich auch in der Lombardei im fehlenden Widerstand gegen die savoyischen Truppen, die wenige Tage nach der Kriegserklärung König Karl Alberts gegen das Kaiserreich (23. März 1848) in Mailand einzogen, wo sie von der Bevölkerung begrüßt wurden. Doch es war nicht nur der bewaffnete Arm, sondern die Struktur des Kaiserreichs insgesamt, was da zusammenbrach: Im Verlauf weniger Wochen leerten sich die Ämter, und alle Provinzhauptstädte, mit Ausnahme Veronas, wo Radetzky sein Hauptquartier hatte, fielen in die Hände von provisorischen Regierungen.

Unterdessen zwang eine Reihe von Volksaufständen in Pest die Aristokraten der Magnatentafel, ihre Zustimmung zu einem Dokument der konstitutionellen Revision zu geben, das von Lajos Kossuth mit Unterstützung der radikalen Gruppen um Sandor Petöfi aufgesetzt worden war. Eine Delegation wurde nach Wien geschickt, um diese Forderungen – Einrichtung einer Nationalgarde, Pressefreiheit, eine unabhängige Regierung – dort vorzulegen, sie kam am 17. März mit dem Dekret zur Ernennung eines ungarischen Ministerpräsidenten und der Versicherung zurück, dass der Kaiser die vom Landtag vorgelegten Gesetze annehmen würde. In der neuen Regierung waren alle Weggefährten der im vergangenen Jahrzehnt geschlagenen parlamentarischen Schlachten vertreten: der Magnat Lajos Batthyány als Regierungschef, Pál Esterházy, der reichste Mann Ungarns und ehemaliger Mitarbeiter Metternichs für Äußeres, Lajos Kossuth für Finanzen, sein Rivale seit jeher, István Széchenyi, für Öffentliche Bauten und Verkehr, Ferenc Deák für Justiz. Die ethnische Homogenität des ausschließlich aus Magyaren bestehenden Kabinetts überdeckte politische Differenzen und erlaubte Batthyány, die volle Kompetenz seiner Regierung in allen gesetzgeberischen Belangen zu behaupten.

Die berühmten „Aprilgesetze" wurden Ferdinand mitten in der Krise wie durch Handstreich abgetrotzt. Mit der am 11. April 1848 verabschiedeten Verfassung definierte Ungarn sich als autonomes und mit der Monarchie vereintes Königreich, das, ohne sie eigens zu benennen, Kroatien-Slawonien, Siebenbürgen und Dalmatien umfasste. Paragraph drei der Charta legte fest, dass der König oder sein Repräsentant nur durch ein unabhängiges ungarisches Ministerium agieren konnte und dass alle Dekrete (Gesetze und Nominierungen) erst nach Approbation durch den Ratspräsidenten Gültigkeit erlangten. Unter den 31 Paragraphen der Aprilgesetze waren auch solche zur – obgleich nur teilweisen – Befreiung von der Fron, zur Abschaffung der Zensur und die Bestimmung, dass Abgeordneten, die sich nicht auf Magyarisch auszudrücken wussten, der Zugang zum Parlament verwehrt sein sollte.

Damit steht das Kaiserreich am Rand des Abgrunds. Wenn die dramatischen Ereignisse in Ungarn vom März und April die Möglichkeit, einen von der Regierung vermittelten Kompromiss zu finden, nicht völlig ausschließen, sind die Berichte über die Treue der anderen Länder bestürzend. Zwar stimmt es, dass, abgesehen von Wien und ein paar Protestmärschen in Tirol, die österreichischen Herzogtümer eher passive Zuschauer der Revolution geblieben sind; es handelt sich dabei jedoch um die einzigen Bollwerke der Loyalität zur Dynastie inmitten von Dutzenden Brandherden der Revolte. Das militärische Debakel in Lombardo-Venetien, das nun von den savoyischen Truppen und von Einheiten italienischer Freiwilliger besetzt ist, gibt den rebellischen Tendenzen im italienischsprachigen Tirol Auftrieb. Im Küstenland stellt sich die Hauptstadt Triest unverzüglich auf die Seite Wiens: Angesichts der von einer Lokalzeitung kolportierten Bemerkung des Vorstands des Lloyd, Karl Ludwig von Bruck, „wer garantiert euch, dass wir nicht morgen hier die Republik haben?", kannten die Triester Händler und Finanziers kein Zögern. Weniger ruhig ist das slowenische und kroatische Hinterland, wo sich Unmut gegen die italienischen Grundbesitzer, vermischt mit Rachegefühlen, regt und erste nationale Töne anklingen. In Görz verficht die Slawische Lesegesellschaft, die in diesem Jahr gegründet wurde, um die Ausbildung des ländlichen Klerus zu verbessern, das Ideal eines autonomen, unter habsburgischer Herrschaft geeinten Slowenien. Das sind Ideen, die nach Kärnten, Istrien und Dalmatien ausstrahlen, in die Landtage der Steiermark und Mährens, wo die Abgeordneten in Erklärungen gleiche Rechte für die innerhalb ihrer Grenzen lebenden slawischen und deutschen Bevölkerungen fordern.

Doch ihr empfindlichstes Barometer hat die slawische Welt zweifelsohne im Königreich Böhmen, und dahin kehren wir nun zurück. In Prag nimmt die durch die französischen Ereignisse ausgelöste revolutionäre Krise einen weniger gewaltsamen Anfang. Am 11. März verfasst eine Gruppe von Prager Liberalen (Tschechen und ein paar Deutsche) eine Petition, in der sie die Fusion von Böhmen, Mähren und Schlesien zu einem einzigen Königreich verlangen, neben der Gleichbehandlung der deutschen und der tschechischen Sprache in öffentlichen Ämtern und Schulen. Der Inhalt des Dokuments ist liberal, der Ton aber ist noch kaisertreu, es gibt darin keine nationalen Anklänge wie in der ungarischen Bewegung. Die Studenten der Prager Universität und der Technischen Hochschule, wo die Tschechen stark in der Überzahl sind, verfassen am 15. März eine zweite Petition an den Kaiser, die sich an den Ideen der Wiener Studenten orientiert (Abschaffung der religiösen Diskriminierung, Lehrfreiheit) und für den Prager Kontext spezifische Forderungen hinzufügt: Anerkennung der Gleichwertigkeit der Sprachen, Gründung zweier getrennter Universitäten und die Möglichkeit, Debattierclubs einzurichten[21].

Die tschechischen Liberalen verhielten sich fürs Erste vorsichtig, alternierten einen eher aggressiven linguistischen Nationalismus mit der praktischen Möglichkeit, auf politischer Ebene die deutsche Minderheit einzuschließen. Auch hier wies die politische Landschaft die für Mitteleuropa typische Konfusion auf, Provinzen, Städte und Grundherrschaften bildeten ein „absurd verwickeltes" Knäuel, das sich jeder Politik der Vereinfachung von oben widersetzte[22]. Unter dem juristischen Titel Königreich Böhmen war ein politisch zerstückeltes Territorium mit drei unabhängigen Landtagen (Böhmen, Mähren und Schlesien) zu verstehen, das in völlig heterogene Blöcke zerfiel. Verbreitete Zweisprachigkeit auch im einfachen Volk sowie die „Gemischtrassigkeit" der Führungsschicht verkomplizierten jeden Versuch einer Einteilung nach Ethnien. Seit dem späten 18. Jahrhundert hatte es eine gewisse linguistische und kulturelle Wiedergeburt der tschechischen Nation gegeben, die Erfindung eines Landespatriotismus, gewollt von der kosmopolitischen böhmischen Aristokratie, die deutschsprachig und gut im habsburgischen Staatssystem verankert war. Von dieser Idee des Patriotismus und von dem Begriff „historische Rechte" leiteten die tschechischen Intellektuellen eine Form der Identifikation zwischen territorialer und kultureller Nation ab, wobei sie sich auf die Tatsache stützten, dass die tschechische Sprache im Unterschied zur deutschen nicht zwischen tschechisch und böhmisch, also zwischen ethnisch-linguistischer und territorialer Identität unterschied[23].

Die Berufung auf ein historisches Recht des Königreichs als Grundlage seiner Unteilbarkeit hatte an sich nichts Neues, denn im Namen derselben Prinzipien führten die Königreiche Ungarn und Kroatien seit Jahrzehnten ihren entgegengesetzten Kampf. Auch das Argument von den ethnischen Wurzeln als historischer Voraussetzung des Reichs war nicht sonderlich überzeugend: Sich auf Tschechisch oder Deutsch auszudrücken wie in Ungarn auf Magyarisch, Deutsch oder Rumänisch, hatte nicht automatisch nationale Implikationen. Schon allein von den Biographien ihrer Vertreter her hatte diese Verbindung zwischen historischen Traditionen und Sprache keine Grundlage. Die Ende des 18. Jahrhunderts in Böhmen geborenen Intellektuellen brachten den Willen zu einer tschechischen Wiedergeburt meist im Medium des Deutschen zum Ausdruck, der Sprache der in den böhmischen Ländern vorherrschenden Kultur, und nicht auf Tschechisch, das sie, wenn überhaupt, im Privaten benutzten.

František Palacký (1798–1876), der maßgebliche Historiker seiner Generation, bietet ein schönes Beispiel für diesen Widerspruch. Im Lauf der 1830er Jahre begann er eine *Geschichte Böhmens* zu schreiben, selbstverständlich auf Deutsch. Anfang 1848 wechselte er die Sprache und ging zum Tschechischen über, nun gab er dem Werk den neuen Titel *Geschichte der tschechischen Nation in Böhmen und Mähren*. Palacký ist perfekt zweisprachig, spricht Tschechisch in der Familie und schreibt im politisch-kulturellen Bereich Deutsch. Dennoch ahnt er, dass die Berufung auf die sprachliche Identität eine isolierte Gruppe von bürgerlichen Intellektuellen zum Wortführer eines aus Millionen von Personen[24] bestehenden Volkes machen kann, das ein ethnisches Bewusstsein besitzt, in dessen Namen man sprechen kann.

Die Aufwertung des Tschechischen in den ersten Märzwochen entsprang einem Gemisch aus nicht besonders nationalistischen Ideen. Da war das Problem einer gespaltenen Bevölkerung, und im Unterschied zu den Ungarn oder Polen mangelte es an einer entschlossenen Führung. Die Idee, diejenigen, die Deutsch sprachen, als germanisierte Tschechen zu betrachten, oder schlimmer, als Renegaten (*odrodilci*), die sich von ihrer natürlichen Sprache abgekehrt hatten, lag jedoch in der Luft[25]. Gegen Ende des Monats provozierte die Weigerung Wiens, die böhmischen Stände einzuberufen, die ersten Straßenproteste. Die Verbote der Regierung ergingen mehr oder weniger in denselben Tagen, in denen die deutschen revolutionären Komitees sich in Frankfurt zum sogenannten „Vorparlament" versammelten und die Mitglieder des eben konstituierten tschechischen Nationalen Ausschusses aufforderten, in die Stadt zu kommen, um an der bevorstehenden Wahl zur Deutschen Nationalversammlung teilzunehmen. Die österreichischen Delegierten in Frankfurt, darunter Viktor von Andrian Werburg, schrieben an Palacký, er solle die Nominierung annehmen, im allgemeinen Interesse Österreichs und im Besonderen desjenigen Böhmens.

In einem Brief vom 11. April lehnte Palacký die Einladung zunächst unter Berufung auf die historisch-politische Stellung Böhmens innerhalb der österreichischen Monarchie ab. Indem er sich als „Böhme slawischen Stammes" definiert, sieht Palacký das tschechische Volk in einer Brückenposition zwischen den Deutschen im Westen und den Slawen im Osten, die in der düsteren reaktionären Atmosphäre des Zarenreichs gefangen sind. Als Insel inmitten eines deutschen und eines ostslawischen Meers, erkennen die Tschechen daher Österreich als den Garanten ihres Überlebens an. Die sogenannte „austroslawische" Position Palackýs wird von einigen demokratischen Intellektuellen geteilt, die sich auf die Verwandtschaft mit den polnischen und illyrischen „Brüdern" (den Südslawen) berufen und den Austritt Böhmens, Mährens und Schlesiens aus dem Deutschen Bund fordern. „Unser Bund ist Österreich", schrieb ein junger Universitätsstudent, Karel Havliček in einem am 19. März in der „Prager Presse" erschienenen Artikel; aber es ist ein entschieden slawischeres und seinen Völkern gegenüber toleranteres Österreich: Wenn wir alle „im politischen Sinn Österreicher sind", fuhr er fort, „sind wir es doch im nationalen Sinn nicht"[26].

So tritt der beruhigende territoriale Patriotismus der adeligen böhmischen Großgrundbesitzer von der Bühne ab. Die Notwendigkeit einer raschen nationalen Wende zugunsten der Völker des Reichs, nicht nur der Slawen, erklärt den enormen Erfolg von Palackýs *Brief nach Frankfurt*, der Dutzende Male wiederabgedruckt und als politisches Programm in allen liberalen böhmischen Zirkeln diskutiert wurde. Unmittelbar dient der Text dazu, sich gegen das Vorhaben all jener zu stellen, die davon träumen, in Frankfurt ein um die Slawen erweitertes Großdeutschland zu schaffen. Palacký bleibt in Prag, und kein böhmischer Deputierter wird an den Wahlen zur künftigen Deutschen Nationalversammlung teilnehmen.

Der Prozess der nationalen Differenzierung hat in Böhmen vielleicht nicht die politische Schärfe wie der ungarische Separatismus, aber die Sprache, in der er sich ausdrückt, ist ebenso umstürzlerisch. Darin kommen die seit Jahren latenten Spannungen zwischen den ethnischen Gruppen im Königreich in starren Dichotomien, als unüberbrückbare Gegensätze zwischen zwei Völkern zum Ausdruck. Wenn Palacký das Bild vom Reich als Staaten-Körper aufgibt und stattdessen das vom Reich der Völker wählt, hebelt er damit das in den vierzig vorangegangenen Jahren herrschende institutionelle Gleichgewicht aus. Der traditionelle Dualismus zwischen Kaiser und Ständen, Hauptstadt und Kronländern, wird nun durch die Anwesenheit der Völker der Monarchie erweitert, die alle die gleichen natürlichen Rechte und juristische Gleichstellung genießen: Kein Volk soll als sprachliche und ethnische Einheit sich selbst zum Wohl anderer verleugnen, weil die Natur – heißt es im *Brief nach Frankfurt* – „weder Herren – noch Knechtsvölker kennt"[27].

In dem Versuch, dem tschechischen Druck nachzugeben, erklärte Kaiser Ferdinand am 8. April, dass die „böhmische Nationalität" in sämtlichen Bereichen der öffentlichen Verwaltung und des Schulwesens sprachlich die gleichen Rechte haben solle wie die deutsche; und er fügte hinzu, dass von nun an sämtliche Ämter mit Personal besetzt sein sollten, das beide Landessprachen beherrschte. Das war keine besonders geglückte Maßnahme. Auf böhmischem Gebiet verliefen die Sprachgrenzen nicht entlang klar erkennbaren Linien, insbesondere nicht in städtischen Gemeinden. Die sprachliche Nationalität über alle anderen Merkmale zu erheben, bedeutete, festzulegen, welche Sprachen die üblichen Landessprachen waren. In Böhmen war das nur annäherungsweise zu bestimmen, anderswo ganz und gar nicht leicht.

1845 zählte der Schützenverein von Ljubljana, Hauptstadt der Krain, zu seinen 402 Mitgliedern die Crème de la Crème des geadelten Bürgertums: Geschäftsleute, Buchhalter, Beamte, Grundbesitzer, ein Reigen slowenischer und deutscher Familiennamen, wo die sprachlichen Unterschiede offenbar nicht ins Gewicht fielen. Eine vergleichbare Vielsprachigkeit bestimmte auch das Leben im slowenischen Hinterland und der Niedersteiermark mit vielen slowenischen Ansiedlungen. Der Gymnasiallehrer Anton Šantel/Schantel vermerkt in seinen Tagebüchern den häufigen Wechsel der Sprache in den Unterhaltungen der gewöhnlichen Leute: Alle verstanden oder sprachen mit Mühe Deutsch. Der Bauer kaufte die Kühe auf Slowenisch und verkaufte sie auf Deutsch; in Leutschach in der Steiermark wurde das Evangelium vor der Predigt auf Deutsch gelesen, und niemandem wäre es in den Sinn gekommen, die Einwohner eines Dorfes nach einem sprachlichen Kriterium zu trennen.

Ein anderer, in die Krain versetzter Gymnasiallehrer, der Österreicher Gabriel Seidl, erkannte auf seinen Spaziergängen über Land auf den ersten Blick einige Unterschiede. Die Dinge waren einfach, weil die Wenden – eine ältere deutsche Bezeichnung für Slowenen – alle denselben Beruf ausübten, sie bestellten den Boden, und sprachen Slawisch. Die Wenden waren also Bauern, die Deutschen die in der Stadt lebenden Herren: eine soziale und ökonomische Dichotomie, die er aufs Sprachliche übertrug. Im Gegensatz dazu betrafen die Unterschiede die Städte nicht, wo Adelige und Bürger gleich welcher Herkunft ohne ethnische Barrieren zusammenlebten[28]. Seidels Erinnerungen verdeutlichen eine zweite Gefahr, die dem Versuch innewohnt, eine klare geografische Sprachgrenze zu ziehen. In ethnisch gemischten Gebieten, wo die Menschen im Lauf eines Tages von einer Landessprache in die andere wechselten, bedeutete eine auszuwählen, eine Ausschlusspolitik. So protestierte zum Beispiel ein Schriftsteller der serbischen Gruppe in Kroatien Ognjeslav Utješnovic Ostrožinski 1848 gegen das, was er die „Nationalaristokratie" des Deutschen, Magyarischen oder Italienischen im Reich nannte, und forderte mit denselben Worten wie Palacký die rechtliche Gleichstellung aller Völker. Interessant ist, dass Ostrožinski mit Bezug auf die Adriaküste (Istrien und Dalmatien) die Italiener bezichtigte, den Slowenen und Kroaten ihre Sprache aufzuzwingen, auch wenn diese wesentlich zahlreicher waren; genauso wie Magyaren und Deutsche, die sich für privilegierte Nationen hielten, der serbischen Vojvodina oder dem tschechischen Sudetenland ihre Sprachen aufzwangen.

Trotz dieser problematischen Anfänge bezeichnete die Annahme der böhmischen Forderungen den Auftritt eines grundlegenden und in der habsburgischen Geschichte lang anhaltenden Themas: das der rechtlichen Gleichstellung der Nationalitäten. Das Prinzip der „Gleichberechtigung der Nationalität" erschien in offizieller Form in der Verfassung, die Minister Pillersdorf am 25. April 1848 erließ und mit der er Versprechungen des Kaisers einlöste. Obwohl im Königreich Ungarn und in Lombardo-Venetien nicht anwendbar, enthielt der Text erstmals die Erklärung, dass alle „Volksstämme" das Recht hatten, in ihrer Nationalität und Sprache nicht verletzt zu werden. Wie man sieht, etwas mehr als bloß der Schutz der Sprache. Aber die Verfassung, die in eingeschränkter Form die belgische Verfassung von 1830 kopierte, löste so heftige Reaktionen aus, dass der Minister ihr Inkrafttreten aussetzen musste. Das wurde im Amtsblatt vom 16. Mai bekannt gegeben; am 17. Mai flohen Ferdinand und der Hof, um ihre Unversehrtheit fürchtend, nach Innsbruck, in ein Tirol, das als der Dynastie treu ergeben galt; am 18. Mai stürmte eine aufgebrachte Menge die Börse, und die Wiener Demokraten übernahmen die Regierung in der Stadtverwaltung.

Der auf diese Ereignisse folgende Monat wurde zur Wasserscheide der österreichischen Revolution. Der Krieg mit Piemont, die separatistischen Drohungen Ungarns, die ersten Zusammenkünfte der Nationalversammlung in Frankfurt, zu der rund hundert Abgeordnete des Kaiserreichs gewählt worden waren, spalteten definitiv die Front der Liberalen. Die politisch-institutionelle Revolution der Gemäßigten und die soziale Revolution der Demokraten begannen sich auseinanderzuentwickeln. Angesichts der Schwere der Krise erwies sich das Militär als die einzige Instanz, die den Untergang des Reichs aufhalten konnte. Der Druck des Militärs beendete das Ende der provisorischen Regierungen, die unterdessen in Böhmen aufgestellt worden waren. Der Aufruf zu Wahlen für einen neuen Landtag, erlassen von Gubernialpräsident Leo von Thun, blieb aufgrund der Opposition aus Wien folgenlos. Auf die Einberufung des Kongresses der Slawen des Kaiserreichs am 2. Juni in Prag reagierte Feldmarschall Fürst Alfred Windisch-Grätz mit Erklärung des Belagerungszustands; vom 12. bis 16. Juni wurde die Stadt von einer Serie an Straßenaufständen erschüttert, die durch das Eingreifen der Truppen mit Gewalt erstickt wurden, was die Ordnung in der Stadt wiederherstellte, während der Ministerrat den Vorschlag Feldmarschall Radetzkys billigte, den Krieg in Italien unerbittlich fortzuführen.

Die Repression durch die Militärs entspricht einer objektiven Bewertung der Dinge. Neben Ungarn und Lombardo-Venetien, die *de facto* unregierbar sind, erfasst die revolutionäre Erhebung auch Provinzen, die bis zu diesem Zeitpunkt als ruhig galten. Separatistische Tendenzen verzeichnet man in der Krain infolge einer Serie, Mitte März ausgebrochener antifeudalistischer Erhebungen: Die Verhängung des Ausnahmezustands konnte nicht verhindern, dass Gruppen von Aktivisten die Grundlagen für ein geeintes Slowenien zu legen versuchten, ein Königreich mit eigenem *Sabor* nach Vorbild des kroatischen und unter Einschluss der „venezianischen" und der in Ungarn lebenden Slowenen. Bittschriften zugunsten einer Verwendung des Slowenischen in öffentlichen Ämtern und Schulen gelangten in Tausenden von Exemplaren in die slowenischen kulturellen Zirkel von Graz, Wien, Ljubljana, Klagenfurt und Görz. Eine ähnliche Forderung nach Aufteilung des Königreichs Galizien zwischen Polen und Ruthenen erlangt im Lauf weniger Wochen 200.000 Unterschriften. Der ethnisch-nationale Gegensatz dringt auch ins Innere des Königreichs Ungarn vor und verbindet sich mit den ersten Formen der Ablehnung des revolutionär magyarischen

Nationalismus. Erwartungsgemäß kommt die aggressivste Spielart aus Kroatien, wo Ferdinand am 23. März Generalmajor Josip Jelačić zum *Ban* (Vizekönig) ernennt. Der Wiener Strategie zufolge sollte die Einsetzung Jelačićs eine kaisertreue Barriere gegen das Vorpreschen Kossuths bilden. Unmittelbarer Effekt ist jedoch eine Wiederbelebung des „illyrischen" Traums des *Ban*[29], der, kaum in Zagreb angekommen, eine intensive politische Kampagne zur Wiederherstellung des mittelalterlichen Königreichs Kroatien, Slawonien und Dalmatien betreibt. In dem Entwurf, den der *Sabor* gegen das Verbot aus Buda-Pest am 5. Juni mehrheitlich annimmt, finden sich Feindseligkeiten gegen Ungarn und grundsätzlicher Gehorsam gegenüber dem Kaiserhaus nebeneinander: Die Treue zur illyrischen Nation, zum kroatischen Vaterland und zum habsburgischen König bilden für Jelačić eine nicht widersprüchliche Einheit, auch wenn keiner seiner Unterstützer sich die Frage stellt, wie man eine einzige Sprache und eine einzige Religion in Gebieten einführen soll, in denen es seit Jahrhunderten gang und gäbe ist, viele davon zu sprechen und zu praktizieren.

Man könnte an das Aufleben eines Nationalismus im Kleinformat denken, der von Wien toleriert wurde, weil er verhinderte, dass gefährlichere revolutionäre Brandherde überhandnahmen. Vielleicht war das Schweigen der Regierung ja tatsächlich ein Mittel, um die Spannungen zwischen Magyaren, Slawen und Italienern zu entschärfen, aber dabei übersah man den Nationalismus, der von Deutschland aus um sich griff und mittlerweile bei dessen Untertanen überaus populär war. Die Studenten und Demokraten unter den österreichischen Liberalen traten offen für ein Reich ein, das die konstitutionellen Einrichtungen nachahmte, wie sie in den angrenzenden deutschen Regionen erprobt wurden. Natürlich wäre es der Regierung lieber gewesen, „dass die ganze Frankfurter Angelegenheit fallen gelassen würde, aber da man sie nicht aufhalten konnte und nicht wagte, sie zu boykottieren aus Angst, von Preußen überrundet zu werden"[30], entschloss man sich, Wahlen für eine deutsche konstituierende Nationalversammlung abzuhalten. Die Abgeordneten waren in der Mehrheit Deutsche, mit einigen wenigen Italienern aus Tirol und aus dem Küstenland, da die Slawen beschlossen hatten, die Wahl zu boykottieren.

Entschieden höher war hingegen die Beteiligung der kaiserlichen Untertanen (Deutsche, Slawen und Italiener) an der Wahl zum Reichstag, eine zweite schmerzliche Konzession, die Ferdinand und seinen Ministern in der Unsicherheit der Krise abgerungen worden war. Die Prozedur der Wahl dauerte etliche Wochen, währenddessen erfolgte der Rücktritt Franz von Pillersdorfs und die Einsetzung einer neuen Regierung unter der Leitung von Baron Anton von Doblhoff-Dier, die mehrheitlich aus Ministern zentralistischer Orientierung bestand. Am 22. Juli eröffnete Erzherzog Johann, Onkel des Kaisers, offiziell den Reichstag vor 385 Abgeordneten (160 Deutsche, ansonsten Italiener, Slawen, Rumänen, aber keine Vertreter des Königreichs Ungarn), der provisorisch in der Kaiserlichen Hofreitschule untergebracht war. In Absprache mit der Regierung sollte das Parlament endlich eine neue Verfassung ausarbeiten.

In den ersten Sitzungen befasste man sich mit der Frage, welche Sprache in den Debatten verwendet werden solle, und wenn auch nach einigem Hin und Her wurde informell das Deutsche anerkannt. Doch der Großteil der Arbeiten konzentrierte sich auf den Frondienst, ein Thema, das der Schlesier Hans Kudlich im Namen der sechzig anwesenden bäuerlichen Abgeordneten aufgeworfen hatte. Nach überaus hitzigen Debatten wurde am 31. August eine Kompromisslösung gebilligt, die die Aufhebung des bäuerlichen Untertänigkeitsverhältnisses und der bäuerlichen Lasten, wie Robot und Zehent vorsah. Ein ziemlich einfaches Kompensationssystem sah vor, dass die ehemaligen Feudalherren ein Drittel des Werts der bäuerlichen Arbeiten vom Staat ersetzt bekommen sollten, ein Drittel durch langfristige Zahlungen der Bauern, während das letzte Drittel aus der Berechnung gestrichen wurde, da nun die öffentliche Verwaltung die früher von den Grundherrn versehenen steuerlichen und rechtlichen Aufgaben übernahm.

Die Abschaffung des Frondienstes und der Erbuntertänigkeit, die sogenannte „Grundentlastung", war die Krönung eines seit Jahrzehnten von den liberalsten Kreisen der österreichischen Gesellschaft verfolgten Projekts. Auf lange Sicht betrachtet war es einer der großen Erfolge von 1848, wodurch jahrhundertealte ökonomische Gleichgewichte verändert wurden – in Niederösterreich zwang die Reform die kleinen adeligen Grundbesitzer zum Verkauf ihrer Güter, in Böhmen und Mähren hingegen wirkte sie als Anreiz zur Modernisierung – und sich die staatliche Macht auf dem Land verfestigte. Kurzfristig betrachtet bedeutete es vor allem den Austritt des Bauernstands aus der Revolution, die mit dem Spätsommer zusehends von einem Anwachsen der politischen und militärischen Autorität gekennzeichnet war.

Auch der nach regulären Wahlen Mitte Juli 1848 einberufene Landtag von Preßburg versuchte ähnliche Gesetze zu verabschieden wie der Reichstag. Doch dann entgleiste die Situation, weil Wien um jeden Preis die Kontrolle über Ungarn wiederzugewinnen trachtete. Das antimagyarische Ressentiment nahm die Form konkreter Taten an, als es der Sieg über die Piemontesen bei Custoza (24. Juli 1848) erlaubte, die italienische Front zu entlasten und Truppen in die Donauprovinz zu verlegen. Die Offensiven des regulären Heeres unter Führung des kroatischen *Ban* Jelačić machten sich die schon Anfang des Sommers ausgebrochenen Spannungen zwischen Magyaren und den anderen Nationalitäten zunutze. Am 25. Mai 1848 war es an der Grenze zu ersten Zusammenstößen zwischen Ungarn (ehemaligen Offizieren und regulären Soldaten) und kaiserlichen Truppen gekommen, mit einem entscheidenden Beitrag der serbischen „Grenzer"[31]. Wenige Wochen später hatten sich die Serben in der Vojvodina gegen die Revolution erhoben, gefolgt von Slowaken, Rumänen und Kroaten. Sobald klar war, dass der moderne *nation-state*, den die Ungarn anstrebten, die Herabstufung der kleineren Nationalitäten zur Minderheit bedeuten würde, schlugen sich die nicht-magyarischen Bauern auf die Seite der kaiserlichen Truppen und stellten sich gegen die ungarischen Revolutionäre. Ethnische Feindschaft, ökonomische Ressentiments und politisches Freiheitstreben zwangen die Abgeordneten des Landtags, die Exekutivgewalt an einen von Lajos Kossuth geführten Ausschuss abzutreten.

Die politischen Kontraste zwischen Österreich und Ungarn hatten mittlerweile die Schwelle zu einem regelrechten Bürgerkrieg überschritten. Die Entscheidung, die ungarische Sezession mit Gewalt zu unterdrücken, verursachte starke Instabilität im Parlament und in der öffentlichen Meinung der Hauptstadt. Im September und Oktober erlebte Wien die Endphase der Revolution, mit Barrikaden und Angriffen auf die Obrigkeit, was die zerbrechliche Macht der legitimen Regierung über den Haufen warf: Hunderte Studenten, Arbeiter und Handwerker, zusammengeschlossen in demokratischen Vereinen, eroberten das Rathaus. Die Antwort von General Windischgrätz auf die Erhebung und auf den Lynchmord an Kriegsminister Graf Theodor Latour ließen den Aufständischen keinen Ausweg. Am 6. Oktober wurde die Stadt durch das Militär mit einem Blutbad zurückerobert, das 2.000 Zivilpersonen und 189 Soldaten das Leben kostete. Vor der Belagerung Wiens hatte die Regierung die Abgeordneten gezwungen, die Stadt zu verlassen und in Kremsier (Kroměříž) zu tagen, einer mährischen Stadt unweit von Olmütz (Olomouc), wohin auch der Hof geflohen war. Am 22. November, im erdrückenden politischen Klima der „Wiener Oktoberrevolution", nahm der Reichstag seine Sitzungen wieder auf, um die Verfassung fertigzustellen.

Die Aufgabe wurde von einem Verfassungsausschuss in Angriff genommen, in dem Delegierte aus allen Teilen des Reiches saßen, mit Ausnahme des ungarischen und des lombardo-venetischen. Die Protokolle der Sitzungen zeugen noch heute von der hochherzigen Bemühung, die Teile des kaiserlichen Mosaiks wieder zusammenzufügen. Wie wir bei der Betrachtung des berühmten *Briefes nach Frankfurt* von František Palacký sahen, war zu den traditionellen Dualismen des Vormärz – Kaiser und Stände, Reich und Territorien – das revolutionäre Bild eines Reichs der Völker hinzugetreten, die forderten, das Prinzip der gegenseitigen Gleichheit im positiven Recht zu verankern. Doch da die Völker des Reichs vor 1848 kein Haus für sich gehabt hatten – die historischen Kronländer setzten sich aus den unterschiedlichsten Ethnien zusammen –, musste man eines erfinden. Im Verfassungsausschuss schlug Palacký vor, das österreichisch-ungarische Territorium folgendermaßen nach Ethnien zu gliedern: österreichisch-deutsche Lande, böhmische, polnische, illyrische, italienische, südslawische, magyarische und walachische (rumänische) Lande. Der slowenische Abgeordnete Kaučič schlug in Anlehnung an den panslawischen Kongress in Prag eine kleinflächigere Unterteilung in 14 Einheiten vor, darunter natürlich ein vereinigtes Slowenien, das italienische Südtirol, Dalmatien und das adriatische Küstenland, unterschieden in kroatische und italienische Gebiete[32].

Innerhalb des Ausschusses waren es gewöhnlich die Slawen, die die Auflösung der Kronländer und ihre Neufestlegung nach ethno-linguistischen Kriterien forderten. Nicht alle Abgeordneten waren mit einer so radikalen Lösung einverstanden: Einige schlugen vor, im Rahmen der historischen Reiche liberale Regierungsformen (nach dem Muster der Aprilgesetze in Ungarn) einzuführen; andere empfahlen als Reaktion auf die Uniformität des Regierungsstils des Vormärz, dass Gemeinden, Landtage und Bürgervereinigungen die autonome Exekutivgewalt erhalten sollten, die bisher von den Hunderten, in den Randgebieten des Habsburgreichs verstreuten Staatsbeamten ausgeübt worden war[33].

Diese Perspektiven ließen drei mögliche Antworten zu, wie die Beziehungen zwischen den Territorien und dem Reich insgesamt geregelt werden konnten. Sie fanden provisorisch Eingang in den *Kremsier Entwurf*, eine mühsame aber faszinierende Synthese aller drei: Die Position Palackýs und der Slowenen, die, obwohl sie zwischen der Anerkennung der historischen Rechte der Territorien und einem ethno-linguistischen Kriterium schwankten, auf letzterem bestanden, um eine Neuaufteilung des Imperiums zu erreichen; die mehrheitliche Meinung der „föderalistischen" tschechischen Delegierten, die auf größere Autonomie der historischen Königreiche (Böhmen, Ungarn und Galizien) pochten, die in ihren angestammten Grenzen erhalten werden sollten; schließlich die von den deutschen Liberalen vertretene Option, die eine zentralistische Perspektive des österreichischen Staates mit der Anerkennung von Bereichen der Verwaltungsautonomie in den Kreisen innerhalb der einzelnen Territorien kombinierte – ein Mittel, um den Schutz von nationalen Minderheiten zu gewährleisten, ohne die historische Einheit der Territorien aufzubrechen, wie Palacký es wollte.

In dem Text waren wichtige konstitutionelle Garantien bezüglich Meinungsfreiheit, Freiheit der Ausbildung und der Religion der Bürger festgehalten; die Standesunterschiede wurden aufgehoben, die Adelsprädikate und die Beschränkungen im Genuss des Eigentums abgeschafft. Es wurde ein Zweikammersystem eingeführt, bestehend aus einer Volkskammer mit 360 Deputierten, die in allgemeiner freier Wahl von den männlichen Bürgern über 24 gewählt wurden, sofern sie imstande waren, eine Summe an Steuern aufzubringen, die von den Wahlbestimmungen festgesetzt wurde. Die zweite oder Länderkammer bestand aus 115 Deputierten, die sowohl in den Territorien als auch in den Kreisen gewählt wurden. Einige Paragraphen zur Frage der Landtage riefen dazu auf, die Grenzen der kommenden Wahlbezirke mit der größtmöglichen Rücksicht auf die Nationalität der Wähler festzulegen, mit dem Zusatz, dass kaiserliche Provinzen mit „gemischter Nationalität" Schlichtungsorgane einrichten konnten, die diesbezügliche Streitigkeiten ausräumen konnten.

In der Abteilung der Grundrechte führte der *Kremsierer Entwurf* einen Artikel ein – auf den wir noch zurückkommen werden –, der ausdrücklich dem Schutz nationaler Rechte galt:

> Alle Volksstämme des Reiches haben gleiche Rechte. Ein jeder hat das unantastbare Recht auf Unverletzlichkeit und Schutz der eigenen Nationalität im Allgemeinen, der eigenen Sprache im Besonderen. Die Gleichstellung sämtlicher Sprachen in Schulen, Behörden und öffentlichem Leben wird vom Staat garantiert.

Das war eine Norm, die auf originelle und mutige Weise versuchte, die ethnischen Konflikte von 1848 auszuräumen. Gewiss, Spannungen und Polemiken über die Anlage des Textes blieben nicht aus. In einem scharfsinnigen Beitrag zum Verfassungsausschuss bemerkte der Trienter Abgeordnete Simone Turco Turcati, dass die Gleichstellung der Sprachen im italienischsprachigen Tirol sehr wohl beachtet werde, doch das verhindere nicht die materielle Unterlegenheit seiner Mitbürger gegenüber den wohlhabenderen und einflussreicheren deutschen Tirolern. Er empfahl daher, unter die Grundrechte den Passus aufzunehmen, „eine nationale Überlegenheit gleich welcher Art soll es nicht geben"[34], ein Vorschlag, der jedoch von seinen Kollegen abgelehnt wurde. Auch die Abschnitte des Entwurfs, in denen die Bedeutung der Autonomie der Länder in der künftigen Verfassung des Reichs hervorgehoben wurde, ließ Raum für Missverständnisse: Zwischen den Zeilen des Textes war ein Unterschied im Verständnis des Begriffs Autonomie bemerkbar, der für die Deutschen Handlungsfreiheit der Verwaltungsorgane (Gemeinden, Kreise und Provinzen) bedeutete, wo sie sich auch befinden mochten, während er für die Slawen synonym mit Selbstverwaltung in den historischen Territorien war, mit untergründig nationalen Implikationen[35].

Diese Unsicherheiten hatten jedoch nicht die Zeit, zutage zu treten. Nach den Ereignissen der Wiener Oktoberrevolution und mitten im Krieg gegen Ungarn lastete eine Atmosphäre der Rückkehr zur Ordnung über Wien. Man wusste, dass die neue Regierung unter Felix Schwarzenberg (ein nicht nebensächliches Detail: Er war Schwager von General Windischgrätz) seit dem Herbst an einem Text entgegengesetzten Inhalts arbeitete, ohne Kenntnis der Debatten im konstituierenden Reichstag und mit voller Billigung des jungen Kaisers Franz Joseph, der am 2. Dezember 1848 seinem Onkel nachgefolgt war. Die Wende kam, als am Ende der Arbeiten von Kremsier am 3. März 1849 die Parlamentarier ihre Verfassung öffentlich machten. Am folgenden Tag, dem 4. März, konterte die Regierung mit der Publikation eines zweiten Verfassungstextes, der heimlich vom Innenminister Franz von Stadion ausgearbeitet worden war. Als die Parlamentarier protestierten, befahl Schwarzenberg der Gendarmerie kurzerhand, sie zu zerstreuen und die Arbeiten des Parlaments zu unterbinden.

Konterrevolution und „Neoabsolutismus": Die Völker identifizieren

Die Verfassung Stadions wich in einigen zentralen Punkten vom *Kremsierer Entwurf* ab. Die Position des Kaisers wurde durch ein eisernes Vetorecht gegenüber jedem vom Parlament vorgelegten Gesetzesentwurf gestärkt. Aufrecht blieb, das stimmt, die Garantie der gleichen Rechte für alle Nationalitäten, aber es verschwanden die Klauseln zu den Wahlkreisen und zu den Schlichtungsorganen. Ohne diese juristischen Ergänzungen reduzierte sich der Passus mehr auf ein „Kampfmittel der Regierung und recht bald auch des jungen Kaisers" gegen die Ungarn[36]: Das Versprechen auf Gleichbehandlung an die Siebenbürger Schwaben und die Serben, die damals Seite an Seite mit den habsburgischen Truppen gegen die Aufständischen kämpften, gingen genau in diese Richtung. Am 19. Mai 1850 erhielt der inzwischen siebzigjährige und ultrakonservative Kübeck den Auftrag, einen engstens vom Kaiser abhängigen „Reichsrat" zu gründen, der die von der Verfassung vom 4. März vorgesehen Kompetenzen der Minister ablösen sollte. Praktisch kehrte man in die Zeit vor der Revolution zurück: Der Reichsrat wurde eine Art Privatkabinett des Kaisers und „die Minister sahen ihre Kompetenzen erneut beschnitten, sahen sich zu bürokratischen Übungen verurteilt, was ihre Aufgaben auf die Vorlage von Berichten"[37] an den kaiserlichen Rat beschränkte.

Die brüske Kehrtwende in der kaiserlichen Politik fiel zusammen mit der Wiedergewinnung der Herrschaft über Ungarn. Die österreichische Militäroffensive war nach der Eroberung von Buda am 5. Januar 1849 mit wechselndem Glück vorangegangen. Die effektive Stärke der Truppen im Feld war etwa gleich, und im Frühjahr schien ein Sieg der Ungarn unmittelbar bevorzustehen; doch die taktischen Fehler Arthur Görgeys, der statt nach Westen zu marschieren, beschloss, Buda anzugreifen, ließen die Gegenoffensive scheitern. Die Rückeroberung Budas, der letzte Erfolg der Ungarn, bewog die Russen, dem österreichischen Hilfesuchen an den Zaren nachzukommen und 190.000 Mann zur Verstärkung der 176.000 Österreicher zu schicken, die bereits gegen 162.000 Ungarn (plus circa 10.000 Mann Reserve) im Feld standen. Im August kapitulierte Görgey und lieferte sich an den Feind aus, während Kossuth aus dem Land floh, um der Verhaftung zu entgehen. Unter der Anklage des Hochverrats wurden am 6. Oktober dreizehn ungarische Generäle zum Tode verurteilt, am selben Tag, an dem in den Mauern der Festung Pest unter der gleichen Anklage Lajos Batthány hingerichtet wurde, obwohl er als Regierungschef die von Kossuth betriebene Radikalisierung der Konfrontation nicht geteilt hatte.

Wenn die Repression die Ungarn davon überzeugte, dass es von nun an ihre einzige Rettung sein würde, politische Institutionen und nationale Repräsentanzen zu haben, zeigte der Sieg den Österreichern, dass ihre imperialen Ambitionen vom Besitz eines mächtigen Heeres abhingen[38]. Außer in Sachen Konstitution Terrain abzustecken, suchte Franz Joseph mit seinem „neoabsolutistischen"[39] Projekt sofort eine konkrete und symbolische Verbindung zur Welt des Militärs. Ein wichtiger Schritt in diese Richtung erfolgte, als Franz Joseph im April 1849 die Rolle des Oberbefehlshabers des Heeres übernahm, womit er die des Kriegsministers auf eine simple Verwaltungsfunktion reduzierte. Die engere Verbindung zwischen Kaiser und Armee fand ihren Ausdruck im Hofzeremoniell oder darin, dass der Kaiser ständig Uniform trug. Doch die Aufwertung der militärischen Komponente resultierte aus zwei grundsätzlichen Notwendigkeiten, um die Herausforderungen der Revolution zu bewältigen:

> 1) eine soziologische Ausweitung der Basis der Untertanen und deren symbolische Präsenz im Zentrum der Macht, 2) nationalistischer Zusammenhalt, um in einer Zeit der Vereinheitlichung durch die technische Angleichung staatlicher Strukturen die lokalen Spannungen aufzufangen[40].

Im Übrigen waren die Militärs nicht bereit, einen Schritt zurück zu tun, nachdem sie Österreich zum Sieg verholfen hatten; *de facto* regierten sie durch Verhängung des Belagerungszustands in drei Viertel der kaiserlichen Provinzen, und erst 1852 konnten in Prag und Wien und einige Jahre später in Galizien und Ungarn die zivilen Gouverneure ihre Stellung wieder einnehmen.

Mit der Veröffentlichung des sogenannten „Silvesterpatents" am 31. Dezember 1851 schloss sich der Kreis. Durch drei unterschiedliche Dekrete, die noch den Einfluss Kübecks erkennen ließen, teilte Franz Joseph Schwarzenberg die Zurücknahme der Verfassung mit, obwohl sie nie wirklich zum Tragen gekommen war; davon ausgenommen blieb die Befreiung der Bauern vom Frondienst, die jetzt auch in ganz Ungarn Anwendung finden sollte. Die Kompetenzen der Minister wurden eng an den Kaiser gebunden, der die exklusive Funktion des Reichrats als eine Art Privatkabinett der Krone behandelte. Die versprochene Verfassung verschwand vom Horizont, ebenso wie das Prinzip der nationalen und sprachlichen Gleichheit, zusammen mit den liberalen Justizreformen, die wenige Monate zuvor vom Justizminister Anton von Schmerling erlassen worden waren, der aus diesem Grund sein Amt niederlegte. Das österreichische Zivil- und Strafgesetzbuch wurden sofort auch für Ungarn verbindlich erklärt und die Statuten der Landtage auf unbestimmte Zeit ausgesetzt.

Eine rasche Rückentwicklung hin zum Autoritarismus und die Wiederkehr von fast sakralen Darstellungen des Herrschers bestimmten die ersten Jahre des Neoabsolutismus. Wie Robert Evans schrieb, war Franz Joseph wohl der letzte Monarch Europas, der glaubte, seine Krone „durch die Gnade Gottes"[41] erlangt zu haben. Und im Sinne dieses absoluten Glaubens an seine göttliche Einsetzung betrieb er die Wiederaufnahme der Allianz mit dem Papst, die unter den Schlägen des Josephinismus im 18. Jahrhundert zerbrochen war. Das im Jahr 1855 besiegelte Konkordat, durch das die Kirche die volle Oberhoheit über das Schulwesen erlangte, die Wiedereinführung der Zensur und die rechtliche Autorität über Eheschließungen, war keine einfache Nachgiebigkeit Rom gegenüber: Erneut zur Waffe des kaiserlichen katholischen Universalismus zu greifen, diente auch dazu, den Abstand zum protestantischen Preußen zu markieren und sich vom liberalen Laizismus der Revolutionäre abzugrenzen. Dennoch erschöpfte sich das neoabsolutistische Projekt nicht in der drastischen Rückkehr zur monarchischen Autorität. Wenngleich die Kehrtwende in Österreich härter ausfiel als in anderen europäischen Ländern, reflektierten die von der Regierung Schwarzenberg getroffenen Maßnahmen doch eine Neuordnung der Prioritäten und entsprachen einem breiteren Interessenspektrum, das dynamischer und auf lange Sicht ausgelegt war[42].

Der Versuch, ein neues Reich zu schaffen, das die durch die revolutionären Erhebungen ausgelöste Legitimitätskrise beheben könnte, ging von einem zügigen, sich auf alle deutschen Lande erstreckenden Zentralisierungsprogramm aus. Formal betrachtet und insbesondere, was die Verwaltungsaktivität betrifft, „rückte das Projekt den Aufbauprozess des österreichischen Staates in den Vordergrund und implizit die Affirmation einer breiter angelegten österreichischen Identität"[43]. In gewisser Hinsicht war der Weg zu einer graduellen Angleichung vorgezeichnet: Das gebildete Bürgertum in Zagreb wie in Budapest oder Triest sprach Deutsch; Militär, Handel, Finanzwesen und Verlagswelt waren Sektoren der österreichischen Gesellschaft, in denen das Deutsche vorherrschend war. Folglich konzentrierte sich Schwarzenberg in seinem Vorgehen darauf, die Schwäche der Verbindungen zum deutschen admi-

nistrativen Herzen zu beheben, und nach seinem Tod 1852 wirkte sein Nachfolger als
Innenminister, Alexander von Bach, zehn Jahre lang in die gleiche Richtung. Bach,
ein Mann mit liberaler Vergangenheit aber nunmehr strikt legitimistisch – und dabei
antiungarisch in vollkommener Übereinstimmung mit dem Aristokraten Schwarzenberg – war die graue Eminenz des neoabsolutistischen Projekts. Die Ära Bach, wie
Historiker sie häufig nennen, setzte auf die Möglichkeit, „die historischen Individualitäten der Königreiche und Provinzen" durch die Schaffung eines österreichischen
Gesamtstaats zum Verschwinden zu bringen, „mit einem Volk, das sich voll und ganz
mit ihm identifiziert", jedoch ohne die Merkmale eines modernen Verfassungsstaats[44].

Vorrangiger Zweck des Zentralisierungsprojekts war die Unterwerfung Ungarns.
Man ging in Etappen vor, mit dem Ziel, durch Abschaffung der Zollschranken (1851)
und der Steuerbefreiungen, die das Königreich genossen hatte, die Stephanskrone
wirtschaftlich dem Rest der Monarchie einzugliedern. Um eine akzeptable politische
Integration zu erreichen, wurden die Komitate aufgelöst, neu zugeschnitten und in die
österreichischen Kreishauptmannschaften umgewandelt. Die Einführung der Gendarmerie, einer neuen Polizeieinheit, die die traditionellen Regimenter der Panduren
ablösen sollte, vervollständigte den Prozess der Vernichtung der ungarischen Autonomie. Es kann kein Zweifel bestehen, dass sowohl die „Bachschen Husaren", wie die
österreichischen Beamten zubenannt wurden, als auch der grausame Militärgouver-
neur Haynau die Ungarn an die Schuld ihrer Revolte gemahnen sollten. In gewisser
Weise wurde dieselbe Behandlung den Italienern in Lombardo-Venetien zuteil, die
bis 1854 im Belagerungszustand und vor allem den Rachegelüsten von Feldmarschall
Radetzky ausgesetzt waren, der das Königreich unangefochten regierte, bis der Kaiser
1857 einwilligte, zivile und militärische Aufgaben erneut zu trennen. Die Übernahme
der Regierung in Lombardo-Venetien durch den jüngeren Bruder Franz Josephs,
Erzherzog Maximilian[45], unterbrach die „militaristische" Strömung aus Wien nicht:
In seiner Offenheit für das italienische Element nie von der Regierung unterstützt,
dankte der Erzherzog 1858 ab, dazu gedrängt von der Unnachgiebigkeit der Regierung und von den Demonstrationen in Mailand zum zehnten Jahrestag der Fünf Tage.

Nach Umgestaltung des Verwaltungsapparats richteten sich die Bestrebungen
der Regierung darauf, die Wirtschaft zu fördern. Im Gegensatz zu dem, was Historiker bis vor ein paar Jahrzehnten annahmen, war das Jahrzehnt nach 1848 keine Zeit
der Stagnation. Die Wachstumsquote des Inlandsprodukts, obzwar niedriger als die
der österreichischen Staaten, blieb konstant positiv. Massive Investitionen auf dem
Immobiliensektor trugen zur Erweiterung und baulichen Veränderung der Hauptstadt bei. Die Aufhebung der feudalen Dienstbarkeit trug nicht wesentlich zur Steige-
rung der landwirtschaftlichen Produktion bei, entließ aber auch Kräfte in die Manu-
fakturproduktion. Das Kapital der großen Geschäftsbanken, allen voran die 1855
gegründete Creditanstalt, erlaubte den Bau eines modernen Schienennetzes, das die
großen Städte des Reichs verband[46], und in relativ kurzer Zeit wuchs es von 1.500 auf
insgesamt 4.700 Kilometer an. Wirtschaftsabkommen mit Preußen, die der geschickte

Wirtschaftsminister Ludwig von Bruck abschloss, belebten den Bergbau und führten zu einer zunehmenden Mechanisierung des Textilsektors.

Trotz der Verbesserungen blieb Österreich doch immer ein „Nachzügler" in der europäischen industriellen Revolution, mit hochentwickelten Regionen im Westen und zurückgebliebenen landwirtschaftlichen Gebieten im Osten ohne Verbindungen und Mechanismen des wirtschaftlichen Austauschs. Häufig waren solche ökonomischen Ungleichgewichte verbunden mit ethnischen oder sprachlichen Verwerfungen, die an den Grenzen zwischen den Provinzen verliefen und sie vertieften. All das führte auf die eigentliche Frage zurück, vielleicht die schwierigste des Regierungsprojekts, nämlich die, „festzustellen, ob ihre Völker bereit waren, eine absolutistische Regierung zu billigen und – mehr noch – die Ideologie eines nicht nationalen Staates zu akzeptieren"[47], der, wenigstens auf dem Papier, gleichgültig gegenüber der Heterogenität seiner Völker war. Doch jetzt entkam man diesen Themen nicht. Für einen guten Teil des frühen 19. Jahrhunderts wäre es sinnlos gewesen, die Vielzahl der Sprachen oder der Religionen als Indikator für die Existenz eines multinationalen Reiches zu betrachten[48]: Die Ideen der *nationes hungarica* oder *bohemica*, die solidesten zur Verfügung stehenden, hatten sich nie über die im späten 18. Jahrhundert entworfenen literarischen Formen hinaus entwickelt. Doch die Ereignisse der Revolution hatten diesen kulturellen Pluralismus in einen politischen Begriff der Nation umgedeutet, hatten die Bewohner des Reichs als nationale politische Gemeinschaften „neu erfunden", die sich mit großer Anziehungskraft in Raum und Zeit verbreiten konnten.

Durch die Entwicklung des Reichs hin zu einem multinationalen Gebilde sah sich Schwarzenberg vor ein Problem gestellt, über das er 1846 in Galizien geschrieben hatte, als er über die Ablösung der polnischen Adelsnation von der bäuerlichen Nation nachdachte. Im postrevolutionären Reich war das Problem in groben Zügen dasselbe. In Österreich, schrieb er an Metternich, „konnte man nicht auf eine politisch verwertbare Aristokratie zählen[49], was dazu zwang, sich auf die Bürokratie und das „Eigentum" zu stützen, mit anderen Worten auf bürgerliche Kreise, um die Gefahr der Revolution zu bannen. Andererseits stellte das Fehlen eines österreichischen Volkes an sich, ausgestattet mit einer objektiven, feststehenden, allseits anerkannten ethnischen Identität, unausweichlich ein Element der Schwäche dar. Es knirschte gefährlich im Gebälk des Imperiums, und doch musste es irgendwie neu geordnet werden, wollte man es nicht sich selbst überlassen.

Innerhalb der Regierung machte sich die Überzeugung breit, dass man vor allem erst einmal die nationalen Unterschiede zwischen den Untertanen besser kennenlernen müsse, um sie alsdann so weit wie möglich unschädlich zu machen. Dieser Teil des neoabsolutistischen Projekts führt uns in die Räume der K&K Statistischen Verwaltungskommission in Wien, wo wir einen alten Bekannten wiedertreffen, Carl von Czoernig, den böhmischen Beamten, der seinerzeit der lombardischen Polizei zugeteilt wurde und die Behörde seit 1840 leitet. Nach jahrzehntelanger Arbeit veröffentlicht er zwischen 1855 und 1857 die *Ethnographie der österreichischen Monarchie*, drei dicke Bände, die die ethnische Vielfalt der Monarchie beschreiben und eine überaus detaillierte ethnografische Landkarte erstellen, in der sämtliche österreichisch-ungarischen Provinzen nicht nach ihren historischen Grenzen sondern nach den Sprachen verzeichnet sind, die ihre Bewohner sprechen[50]. Das Unterfangen wurzelt in der Tradition des ethnografischen Denkens des Vormärz, und diese Voraussetzungen sind in den drei Bänden spürbar, nun aber mit verfeinerter Methodik; vor allem aber mit einer explizit politischen und sehr ehrgeizigen Zielsetzung. Die „aus Liebe zum Vaterland" unternommene Arbeit soll Österreichs *Neugestaltung 1848–1858* dienen, so der Titel eines anderen seiner Werke, das so etwas wie ein halboffizielles Propagandamanifest des Neoabsolutismus darstellt.

Die *Ethnografie* zählt nach „streng ethnografischen Prinzipien" sämtliche Sprachgruppen auf, die in den Grenzen des Reiches leben, und beschreibt sie. Bei der Erstellung dieser Liste verwechselt Czoernig keineswegs Nationen und sprachliche Ethnien; vielmehr bemüht er sich, die Drohung, die im ersten Begriff liegen mag, zu entschärfen, indem er ihn durch den zweiten ersetzt, der durch die Wissenschaft geläutert ist, das scheinbar objektive und unvoreingenommene Resultat einer soliden empirischen Untersuchung. Die ethnografische Autopsie des Staates geht aus von der Betrachtung einer ursprünglichen Verbindung der Territorien mit der Dynastie (persönliche Bindung an den Kaiser) und einer rezenteren, die eine Einteilung nicht mehr nach historischen und territorialen sondern nach ethnografischen Kriterien erkennen lässt. So sind die Völker, von denen Czoernig spricht, in erster Linie sprachliche Einheiten, keine Nationen im politischen Sinn; zudem kommen, wie an vielen Stellen des Kommentars ersichtlich, mit dem er die ethnografische Landkarte erläutert, in den gebräuchlichen Sprachen Unterschiede im kulturellen, nicht im ethnischen Prestige zum Ausdruck. Hier tritt in aller Klarheit eine der impliziten Voraussetzungen in der Anlage des Werks hervor, diejenige nämlich, dass es eine Rangfolge unter den „Volksstämmen" gibt, hauptsächlich aufgrund der „Kultur", von intellektuellen Werten also, von Traditionen und Zivilisationsgeschichten. Der Begriff des „Stammes", der bei uns heute eine fast rassistische Bedeutung annimmt, hat hier keinerlei ethnische Implikationen.

In jenen Jahren konnten die Worte „Volk" oder „Stamm" zwei Dinge bezeichnen, eine ethnisch-kulturelle oder eine staatliche Einheit. Wo die beiden jedoch nicht zusammenfielen, wie überall in den habsburgischen Landen, überwog die erste Bedeutung; und in diesem Sinn hatte der *Kremsierer Entwurf* von der Verpflichtung gesprochen, die Gleichheit unter den Volksstämmen oder „Nationalitäten" zu wahren. Die beiden Begriffe waren tatsächlich synonym, gemeint waren aber nicht „Nationen" im politischen Sinn[51]. Überflüssig zu sagen, wie schwierig es war, in der Monarchie eine scharfe Trennlinie zwischen Nationalität und Nation zu ziehen, wo das Gewirr aus verschiedenen gesprochenen oder geschriebenen Idiomen, Erbe früherer Binnenmigrationen, keine festen Grenzen kannte. Doch als Gradmesser der Zivilisation schien die Sprache das am wenigsten schädliche Mittel, um die Unterschiede herauszustellen. Czoernig nahm sich das heikle Thema der Separatismen vor, indem er von oben einen Begriff des Volks[52] erfand, mit dem er darauf abzielte, die im

Reich vorhandenen Zentrifugalkräfte zu „anästhesieren". Diese „nationale" Ideologie, die aufs Engste mit den eben beigelegten politischen Konflikten verbunden war, zirkulierte in anderen Sektoren der Regierungstätigkeit, auch bei Männern, die den bürokratischen Liberalismus eines Bach oder Bruck nicht teilten.

Neben Bach war eine starke Persönlichkeit im Regierungskabinett der Minister für Cultus und Unterricht Leo von Thun, ein konservativer böhmischer Katholik, Angehöriger jener Gruppe unglaublich reicher Adeliger, die von ihren Feinden Feudalherren oder Gaugrafen[53] genannt wurden. Maßgeblich beteiligt an der Ausgestaltung des Konkordats und Wortführer des in der Regierung stark empfundenen Wunsches, die Religion zu einer Stütze des politischen Konservatismus zu machen, gelang es Thun, das gesamte Bildungswesen des Reiches von der Grundschule bis zur Universität zu erneuern, dank einer Gesetzgebung, die teilweise an das preußische System von Wilhelm von Humboldt angelehnt war. Die Reform erlaubte den Volksschulen die Verwendung der Sprache der „Mehrheit der Schüler" (insgesamt waren es schließlich 14 Sprachen), sie bekräftigte die Lehrfreiheit und schränkte die religiösen Einmischungen ein, bestätigte jedoch das Deutsche als vorherrschende Sprache an den Gymnasien und als ausschließliche Sprache an den Universitäten. Unter den universitären Studiengängen tauchten Lehrstühle für Österreichische Geschichte auf, ein Experiment, das seine Fortführung und Erweiterung fand in der Gründung des Instituts für Österreichische Geschichtsforschung in Wien (1854) und der Herausgabe der Österreichischen Geschichtsquellen, der *Fontes rerum austriacarum*.

Die Geschichte des Reichs in nationaler Hinsicht war bis in jene Jahre nicht vorangekommen verglichen mit den vielen patriotisch gesinnten Büchern, die in den Kronländern publiziert wurden. Anders als an der dynamischen Peripherie schien man in der Hauptstadt nicht das Bedürfnis zu verspüren, eine einheitliche österreichische Erinnerung herauszuarbeiten. All das hatte seine Ursache wieder einmal in der Überzeugung, dass die Dynastie und der bürokratische Apparat, beide Ausdruck der deutschen Gruppe, in der Lage sein würden, die territorialen Unterschiede auszugleichen. Doch die Verspätung bei der Erfindung einer deutschen Epopöe für die Monarchie, alles in allem eine leichte Angelegenheit, hatte einen zweiten Grund. In jedem der großen statistisch geprägten Werke, die zu Beginn des Jahrhunderts erschienen, wurde die österreichische Geschichte im Takt der mehr oder weniger starken Herrscherpersönlichkeiten dargestellt. Die Geschichte des Herrscherhauses, von seinen Gründern bis zum gegenwärtigen Kaiser, bildete schließlich eine einheitliche Folie, vor der man die Ereignisse und Persönlichkeiten des Kaisertums Österreich ausstellen konnte. Es handelte sich dabei um eine Rekonstruktion genealogischer Art, nach dem Muster der Adelsbiographien des Ancien Régime und mit ähnlich konservativem politischem Ziel. Wie die klassischen Adelsgenealogien erschien die Machtausübung auf die Aristokratie beschränkt; derart projizierte eine auf biografische Medaillons reduzierte Geschichte die Erfahrung ins Unendliche, dass der Zugang zur Souveränität – wie die Französische Revolution gezeigt hatte – für die Bürger nicht bloß ein utopisches Ideal ist, sondern eine konkrete Möglichkeit.

Viele betrachteten die Einführung des Fachs Österreichische Geschichte und den massenhaften Zustrom von deutschen Universitätsdozenten[54] als ein Zeichen schleichenden Pangermanismus. In Wirklichkeit stellte der „österreichische" Patriotismus, den Thun durch das Studium der Reichgeschichte zu begründen trachtete, seinen historischen Pluralismus nicht in Frage. Genau wie in Czoernigs *Ethnografie* wurde die österreichische Geschichte – Hinweis auf aufgetretene Schwierigkeiten oder in gewisser Weise notgedrungene Wahl – mit der Geschichte eines Kulturstaats verglichen, die sich nicht auf eine nationale Angelegenheit reduzieren ließ; und die Förderung der Reichsgeschichte an Schulen und Universitäten verhinderte nicht, dass in der Zeit des Neoabsolutismus Dutzende von ungarischen oder tschechischen „Nationalgeschichten" publiziert wurden, unter anderem im Auftrag des Ministers Thun, der ein leidenschaftlicher Betreiber böhmischer Geschichte war.

Es gibt eine Rede voll rührendem Idealismus, die der mährische Archivar Joseph Chmel 1857 in Wien hielt, in der er die These vertrat, dass die österreichische Geschichte den Auftrag hat, allen zu beweisen, „dass die Menschheit wichtiger ist als die Nationalität"; Österreich, von der göttlichen Vorsehung berufen, „ein Staat des Rechts, der Kultur zu sein", wird im Studium seiner Zivilisation die ihm gehörige, wahre Geschichte finden[55]. Aber Österreich war nicht nur der von Chmel idealisierte Kulturstaat, wenigstens nicht nach Meinung Franz Josephs, der es sich gewiss lieber als Machtstaat vorstellte, bemüht seinen Status als europäische Großmacht zu behaupten. Eine der größten Beschränkungen in den autoritären Modernisierungsbestrebungen der Regierungen Schwarzenberg und Bach bestand in der praktischen Unmöglichkeit für die Regierung, die Außenpolitik zu bestimmen. Die Meinungsverschiedenheiten zwischen Regierung und Reichsrat auf diesem Gebiet waren Anlass für wiederholte Zusammenstöße und für eine Vergrößerung des Haushaltsdefizits. Es war für niemanden ein Geheimnis, dass der Bestand der Regierung letztlich von einem anhaltend freundlichen internationalen Klima abhing[56]. Die diplomatischen Unsicherheiten des Außenministers Buol-Schauenstein im Lauf des Krimkriegs (1853–1855) führten zum Bruch mit dem historischen Verbündeten Russland. Auch ohne Kämpfe bewies die sinnlose Mobilisierung von Truppen an den Ostgrenzen die Unmöglichkeit der Staatsfinanzen, die Kosten eines Krieges zu tragen. Wenige Jahre später endete der Konflikt mit Piemont und dem Frankreich Napoleon III., den Franz Joseph „für unser Land, für unsere Ehre, für unsere Position in Europa"[57] gewollt hatte, in einer schmählichen Niederlage.

Der Verlust der Hälfte Lombardo-Venetiens, der vom Frieden von Villafranca (11. Juli 1859) besiegelt wurde, hatte sofortige Auswirkungen. Während die Absetzung Bachs das neoabsolutistische Experiment beendete, kehrten seine erbittertsten Gegner auf die politische Bühne zurück: der ungarische Adel und die deutsch-österreichischen Liberalen. Das sind die beiden politischen Kräfte, die für die nächsten zwanzig Jahre bestimmend sein werden.

IV Die konstitutionelle Ära: Vom Dualismus zur Krise (1861–1879)

Italienischer Nachkrieg: Schmerling und das erste österreichische Parlament

Durch die Niederlage gegen Piemont war Österreich gezwungen, seine reichste Provinz aufzugeben, und aufgrund einer aufwändigen, vor allem aber ineffizienten Kriegsführung waren die Kassen der Monarchie ständig leer. Um aus der durch den Krieg verursachten finanziellen und politischen Krise herauszufinden, spielte Franz Joseph zwei in sich widersprüchliche Karten aus.

Im Oktober 1860 reformierte ein Diplom die Kompetenzen des Reichsrats. Mit einer zaghaften Konzession an das Prinzip der Repräsentation wurde eine Sektion des Reichrats für Delegierte aus allen österreichisch-ungarischen Landtagen geöffnet – also nicht mehr nur für vom Kaiser ernannte Ratsmitglieder. In dieser Zusammensetzung dominierten im Reichsrat immer noch der Adel, die Kirche und die Handelskammern, das heißt die Kräfte, die auch in den Landtagen vorherrschend waren. Hinzu kommt, dass die Krone sich das Privileg vorbehielt, die Delegierten zu nominieren, diese also ohne vorherige kaiserliche Billigung nicht am Reichsrat teilnehmen konnten. Das Oktoberdiplom ist nie in Kraft getreten. Die Übermacht, die den Magyaren aufgrund ihrer zahlenmäßigen Überlegenheit im Reichsrat zugekommen wäre, löste einen einhelligen Chor des Protests von deutscher und tschechischer Seite aus, die eine Korrektur erzwang[1].

Die Änderungen wurden von der im Dezember angetretenen neuen Regierung unter dem Vorsitz Erzherzog Rainers vorgenommen, der ihre Ausarbeitung Anton von Schmerling übertrug, dem ehemaligen Justizminister in der Regierung Schwarzenberg. Schmerling und seine Mitarbeiter brachten eine Reihe von Änderungen am Oktoberdiplom an, die am 27. Februar 1861 veröffentlicht wurden und daher als *Februarpatent* bekannt sind. Das Patent führte einige Neuerungen in den Kompetenzen des Reichsrats ein, die Franz Joseph mit viel Widerstreben akzeptierte. Obwohl der Reichsrat formal ein von der Regierung getrenntes, beratendes Organ blieb, wurde seine Meinung jetzt doch für sämtliche Angelegenheiten des Reichs bindend. Außerdem änderte sich seine Zusammensetzung radikal: Der Reichsrat bestand aus zwei Kammern, dem Herrenhaus (besetzt mit den Erzherzögen, Erzbischöfen und den volljährigen Söhnen der adeligen Großgrundbesitzer sowie direkt vom Kaiser ernannten Persönlichkeiten) und dem Abgeordnetenhaus, in dem die Delegierten aus den Landtagen saßen.

Die ersten Sitzungen des Parlaments wurden am 15. Mai 1861 eröffnet und fanden in einem Holzbau vor dem Schottentor statt, den man recht und schlecht zusammengezimmert hatte, um den 342 Abgeordneten aus allen Ländern des Reichs Platz zu bieten, einschließlich derjenigen aus den seit kurzem zurückeroberten ungarischen

http://doi.org/10.1515/9783110674965-006

und venetischen Provinzen. Neben den Plenarsitzungen sollte sich ein Engerer Reichsrat um die österreichisch-böhmischen und galizischen Angelegenheiten kümmern.
Aufgrund einiger technischer Tricks verfolgte die von Schmerling[2] erdachte Struktur
zumindest zwei klar erkennbare Ziele: den ungarischen Einfluss zurückzudrängen
und der zweiten Kammer ein sozial homogenes Profil zu verleihen. Das erste Ziel
wurde erreicht, indem man die Gesamtzahl der Abgeordneten eher hoch hielt – gegen
die restriktiven Vorschläge des Außenministers Rechberg –, damit die 17 Landtage
der österreichischen und slawischen Kronländer insgesamt die Macht des Budapester
Parlaments aufwögen. Zur Erreichung des zweiten Ziels entwarfen Schmerling und
seine Berater am Reißbrett einen Zuschnitt der Wahlbezirke, der das deutschsprachige Bürgertum bevorzugte, welches den harten Kern der Unterstützer des Ministerpräsidenten bildete.

Jeder Landtag war in vier „Kurien" aufgeteilt (Großgrundbesitz, Industrie- und
Handelskammern, Städte und Handelsplätze, sowie ländliche Kommunen), die
jeweils gleich viele Abgeordnete stellten. Das aktive und das passive Wahlrecht waren
gebunden an das Steueraufkommen des Familienoberhaupts, so dass es nicht auf
den Adel beschränkt blieb. Aber die Vorteile dieser Öffnung waren nicht gleichmäßig
verteilt; die Kurien der Handelskammern und der Städte erhielten eine proportional
größere Zahl von Abgeordneten als die anderen, und da die Städte das Hauptsied-
lungsgebiet der deutschsprachigen Minderheit waren, stieg deren parlamentarisches
Gewicht unverhältnismäßig. Auch die Verteilung der Sitze bildete die demografischen
Verhältnisse nicht korrekt ab: Prag mit seinen 145.000, vorwiegend tschechischen
Einwohnern schickte zehn Abgeordnete in den Landtag; das durchweg deutsche
Reichenberg (Liberec) hingegen, wo nicht mehr als 19.000 Menschen lebten, hatte
drei Mandate. Insgesamt bestand der böhmische Landtag aus 236 Repräsentanten,
70 waren dem Großgrundbesitz vorbehalten, 87 Städten und Handelskammern und
79 den ländlichen Gemeinden. Um den Abgeordneten einer ländlichen Gemeinde zu
wählen, waren allerdings etwa 49.081 Einwohner nötig, während für die städtischen
Kandidaten durchschnittlich 11.666 Einwohner genügten. Der Gegensatz Stadt-Land
vertiefte sich noch, wenn man berücksichtigt, dass in den Distrikten mit deutscher
Mehrheit ein Paket von 10.000 weniger Wählern genügte als in tschechischen Distrikten. Die seit 1861 gültigen Wahlgesetze sahen keine Proportion zwischen den beiden
in Böhmen vorherrschenden Ethnien vor, so dass nur 79 Exponenten der nationalen
tschechischen Partei im Landtag saßen[3]. Dank ähnlicher Bestimmungen waren die
Deutschen auch in anderen multiethnischen Gebieten wie der Steiermark, Kärnten
und Krain im Verhältnis zu ihrer demografischen Stärke überrepräsentiert.

Das Ergebnis dieser Mechanismen war ein von den 120 Stimmen der deutschen
Liberalen beherrschter Reichsrat, gegenüber den ungefähr sechzig Abgeordneten der
klerikal-konservativen Opposition (auch sie in der Mehrheit Deutsche). Schmerling
war einer „von den Deutschösterreichern aus dem Großbürgertum, die davon überzeugt waren, dass eine aufgeklärte Regierung mit konstitutionellen Prinzipien die verschiedenen Teile des Reichs enger miteinander verknüpfen und in Deutschland eine

starke Politik machen kann"[4]. In seiner zentralistischen Anlage umging das Februar-patent das Nationalitätenproblem, indem es die brennendsten Probleme – Gleichheit der Rechte und der Sprachen – durch eine von Nationalitäten unabhängige Reprä-sentanz im Wiener Parlament in den Hintergrund rückte. In gewissem Sinn sollte sich das historische Erbe der Kronländer innerhalb von moderneren, konstitutionellen Strukturen auflösen, die im Prinzip ethnischen Partikularismen entgegenstanden.

Schmerlings Erwartungen erfüllten sich beim ersten Wahlgang, nicht nur in den von den Deutschösterreichern dominierten Wahlkreisen. Im italienischen Tirol wie in Triest und im adriatischen Küstenland verdrängten liberale Notabeln die alten kon-servativen Gruppierungen und hielten gleichzeitig die Mehrheit der kroatischen und slowenischen Bauern von den Verwaltungsstellen fern – wie das die Deutschen auch in Böhmen machten. Diese ungewöhnliche Plattform quer durch die verschiedenen Sprachgruppen ermöglichte es Schmerling, entscheidende Maßnahmen voranzubrin-gen. Das allgemeine Gesetz über die Kommunen vom 5. März 1862, welches den Erlass von Sonderstatuten für besonders bevölkerungsreiche Städte vorsah, falls sie diese nicht bereits hatten, bestätigte die provisorische Norm, die Minister Stadion 1849 ent-worfen hatte. Den urbanen Zentren mehr Autonomie zu gewähren, war eine Frage des Überlebens für die staatlichen Organe, die nicht geeignet waren, sich kapillar nach unten zu verzweigen, und eine Frage der Kompensation gegenüber der historischen Macht der Länder, seit jeher die Institutionen, die sich am meisten gegen jede Form der Zentralisierung wehrten. Nach 1862 ging die Ernennung der Bürgermeister, die bis dahin durch kaiserlichen Erlass bestimmt wurden, auf die Kommunalräte über, nach einem Kurien- und Zensuswahlrecht ähnlich wie bei den Parlamentswahlen. Erwei-terte Kompetenzen in der Finanzverwaltung, der öffentlichen Sicherheit, im Schul- und Gesundheitswesen wurden den Landtagen entzogen und gingen an die Rathäu-ser über. Vorerst wenigstens waren die Reibungen zwischen städtischer Verwaltung und Landtagen, letztere gewöhnlich Hochburgen der konservativen Parteien, gering. Doch das Prinzip des Verwaltungsdualismus[5], das der Reform zugrunde lag – ein ein-ziger parlamentarischer Pol im Zentrum des Reichs und eine Vielzahl von verstreuten urbanen Einheiten an der Peripherie – barg einige Starrheiten in sich, die schon bald zutage treten sollten.

Viele Fragen, die durch den Abbruch der Verhandlungen von Kremsier und vom neoabsolutistischen Jahrzehnt offengelassen worden waren, traten nun wieder in den Vordergrund. Es schien, als ob die Existenz eines gemeinsamen Reichsrats Österreich von oben eine institutionelle Identität verleihen könnte. Doch dem war nicht so. In Böhmen war die Wahlbeteiligung hoch, obwohl die Anzahl der Depu-tierten (82) im Verhältnis zur Einwohnerzahl des Landes übertrieben war. Im böh-mischen Landtag, dem wichtigsten im Reich, gab es fast ebenso viele Sitze für die liberale Partei (die aufgespalten war in eine „nationale" Strömung und die „alten Liberalen") und für den adeligen Großgrundbesitz; ohne allzu viele Unstimmigkei-ten erkennen zu lassen, legte er Reformprojekte am Februarpatent vor. Im Gegensatz dazu rissen Schmerlings Wahlmechanismen anderswo tiefe Gräben auf. In dem, was vom Königreich Lombardo-Venetien übrigblieb (Mantua und die venetischen Provinzen), empfand man die Weigerung, nach dem Vorbild der Landtage in anderen Territorien eine „nationale Regierung" einzusetzen, wie eine ungerechte Strafmaßnahme. Als Reaktion darauf wurde die Wahl 1863 boykottiert (von 844 Gemeinden gaben nur 420 ihre Stimmen ab, und darunter war keine Provinzhauptstadt). Nicht einmal das Eingreifen der Statthalter, die die Abgeordneten von Amts wegen dem Parlament zuteilten, konnte den Widerstand der Gewählten brechen, die die Ernennung ablehnten und zuhause blieben. Unterdessen schlug auch das Königreich Ungarn den Weg der Obstruktion ein.

Im ungarischen Landtag, der am 2. April 1861 zusammentrat, standen sich auf der einen Seite Konservative und von Ferenc Deák geführte liberale Magnaten gegenüber, die bereit waren, „persönlich" ein Übereinkommen mit dem Kaiser auszuhandeln, auf der anderen Seite die Verfechter der Ideale der Revolution. Die Gruppe um Deák, die die Durchsetzung des Oktoberdiploms gefördert hatte, versuchte, den nationalen Extremismus der Anhänger Kossuths einzudämmen; Verteidigung der traditionellen geografische Aufteilung der Komitate, Unterstützung der Kirchenhierarchie und Ablehnung eines weiter gefassten Repräsentationsprinzips brachten die „alten Konservativen"[6] in die Verhandlungen mit der Regierung ein. In einem Punkt jedoch stimmten „Kossuthianer" und „Oktoberianer" überein: in der Forderung, dass Franz Joseph vor allem die Gültigkeit der Konstitution von 1848 (die Aprilgesetze) anerkannte, als Voraussetzung für jeden künftigen Dialog.

Anfang des Sommers richtete Deák ein Schreiben an den Kaiser, in dem er das Fehlen jeder juristischen Bindung an Österreich erklärte, abgesehen von der persönlichen Treue zur Dynastie. Daher lehne Ungarn jede Einladung zur Teilnahme am Reichsrat oder einem anderen österreichischen Organ entschieden ab: Das Königreich Ungarn könne höchstens, „wenn die Umstände es erforderten, in seiner Eigenschaft als unabhängige Nation in Kontakt zu den konstitutionellen Völkern der Kronländer treten"[7]. Aus entgegengesetzten Gründen griff die magyarische Obstruktion auf den kroatischen *Sabor* über, der sich weigerte, parlamentarische Abordnungen zusammenzustellen, solange die Beziehungen zu Ungarn nicht geklärt waren. Nach langem Zögern entsandte nur der siebenbürgische Landtag seine Delegierten, während die anderen Minderheiten des Reichs, Serben, Slowaken, Rumänen, die keinen Zugang zum Reichsrat hatten, Garantien für ihre nationalen Rechte forderten, die zu erteilen das ungarische Parlament ganz und gar nicht bereit war. In seiner Antwort an die Adresse von Deák unterstrich der Kaiser die Verpflichtung auf eine gemeinsame Politik für all seine Kronländer, wie in der *Pragmatischen Sanktion* von Karl VI. festgelegt. Dieser fast antiquarische Rückgriff auf den Text von 1713 löste eine Welle des Protests aus. Angesichts der Verhärtung des Budapester Landtags ordnete Franz Joseph an, dass alle repräsentativen Einrichtungen des Königreichs aufgelöst werden sollten; die Verhängung des Belagerungszustands, um die Einsetzung einer provisorischen Regierung zu ermöglichen, warf Ungarn mit einem Schlag in die Jahre des Neoabsolutismus zurück.

Schmerling ließ die gesetzgeberische Tätigkeit weiterlaufen, als ob das Parlament auch im Namen der abwesenden Deputierten handelte. Den Konflikt zwischen dem passiven Widerstand Ungarns und der Notwendigkeit weitreichender Reformen löste der Minister häufig mithilfe von Notverordnungen. Andererseits schuf die Existenz eines Teils des Reiches mit parlamentarischem Regime und eines anderen Teils, in dem Militärs und Beamte mit Notverordnungen regierten, eine auf lange Sicht unhaltbare Schieflage. Im Herbst war von der Obstruktion außer dem Parlament auch die untere Verwaltungsebene betroffen, wo die Ungarn sich weigerten, die von der Regierung angebotenen Stellen zu besetzen. Das Ausscheiden Transleithaniens aus dem institutionellen politischen Leben versetzte den Reichsrat in einen Zustand anhaltender Hypernervosität: Aus der Mehrheit der deutschen Abgeordneten spaltete sich die Gruppe der sogenannten „Linksliberalen" ab, die Schmerling vorwarfen, keine harten Maßnahmen zu ergreifen, um die Ungarn zum Erscheinen zu zwingen. Die böhmische Gruppe ihrerseits konstatierte, dass das Parlament mittlerweile nur in einem auf Cisleithanien eingeschränkten Modus funktionierte und zog die Legitimität seiner Entscheidungen in Zweifel.

Die Impasse der parlamentarischen Arbeit hatte nicht zu unterschätzende finanzielle Folgen. Um das Defizit zu reduzieren, legte Finanzminister Plener einen rigiden Einsparungsplan vor, mit dem es zum ersten Mal in der habsburgischen Geschichte gelang, den Staatshaushalt beinah ausgewogen zu halten. Die Einsparungen betrafen vor allem den Etat für das Militär: Die Militärausgaben gingen von 179 Millionen Gulden im Jahr 1861 auf 96 Millionen im Jahr 1865[8] zurück, mit verheerenden Folgen für die Effizienz der Truppen und die Beziehungen zum Hof. Außenpolitik und Kriegführung waren nicht Gegenstand der Parlamentsdebatten, Außenminister Graf Bernhard Rechberg hatte darauf gedrungen, dass sie im *Februarpatent* als ausschließliches Vorrecht des Kaisers festgelegt wurden. Deshalb verursachten die ständigen Etatkürzungen in Regierungskreisen Unmut und Spannungen mit der Militärhierarchie – in anderen Worten zwischen der Hocharistokratie und den Familienangehörigen Franz Josephs, die mehr oder weniger alle militärische Führungspositionen innehatten.

Die konservativen Minister (außer Rechberg, Kriegsminister August Degenfeld-Schonburg), und die zwei ungarischen Minister (Pál Esterházy und Antal Forgách) bewerteten die ungarische Blockadehaltung weniger als innenpolitisches Problem denn als Imageschaden der Großmacht Österreich in Europa. Auch Schmerling, seit den Jahren der Revolution ein überzeugter Großdeutscher, war überzeugt, dass es Mission der Habsburger sei, im Deutschen Bund eine maßgebliche Rolle zu spielen. Aber vor allem für Franz Joseph und die militärischen Kreise war die Rückgewinnung des Großmachtstatus ein Ziel geworden, dem jede Vorsicht in der Innenpolitik unterzuordnen war. Nach der Schmach der Niederlage im italienischen Krieg durfte Österreich nicht in Gefahr geraten, seine Stellung in Deutschland einzubüßen

War diese Entscheidung erst einmal gefallen – erklärt John Breuilly –, gab es im Wesentlichen zwei Optionen. Die erste bestand darin, den Dualismus weiterzuführen und dafür zu sorgen, dass der ökonomische und demografische Aufstieg des preußischen Rivalen das bestehende Gleichgewicht nicht störte. Eine eher schwer praktikable Lösung: Preußen wuchs so schnell, dass es ein wichtiger Gravitationspol für die Ökonomien der deutschen Staaten wurde; und je weiter Preußen das österreichische Kaisertum im Wettlauf um die wirtschaftliche Führung zurückließ, umso dringlicher wurde die Frage, wer an der Spitze des Deutschen Bundes stehen solle. Die zweite Option war, dass Österreich die Kraft fand, die 1815 in Wien vereinbarte Ordnung des Deutschen Bunds in günstiger Weise neu zu gestalten.

> Man könnte das die Option Metternich und die Option Schwarzenberg nennen, nach ihren bekanntesten Vertretern in der Zeit 1814–15 und 1848–53; die erste neigte zur Aufrechterhaltung der Allianzen mit den konservativen Mächten bei Fehlen innenpolitischer Reformen, während die zweite mit einer eher unilateralen diplomatischen Linie und einem Reformprogramm im Inneren verbunden war, das die ökonomische Entwicklung fördern und die Zentralregierung stärken sollte[9].

Tatsache ist, dass die österreichische Politik nach 1853 zwischen diesen beiden Möglichkeiten schwankte, ohne klar Position zu beziehen. Die Fürsten des Deutschen Bunds bildeten idealiter zwei große Gruppierungen: die „Großdeutschen" waren Verfechter einer deutschen Nation, die Preußen und Österreich einschloss, aber mit Wien an der Spitze; einige unter diesen – Sachsen, Bayern, Hannover und Württemberg – betrachteten die großdeutsche Lösung auch als eine Rettungsstrategie für die Unabhängigkeit eines „dritten Deutschland", das nicht von den zwei Rivalen auf der deutschen Bühne vereinnahmt war. Die Staaten, welche die Lösung eines Bunds mit wenigen Mitgliedern und abgelöst von Österreich favorisierten, sahen in Preußen den natürlichen Führer der sogenannten „Kleindeutschen". Das Kräfteverhältnis zwischen den beiden Gruppierungen blieb ziemlich ausgewogen, jedenfalls bis ins Jahr 1862, als der König von Preußen Wilhelm I. den Botschafter in Paris, Otto von Bismarck, zum Ministerpräsidenten berief.

Mit seiner Ernennung erfuhr die preußische Außenpolitik eine brüske Kehrtwendung in antihabsburgischem Sinn. Im Gegensatz zu den unentschlossenen österreichischen Ministern drängte Bismarck darauf, Deutschland so bald wie möglich in zwei unterschiedliche Einflusssphären aufzuteilen, eine preußische und eine österreichische. Mit diesem strikt realpolitischen Ziel, für das die nationale deutsche Romantik nur schmückendes Beiwerk war, hinderte der Kanzler Wilhelm I. daran, an der Versammlung der Fürsten des Bunds teilzunehmen, die Franz Joseph 1863 in Frankfurt einberufen hatte. Die Abwesenheit des Königs von Preußen ließ die vom österreichischen Kaiser befürworteten Reformvorschläge scheitern, sie wurden vertagt auf ein nächstes Plenartreffen, von dem keiner recht wusste, wann es stattfinden sollte. Der zweite Schritt in Bismarcks Strategie war, Österreich in die „lästige Affäre Schleswig Holstein"[10] hineinzuziehen. Die beiden Herzogtümer mit deutscher Mehrheit gehörten zum Deutschen Bund und standen unter dänischer Herrschaft. Der Entwurf einer neuen Verfassung, mit der König Christian IX. die Einverleibung

Schleswigs durch Dänemark statuierte, löste eine Welle von negativen Reaktionen aus, die von der deutschen öffentlichen Meinung instrumentalisiert wurden. Mitte Januar 1864 stellten Wien und Berlin im Namen der deutschen Fürsten ein formelles Ultimatum, das den dänischen König aufforderte, die Gültigkeit des fundamentalen Gesetzes aufzuheben.

Im Verlauf des durch die strikte Weigerung Christan IX. ausgelösten Krieges besetzten preußische und österreichische Truppen ohne weiteres die Herzogtümer Schleswig und Holstein. Sobald die Aufteilung beschlossen war, begannen komplexe diplomatische Verhandlungen über die Zukunft der beiden Gebiete. Berlin drängte auf eine dynastische Lösung, die die Einbeziehung der Herzogtümer in den deutschen Zollverein sowie die Errichtung von preußischen Marinebasen an der Nordsee erlauben würde. Wien war natürlich gegen solche Konzessionen, obwohl Minister Rechberg nicht glaubte, dass Preußen die Allianz am Ende aufkündigen würde.

Bereits Anfang 1865 war jedoch klar, dass Bismarck den Krieg wollte. Österreich betrieb die Vorbereitungen zu dem Konflikt in der schlechtestmöglichen Weise. Rechberg wurde von dem ebenso schwachen Alexander Mensdorff-Pouilly abgelöst, mit dem Ergebnis, dass die Außenpolitik weiterhin zwischen der Suche nach Übereinkommen mit Preußen und der Behauptung in Deutschland schwankte. Unterdessen machte die von Franz Joseph vorgebrachte Forderung nach einer weitreichenden Wiederaufrüstungspolitik die Beziehungen zur Regierung, die weiterhin die Militärausgaben reduzierte, immer schwieriger. Unwillig über die Lähmung der parlamentarischen Arbeit, beschloss der Kaiser, den Rücktritt Schmerlings und eines Großteils der Minister zu erzwingen (27. Juli 1865), worauf die Bildung eines neuen Kabinetts unter dem Vorsitz des böhmischen Adeligen Richard Belcredi erfolgte. Die Auflösung des Reichrats führte im September zur Aufhebung des *Februarpatents*, in Erwartung eines neuen Verfassungstextes, der gemeinsam mit Ungarn und Kroatien beschlossen werden sollte.

In einer derartigen Lage voller Unsicherheiten konnte das Habsburgerreich nichts anderes tun, als der diplomatischen Einkreisungstaktik, die Preußen zwischen 1865 und 1866 betrieb, zuzusehen. Bismarcks Manöver fanden ihren Niederschlag in einem Verteidigungs- und Angriffspakt mit Italien (8. April 1866), welcher das savoyische Königreich verpflichtete, Österreich unmittelbar nach der preußischen Kriegserklärung anzugreifen. Der Kaiser der Franzosen, Napoleon III., bestätigte das Abkommen, weil er auf einen sicheren österreichischen Sieg vertraute, der ihm Manövrierfreiheit in den deutschen Rheinprovinzen verschaffen sollte. Der gute Eindruck, den Österreich im deutsch-dänischen Krieg gemacht hatte, bewegte die europäische Diplomatie, auf die Überlegenheit des Heeres von Franz Joseph zu setzen. Obgleich sie wussten, dass es nicht möglich sein würde, die Truppen schnell zu mobilisieren und zu bewegen, waren die österreichischen Politiker hinsichtlich des Ausgangs des Krieges optimistisch. Als im Juni 1866 der Bundestag aufgerufen war, sich für den einen oder den anderen der Kontrahenten zu entscheiden, beschloss die Mehrzahl der Staaten mittlerer Größe (Hannover, Sachsen, Württemberg, Hessen-Kassel,

Hessen-Darmstadt und Bayern) auf der Seite Österreichs zu bleiben, während die kleinen Staaten im Norden Preußens (Oldenburg, Mecklenburg und die Stadtstaaten Hamburg, Lübeck und Bremen) für ein Bündnis mit Wilhelm I. optierten.

Alle Ausgangshypothesen wurden durch die ersten Wochen des Konflikts widerlegt. Trotz der theoretischen zahlenmäßigen Überlegenheit der Österreicher waren sich österreichisches und preußisches Heer ungefähr gleich. Außer den circa 100.000 Mann an der italienischen Front hatte Generalsstabschef Ludwig August von Benedek 175.000 Soldaten zur Verfügung, dazu 32.000 sächsische Rekruten gegenüber 254.000 Preußen. Außerdem konnte das Heer Wilhelm I. auf eine unleugbare waffentechnische Überlegenheit zählen. Schließlich waren da, nicht weniger wichtig, die unterschiedlichen militärischen Fähigkeiten eines Helmuth von Moltke, des preußischen Oberkommandanten, und Benedek: „Ersterer war ein militärisches Genie, ruhig und selbstbewusst; der zweite war ein unentschlossener Pessimist mit wenig Charakter"[11], seine Feldadjutanten, die Feldmarschalle Henikstein und Krismanić, standen ihm an Unfähigkeit in nichts nach.

Der siebenwöchige Krieg (oder für Italien der Dritte Unabhängigkeitskrieg) begann am 18. Juni mit einem vehementen Angriff der Preußen in Böhmen und der Piemontesen in der Poebene. Gegen die italienischen Truppen erzielte die Südarmee unter dem Kommando von Erzherzog Albert am 24. Juni bei Custoza einen entscheidenden Sieg, gefolgt von einem sensationellen Seesieg unter Vizeadmiral Tegethoff, der die überlegene italienische Flotte am 20. Juli in der Nähe der dalmatischen Stadt Lissa vernichtete. Der Krieg der Nordarmee nahm einen genau umgekehrten Verlauf: eine erste Niederlage bei Gitschin, die überstürzte Flucht Benedeks nach Mähren, dann die wenig durchdachte Entscheidung, die Preußen bei Königgrätz (Sadowa) anzugreifen in einer Feldschlacht, die den Österreichern den Verlust von 1.313 Offizieren und 41.499 Männern einbrachte, gegenüber 359 Offizieren und 8.794 einfachen Soldaten auf preußischer Seite. Die katastrophale Niederlage von Königgrätz beendete den Krieg, trotz einiger Nachhutgefechte in Italien. Schon wenige Tage später bot Franz Joseph über französische Vermittlung dem Königreich Italien Venetien und das westliche Friaul an, ermuntert von der Zusicherung Bismarcks, auf weitere Territorialabtretungen zu verzichten. Das, was viele in Deutschland als blutigen Bürgerkrieg betrachteten, wurde mit dem Frieden von Prag (23. August 1866) abgeschlossen, dessen Klauseln den Verlust der italienischen Provinzen und vor allem das Ende jeden föderativen Bandes unter den deutschen Saaten besiegelten. Preußen erhielt eine Entschädigung für die Kriegskosten, verleibte sich die Territorien von Hannover, Hessen-Kassel, Frankfurt und die dänischen Herzogtümer ein, die im neuen Nordbund organisiert waren und dem militärischen Kommando Preußens unterstanden. An diesem Punkt verschwand das österreichische Kaiserreich endgültig vom deutschen politischen Horizont.

Preußischer Nachkrieg: Der Ausgleich mit Ungarn

„Eine Welt stürzt!" soll der Kardinal Staatssekretär Giacomo Antonelli geschrieben haben, als er die Nachricht von der Schlacht bei Königgrätz erhielt[12]. Der Kommentar hatte einen konfessionellen Hintergrund, den Sieg des protestantischen Teils Europas über das habsburgische Bollwerk des Katholizismus. Aber der Krieg mit Preußen bedeutete tatsächlich den Untergang des österreichischen Kaiserstaats, wie er in der ersten Hälfte des Jahrhunderts errichtet worden war. Zwischen 1859 und 1866 verschoben sich die bisherigen ethnischen Gleichgewichte. Venetien und die Lombardei waren für immer verloren, dadurch wurden die Italiener von der dritten Nationalität im Reich zu einer verschwindenden Minderheit, die etwa zwei Prozent der österreichischen Untertanen darstellte. Wenn die Italiener mit einem Schlag aufgehört hatten, eine *master nation*[13] zu sein, so steckte ihr Niedergang in gewisser Weise auch die im Habsburgerreich lebenden Deutschen an. Aus dem Bund ausgeschlossen, blieben sie, was Reichtum, politisches und kulturelles Prestige anging, zwar weiterhin die dominante ethnische Gruppe, aber ihre demografische Überlegenheit war gegenüber den Slawen nur noch relativ – die waren zusammengenommen doppelt so viele wie sie –, und tatsächlich waren sie ebenso viele wie die Magyaren, die zweite *master nation*, die die Tragweite der durch 1866 ausgelösten Veränderungen sofort begriff.

Unmittelbar nach Königgrätz zeichnet einer der engsten Mitarbeiter Deáks, József Eötvös, in seinem Tagebuch die Entwicklungen der politischen Situation auf. An seinen Kommentaren lässt sich die Chronik der ungarischen Verabschiedung aus dem Reich verfolgen. Am 17. Juli untersucht er die Hypothese, dass die deutschsprachigen Kronländer früher oder später für „Kleindeutschland" optieren und damit den Ungarn die Verantwortung für das Reich überlassen werden; am 5. August schreibt er, dass die Gründung eines neuen Staats nur mithilfe der Ungarn möglich sei, da die Dynastie jeden Einfluss in Deutschland und Italien verloren habe. „Österreich hat aufgehört in seiner alten Form zu existieren", bemerkt Eötvös nach dem Frieden von Prag: An seiner Stelle steht ein anderer Staat, und das kann nur Ungarn sein, eine durch eine jahrhundertelange Geschichte geprägte Nation, die nur die habsburgische Unterdrückung von ihrer Bestimmung ferngehalten hat[14]. Zu den Plänen der Magyaren gesellen sich einige liberale Strömungen, die für ein rein deutsches Österreich eintreten, oder, im Gegenteil, die am 25. Juli 1866, dem Tag des österreichisch-preußischen Waffenstillstands, von einer Konferenz der Slawen Österreichs – Böhmen, Mähren, Kroaten und Polen – vorgetragene föderalistische Lösung, die eine Aufteilung des Reichs in fünf Gruppen „historischer Nationen" vorschlagen: die Deutschen der alpinen Erbländer und der Donauregionen, die Wenzelskrone und die Stephanskrone, Galizien, Bukowina und die Südslawen.

In Wirklichkeit ging das Scheitern des Projekts eines einheitlichen Reichs, sei es in der Bachschen neoabsolutistischen Variante, sei in der „konstitutionellen" Fassung des Februarpatents, bis auf vor dem Krieg zurück, auf die Zeit der ersten Scharmützel in der Dänemarkkrise. Schon im Dezember 1864 hatten einige Gesandte

Franz Josephs zu erörtern begonnen, wie man aus der Falle des Absentismus herausfinden könne, beispielsweise indem man die wichtigsten Punkte der Aprilgesetze mit einigen Abänderungen heranzog. Die Verhandlungen hatten das ganze Jahr 1865 über gedauert, stets ohne Wissen des Reichsrats, mit einigen entscheidenden Etappen: der Rücktritt Schmerlings, die Ernennung Belcredis zum Regierungschef, im Sommer der Besuch Franz Josephs in Budapest, im Zuge dessen er zugestimmt hatte, dass Siebenbürgen unter ungarische Kontrolle zurückkehrte. Die Wiedereröffnung des Budapester Parlaments am 14. Dezember setzte intensivere Verhandlungen in Gang: Wien vertraute auf einen Sieg über Preußen, um von einer besseren Basis aus verhandeln zu können, während die ungarischen Unterhändler sich vom gegenteiligen Fall eine Verbesserung ihrer Position versprachen.

Die Niederlage zeigte, dass die Krone höchstens auf eine Einigung zu den von Ungarn gestellten Bedingungen zählen konnte, nämlich „in erster Linie die Anerkennung eines ungarischen Verfassungsstaats, zumindest gleichrangig mit den anderen habsburgischen Territorien"[15]. Nach Königgrätz agierten die ungarischen Unterhändler, Deák und der im Februar 1867 ernannte Regierungschef Gyula Andrássy, aus einer Position der Stärke heraus. Nachdem die Reste des Schmerlingschen Zentralismus ausgeräumt waren, kam die Unterstützung für Franz Joseph spontan: „Ich weiß nicht", erklärt Deák in einer berühmten politischen Rede,

> ob es jemanden gibt, der die Auflösung der Monarchie wünscht, aber wenn es ihn gibt, wäre es nicht in unserem Interesse, dass er das wünscht. [...] Wir wären bloßes Baumaterial, das für andere Bauwerke wiederverwendet wird[16].

Die ausdrückliche Distanzierung der Liberalen von den Verfechtern der Unabhängigkeit um Kossuth, der aus dem Exil jede Annäherung an Wien verdammte, räumte die letzten Hindernisse aus dem Weg. Im Oktober 1866 ernannte Franz Joseph Friedrich Ferdinand von Beust zum Außenminister. Beust war Sachse und der Kaiser wollte ihn an dieser Stelle, gerade weil er von außen kam. Damit war ein für alle Mal der bilaterale Charakter der Abkommen zwischen der Dynastie und dem Königreich Ungarn besiegelt. Nachdem Beust Belcredi als Ministerpräsidenten abgelöst hatte, brachte er ein Gesetzespaket auf den Weg, das im Spätfrühling 1867 von der Mehrheit des ungarischen Parlaments verabschiedet wurde.

Darunter ist das „Ausgleichsgesetz" (oder Gesetz XII von 1867), das die Trennung des Reichs in zwei unabhängige Teile definiert: das Königreich Ungarn und die anderen Kronländer. Anstelle eines einheitlichen Kaisertums gibt es nun die Realunion zweier unabhängiger Staaten, über die Franz Joseph in Österreich als Kaiser, in Ungarn als König herrscht. Es handelt sich nicht um eine Föderation oder Konföderation im engeren Sinn: Es gibt keine Struktur oberhalb der beiden Mitgliedsstaaten, aber sie sind auch nicht vollkommen souverän. Der Ausgleich schafft „eine politische Struktur *sui generis*, die es im übertragenen, nicht im eigentlichen Sinn" erlaubt, auch weiterhin vom Habsburgerreich zu sprechen[17]. Auf der einen Seite haben die jeweiligen Regierungen volle Autonomie im Zivil- und Strafrecht, im Schulwesen, im Aufbau der Verwaltung, im Staatsbürgerschaftsrecht und so weiter. Auf der anderen Seite legt der Text fest, dass drei Regierungsbereiche – Fiskus, Außenpolitik, und Kriegswesen – von gemeinsamen Ministerien erledigt werden, die der Kaiser auswählt und die zusammen mit den beiden Regierungschefs, dem ungarischen und dem österreichischen, eine Art Exekutivkomitee der zwei territorialen Einheiten unter Leitung des Außenministers bilden.

Unter die gemeinsamen Angelegenheiten fallen auch die Ausgaben für die drei Ministerien, die durch ein Übereinkommen der beiden Parlamente festgelegt und alle zehn Jahre durch paritätische Delegationen erneuert werden müssen; diese setzen sich aus 60 Repräsentanten jedes Organs zusammen, je 20 aus den Oberhäusern und 40 aus den Unterhäusern; sie treten im jährlichen Wechsel in Wien und in Budapest zusammen. Der zehnjährigen Planung unterliegen Zölle, das Geldsystem und das Eisenbahnnetz, wie auch die Quote für die gemeinsamen Ausgaben, die aus den Zolleinnahmen finanziert werden, in einem Verhältnis von 30% für Ungarn und 70% für Österreich. Die Außenpolitik und alle internationale Abkommen betreffende Angelegenheiten sind Kompetenz des gemeinsamen Ministers, der jedoch gehalten ist, in Abstimmung mit den beiden Regierungen zu handeln. Bezüglich der Militärpolitik legt der Ausgleich fest, dass die Fragen „das gemeinsame Kommando, die innere Organisation des ganzen Heeres betreffend, folglich auch des ungarischen Heeres, insofern es Teil des gesamten Heeres ist, als Prärogative Seiner Majestät zu betrachten sind". Die Aufgabe, die Anzahl der Soldaten, die Ausgaben für Unterbringung und Verpflegung der Truppen festzulegen, wird allerdings wie in der Vergangenheit an das ungarische Parlament delegiert.

Am 8. Juni 1867 wurden Franz Joseph und seine Gemahlin Elisabeth zum König und zur Königin von Ungarn gekrönt, mit einem Zeremoniell, das in gewisser Weise die symbolische Umsetzung des soeben vom Parlament gebilligten Ausgleichs darstellte. Nach acht Jahren des konstitutionellen Experimentierens seit 1860 stabilisierte sich das habsburgische politische System. Man darf nicht vergessen, dass der Staat „diesseits" und der Staat „jenseits", wie einige Juristen die beiden Teile der Monarchie nannten, seit Jahren zutiefst getrennte Wirklichkeiten waren. Der Ausgleich erfand daher den Dualismus nicht, der mindestens seit den Zeiten der *Pragmatischen Sanktion* von 1713 schon bestand; durch ihn wurde lediglich der Status quo bekräftigt, indem ein Überbau von „gemeinsamen Angelegenheiten" geschaffen wurde, die unter der Ägide der Dynastie bearbeitet wurden. Der *point of no return* war die vollendete Parität zwischen Cisleithanien und Transleithanien, was sofort das überaus heikle Problem aufwarf, einen Namen zu finden, den zwei Gebiete sich teilen konnten: eines, in dem ein Kaiser lebte, und eines, das „nur" einem König gehorchte.

Europäischen Beobachtern zufolge ruhte der Ausgleich auf einer zu schwachen Basis: Der britische Gesandte in Wien schrieb, dass nur die vollkommene Harmonie und der allseits empfundene aufrichtige Wunsch, energisch für die allgemeinen Interessen der Monarchie zu arbeiten, einem so neuen und ungewöhnlichen politischen System ein Minimum an Garantie und Erfolg gewähren kann, aber eine derart vollkommene und totale Harmonie wird längerfristig in einem so heterogenen Land wie Österreich schwer zu erreichen oder zu erhalten sein[18].

In erster Linie bestand die Heterogenität im Verhältnis Ungarns zu den restlichen österreichischen Gebieten: Die Frage, ob es seinen Platz künftig „in" oder „neben" Österreich finden werde, stellte sich sofort. Der Historiker Alfred von Arneth, Direktor des Staatsarchivs, wurde von Ministerpräsident Beust beauftragt, abzuwägen, ob man für Cisleithanien offiziell die Bezeichnung „westliche österreichische Gebiete" verwenden könne, Hypothese, die aus naheliegenden Gründen sofort verworfen wurde: Die Reichsteile Galizien und Bukowina lagen auf der Landkarte nicht wirklich im Westen, vor allem aber, bemerkte Arneth, die Bezeichnung „westliche österreichische Gebiete" implizierte, dass es irgendwo eigentliche österreichische Gebiete gäbe, und in Ermangelung von Besserem wäre das das Königreich Ungarn[19].

Beust erfasste das Paradoxe der Angelegenheit und ließ das Thema fallen, doch damit war die Sache nicht erledigt. In einem kaiserlichen Bescheid vom November 1868 teilte Franz Joseph mit, dass man zur Bezeichnung seiner Herrschaftsgebiete von nun an den Ausdruck „*Österreichisch-ungarische Monarchie*" oder alternativ „*Österreichisch-ungarisches Reich*" verwenden solle. Da letztere Bezeichnung den Begriff „Reich" beinhaltete, stieß der Vorschlag auf die kategorische Ablehnung der Ungarn, die sich durchsetzten: Nach 1867 trug kein „gemeinsamer" Minister (mit Ausnahme von Beust bis zu seinem Rücktritt) den Titel „Reichsminister".

Die Erfahrung eines allumfassenden Kaiserreichs war an ihr Ende gelangt, der Ausgleich schuf unter „einem" konstitutionellen Dach ein Königreich, das von allen mit Ungarn identifiziert wurde, und ein heterogenes Ensemble von Provinzen, die, da sie sich offiziell nicht Österreich nennen durften, auf die abstrakte juristische Umschreibung „Im Reichsrat vertretene Königreiche und Länder" zurückgreifen mussten. Die Formel erschien auf allen öffentlichen Schriftstücken (Bekanntmachungen, Parlamentsprotokollen, Verträgen), aber sie war so abstrus, dass man sie im alltäglichen Sprachgebrauch auf das praktischere „Österreich" verkürzte. In dem Bemühen, einen Anschein von Einheit zu wahren, sprachen die konservativen Kreise bei Hof (die Gelb-Schwarzen nach dem Wappen der Habsburger) weiterhin vom Reich, von kaiserlichen Gesetzen, von zwei „Hälften" des Reichs. Auch der Reichsrat behielt seinen Namen bei, obwohl Funktion und Autorität des Parlaments halbiert waren. Aber die ersten Initiativen der Regierung Andrássy, um das ungarische Profil zu schärfen und einem modernen Nationalstaat anzunähern, machten die Realität der Trennung deutlich.

Nach der Eingliederung von Siebenbürgen war das einzige verbliebene ernsthafte Hindernis Kroatien: Andrássy entledigte sich seiner schnell im Herbst 1868, indem er dem Parlament von Zagreb einen internen Ausgleich (genannt *Nagodba*) aufzwang. Das Abkommen legte fest, dass Ungarn und Kroatien-Slawonien „einen einzigen staatlichen Komplex" bildeten. Nach dem Muster des Ausgleichs mit Österreich wurden ungarisch-kroatische und interne kroatische Angelegenheiten getrennt. Wirtschaftspolitik, Kredit- und Geldwesen, Besteuerung – Kroatien behielt 45% der im Land eingenommenen Steuern für sich – waren Dinge, über die gemeinsam beschlossen wurde, und jedes Mal, wenn das Parlament in Budapest in dieser Hinsicht gesetzgeberisch tätig wurde, würde der *Sabor* von Zagreb (Gesetzgebende Versammlung, Einkammersystem) Delegierte dorthin entsenden, um an der Abstimmung teilzunehmen. Alle anderen Fragen – Schule, Religion, Justizverwaltung und öffentliche Ordnung – fielen in die Kompetenz der kroatischen Regierung unter der Leitung des örtlichen Exekutivbeamten, des *Ban*, ernannt vom König auf Empfehlung des Präsidenten des ungarischen Parlaments. Die einzige offizielle Landessprache im Königreich war Kroatisch, die Gebiete der „Militärgrenze" an der Grenze zum Osmanischen Reich und der Hafen von Fiume kamen unter die Kontrolle des Königreichs.

Die Ratifizierung des *Nagodba* verstimmte die Unabhängigkeitsbewegungen und die „Illyristen" (Verfechter eines künftigen Reichs der Südslawen) und löste heftige Polemiken zwischen der Regierung und oppositionellen Gruppen aus. Doch die Loyalisten beherrschten die Politik, und die ungarische Regierung konnte die Proteste ziemlich leicht eindämmen. In denselben Monaten, in denen sie die kroatische Angelegenheit zum Abschluss brachte, nahm die Regierung Andrássy ein Gesetzesvorhaben zu den Nationalitäten wieder auf, an dem im Frühjahr 1866 eine parlamentarische Kommission gearbeitet hatte. Deák war wie immer Wortführer der Gemäßigten und erklärte sich bereit, ein Gesetz auszuarbeiten, das die „nicht-ungarischen Bewohner Ungarns"[20] in ihren nationalen Rechten schützen sollte. In der Tat waren in den ersten Entwürfen des Textes die nationalistischen Passagen gestrichen – zum Beispiel bezüglich der Verbindlichkeit der magyarischen Sprache –, die die Gesetze von 1848/49 geprägt hatten. Korrekturentwürfe im Sinne der Rechte der Minderheiten wurden insbesondere von Slowaken, Serben und Rumänen erarbeitet, mit grundsätzlicher Billigung auf magyarischer Seite.

Als die Arbeiten ihrem Ende entgegengingen, legte die Kommission allerdings zwei gegensätzliche Gesetzesvorhaben vor. Im Text der Mehrheit wurde das Recht der Bürger jeder ethnischen Zugehörigkeit betont, frei ihre Muttersprache zu benutzen und in völliger Autonomie Vereine, Schulen und Kultstätten zu gründen; der Vorschlag der Minderheit hingegen verlangte, dass die fünf ethnischen Minderheiten (Slowaken, Rumänen, Serben, Deutsche und Russen) genauso wie die Magyaren als „Nationen" anerkennt würden, mit den gleichen politischen Rechten und überdies mit völlig neu zugeschnittenen Wahlkreisen, je nach Vorwiegen einer Sprachgruppe. Es war die These, wonach die Minderheiten als „historische Völker" betrachtet werden sollten, was den Landadel sofort aufbrachte, der die Regierungspartei beschuldigte, den nationalen Charakter der Komitate zu zerstören[21]; die Polemiken verzögerten die Ausformulierung des Gesetzes um ein Jahr, und bei Erscheinen trug es die Zeichen der jüngsten Spannungen.

Der endgültige Text bestätigte die Gleichheit der einzelnen Sprachgruppen im Verkehr mit den staatlichen Stellen, den Kirchen und Gemeinden, sowie das Recht, sich zu Vereinen zusammenzuschließen und Schulen zu gründen, „damit die nichtungarischen Einwohner ihre Nationalität frei entfalten können". Diese Rechte wurden jedoch eingeschränkt, denn es wurde festsetzt, dass die Beamten sie anwenden würden, „wenn möglich", und stets mit Rücksicht auf „die Einheit des Landes". Eine lange, von Deák verfasste Vorrede klärt die Implikationen dieser Änderungen:

> Alle Bürger Ungarns bilden nach den Grundsätzen der Verfassung vom politischen Standpunkt aus eine einzige Nation, die unteilbare, einheitliche ungarische Nation, in der jeder Bürger, welcher Nationalität er auch angehört, gleichermaßen Mitglied ist. Diese Gleichheit kann nur in Bezug auf den offiziellen Gebrauch der verschiedenen, im Land gebräuchlichen Sprachen von besonderen Regeln definiert werden, und nur insofern die Einheit des Landes, die praktischen Notwendigkeiten der Regierung und der Verwaltung und einer gerechten Verwaltung der Justiz dies notwendig machen.

Dieser Passus war markant[22]. Als die endgültige Version ins Parlament kam, verließen die rumänischen und serbischen Mitglieder zum Zeichen des Protests den Saal. Seiner juristischen Anlage nach erkannte das Gesetz vom 1. Dezember 1868 „über die Gleichheit der Rechte der Nationalitäten" den sprachlichen Pluralismus des Königreichs an und war bestimmt toleranter als die zwanzig Jahre früher erlassenen Normen. Es konkret zur Anwendung zu bringen, ohne die von der ungarischen Landbevölkerung ausgehenden antiliberalen Tendenzen zu schüren, würde in jedem Fall schwierig sein, wie seine Gegner ahnten. Die heftigen, in Budapest entbrannten Polemiken um den „individuellen" oder „nationalen" Wert gewisser Rechte, erlaubt uns, ähnliche Polemiken gleichen Tenors, wie sie etwas früher in Wien stattgefunden hatten, zu verstehen.

Wir müssen zurückgehen bis ins Jahr 1867, als Franz Joseph den Abgeordneten mitteilt, dass er ein „zufriedenstellendes Abkommen" mit Ungarn erzielt habe und lakonisch den Wunsch äußert, dass „der Reichsrat seine Zustimmung nicht verweigern" möge. Das Repräsentantenhaus, das fest in der Hand der deutschen Liberalen und ihrer italienischen Verbündeten war, ratifizierte den Ausgleich am 21. Dezember, unter Opposition der slowakischen und polnischen „Föderalisten", der Tiroler Konservativen und in Abwesenheit der Tschechen, die aus Protest die Taktik des Boykotts anwandten. Das Paket von sieben Gesetzen, das zusammen mit dem Ausgleich angenommen wird – und von nun an unter dem Namen „Dezemberverfassung" bekannt ist – bildete einen Katalog von wichtigen liberalen Errungenschaften. Den österreichischen Bürgern wurden Versammlungs- und Pressefreiheit garantiert (die Zensur wurde abgeschafft, obwohl präventive Kontrollen von Druckschriften aufrecht blieben), Religionsfreiheit und die freie Ausübung der politischen Rechte unabhängig von der religiösen Konfession. Artikel 17 sah Lehrfreiheit vor, wobei der Religionsunterricht der Kirche dort überlassen bleiben sollte, wo die Aufsicht über die öffentlichen Schulen dem Staat oblag. Der Regulierung der Rechte der einzelnen cisleithanischen Nationalitäten war ein eigener Paragraph gewidmet, Paragraph 19:

> Alle Volksstämme des Staates sind gleichberechtigt, und jeder Volksstamm hat ein unverletzliches Recht auf Wahrung und Pflege seiner Nationalität.

> Die Gleichberechtigung aller landesüblichen Sprachen in Schule, Amt und öffentlichem Leben wird vom Staate anerkannt.

> In den Ländern, in welchen mehrere Volksstämme wohnen, sollen die öffentlichen Unterrichtsanstalten derart eingerichtet sein, dass ohne Anwendung eines Zwanges zur Erlernung einer zweiten Landessprache jeder dieser Volksstämme die erforderlichen Mittel zur Ausbildung in seiner Sprache erhält[23].

Abgesehen von dem Zusatz im letzten Abschnitt, den die Deutsch-Böhmen verlangten, um nicht das Tschechische erlernen zu müssen, nahm Artikel 19 fast wörtlich den *Kremsierer Entwurf* wieder auf. Es war die Vorstellung, ein Mosaik von verschiedenen Nationalitäten anzuerkennen, die –abstrakt betrachtet – alle untereinander gleich waren, könne die Gefahr von Konflikten unter ihnen eindämmen. Die ethnischen und sprachlichen Eigenschaften der Nationalitäten sollten also als Merkmale der Völker dienen, ohne politische Schranken zwischen ihnen aufzurichten – oder jedenfalls war es das, was sich die Verfasser des Gesetzes erwarteten.

Die Ratifizierung dieses Katalogs von Grundrechten war wahrscheinlich der Preis, den Franz Joseph den Ministern der Regierung Beust für die Unterzeichnung des Ausgleichs zahlte. In kürzester Zeit wurde der Artikel über die Gleichheit der nationalen Rechte der „meist zitierte, meist diskutierte und am meisten interpretierte der Dezemberverfassung"[24] – wir kommen noch darauf zurück. Man braucht hier nur an die Schaffung eines Verfassungsgerichts zu denken, des Reichgerichts 1869, und 1875 die eines obersten Verwaltungsgerichtshofs, die in erster Linie eingerichtet wurden, um die Verfahren rund um die Auslegung dieses Textes zu behandeln.

Die Zweifel, die Artikel 19 offen ließ, waren auf einen Blick erkennbar. Eine Frage war die, wie und nach welchen Kriterien das Objekt „Volk" zu definieren sei: Konnte es einen Volksstamm nur innerhalb eines präzisen juristischen Rahmens geben (wie bei den Tschechen der Fall) oder erstreckte die Definition sich auch auf die Ruthenen in Galizien und die Serben in der Vojvodina, die kein historisches Recht hatten, das sie schützte? Eine weitere Frage war die räumliche Verteilung der Bevölkerung, manchmal in kompakten Gruppen (die Deutschen in Österreich, die Italiener in Südtirol), aber fast überall in multiethnischen Gemeinschaften. Die Verteilung betraf die Deutschen in allen Städten der Monarchie, die Italiener an der Adriaküste und die slawische Familie insgesamt. Die juristische Gleichstellung der österreichischen Völker zu deklarieren war im Prinzip so wichtig wie wenig wirksam in der Umsetzung in konkrete Maßnahmen: Wenn sich die zahlenmäßige Größe eines Volksstamms nicht leicht feststellen ließ, wie sollte man da seine „Nationalität und Sprache" schützen?

Es gab auch noch andere Teile des Ausgleichs, die nicht völlig klar waren. Ein eher lebhafter Streit entspann sich zwischen der militärischen Spitze Wiens und der Regierung Andrássy über den Satz, der die Existenz von „ungarischen Armeeeinheiten als Teil der gesamten Streitkräfte" vorsah, mit in Ungarn stationierten Regimentern und Ungarisch als Verkehrssprache. Die Kontroverse zog sich hin bis 1868 (dem Jahr, in dem die Wehrpflicht eingeführt wurde), bis sie durch einen zweiten Kompromiss beigelegt wurde: Deutsch behielt den Rang der Kommandosprache im kaiserlich-königlichen Heer. Transleithanien und Cisleithanien konnten jedoch eigene Streitkräfte aufstellen, die Landwehr in Österreich, *Honvéd* in Ungarn, bestehend aus Infanterie- und Kavallerieeinheiten, in denen die Ortssprache Kommandosprache war. Die beiden nationalen Heere waren den jeweiligen Ministern unterstellt, wie im Übrigen die Parlamente in Wien und Budapest befugt waren, die von Franz Joseph in seiner Eigenschaft als Oberbefehlshaber verlangten Finanzmittel zu bewilligen oder nicht.

Auf dem Gebiet der Außenpolitik dagegen war der parlamentarische Einfluss viel weniger ausgeprägt. Entscheidungen konnten die Einberufung des Kronrats erforderlich machen, an dem die drei gemeinsamen Minister und die beiden Ministerpräsidenten teilnahmen. Aufgrund eines stillschweigenden Übereinkommens gehörten ihm jeweils nur zwei Minister aus derselben Hälfte der Monarchie gleichzeitig an; da der Kriegsminister fast immer ein Österreicher war und der für Finanzen ein Ungar, wechselten sich im Außenministerium die zwei ethnischen Gruppen ab. Doch es ist wenig wahrscheinlich, dass der Kaiser sich je verfassungsmäßig an ihre Meinungen gebunden gefühlt oder sie „als mehr denn Ratschläge"[25] angesehen hätte. Franz Joseph behielt sich stets das Recht vor, den Außenminister zu ernennen oder zu entlassen und betrachtete die Beziehungen der Monarchie zu den anderen europäischen Mächten als seine persönliche Angelegenheit, fast in der Art der Kabinettspolitik des 18. Jahrhunderts. Außerdem waren sämtliche Minister, obwohl sie dem Parlament gegenüber verantwortlich waren, nur dem Kaiser Rechenschaft schuldig und an keine Mehrheitsbeschlüsse gebunden. Rein technisch gesehen konnte die Regierung die Kammern umgehen, indem sie auf den Notverordnungsparagraphen zurückgriff, der im Februarpatent enthalten und auch in die Dezemberverfassung aufgenommen worden war.

Bürgerliche Ministerien

Die Distanz zwischen Österreich und Ungarn stand im Mittelpunkt einer lebhaften Debatte in der Generation von Historikern, die die Agonie und den Zerfall des Habsburgerreichs noch selbst als Zeugen miterlebt hatten. Für Lewis Bernstein Namier (1888–1960), durch seine galizische Herkunft ein Insider dieser Welt, hatte die Doppelmonarchie die nationalen Probleme gelöst, indem sie die Vorhaben der deutsch-magyarischen „dominierenden Rassen"[26] mit stillschweigender Duldung des polnischen Adels begünstigte, ein Zweierabkommen, das die „unterlegenen Rassen"

(Slawen, Rumänen, Ruthenen und Italiener) ihren Beherrschern überließ, die von einer tiefen Abneigung und dem Fehlen gemeinsamer Interessen geprägt waren. Nachdem sie den „dominant nationalities" nachgegeben hatten, sei den Habsburgern nichts anderes übriggeblieben, als machtlos dem Verlauf der Nationalitätenkonflikte zuzusehen. Zu genau gegenteiligen Schlüssen kam Carlile Aylmer Macartney (1895–1978); auch abgesehen von dem unmittelbaren Ziel des Ausgleichs, das heißt, der Versöhnung zwischen den ungarischen Eliten und Wien, gab es für ihn „nicht den geringsten Beweis, dass der Zusammenbruch der Monarchie 1918 von der Unzufriedenheit der ‚unterdrückten Bevölkerungsanteile' herrührte, eine Unzufriedenheit, die es nicht gegeben hätte, wenn die Struktur der Monarchie eine andere gewesen wäre".[27]

Dass der Ausgleich das Vorspiel zur Krise des Kaiserreichs werden würde, hatten schon die großen Verlierer des Abkommens vermutet, die politischen Kreise Tschechiens und Böhmens. Ex-Minister Leo Thun, ein Protagonist der neoabsolutistischen Epoche, wies offen darauf hin, dass der Ausgleich auf zwei widersprüchlichen Prinzipien beruhte: der Einheit des Kaiserreichs und der Souveränität der Staaten. Auf so zerbrechlichen Prämissen gegründet, konnte das System sich nur halten, wenn man einen beiderseitigen Willen zur Versöhnung voraussetzte, ein Wille, der den Magyaren vollkommen abging:

> wie die ungarische Linke ist die Partei Deáks befangen in den Ideen des modernen Konstitutionalismus und versucht sie zugunsten eines nationalen Staates auszunutzen, intolerant nach innen, separatistisch gegenüber dem Kaiserreich, will sie nichts vom Kaiser Österreichs wissen und bedroht das Reich mit dem Auseinanderfallen in zwei völlig getrennte Staaten[28].

Die abschließende Wendung gegen den angeblich separatistischen Willen der Magyaren fand sich häufig in den Schriften der böhmischen Konservativen; aber Thuns Hauptsorge galt den Bemühungen der Männer um Deák, dem ungarischen Königreich ein konstitutionelles Gesicht zu geben. Wie alle nationalen Ideologien des 19. Jahrhunderts kombinierte auch die der ungarischen Liberalen verschiedene Elemente: neben der romantischen Tradition, die die jahrhundertealten ethnischen Merkmale der *natio hungarica* beschwor, gab es Überlegungen, die in der nationalen Idee das Mittel einer raschen Modernisierung des Landes sahen. Diese Spielart des „modernisierenden" nationalen Liberalismus, die zur Zeit der Revolution aufgetaucht war, wurde 1866/67 vom politischen Establishment wieder aufgegriffen. Im Übergang von einem „ständischen Nationalismus" des frühen 19. Jahrhunderts zu einem „ethnisch-liberalen Nationalismus" präsentierte sich die Gruppe um Deák als die passende politische Kraft, attraktiv für eine Zivilgesellschaft, die Reformen ohne den Bruch mit der Vergangenheit wünschte.

Ein zweiter Faktor ist zu beachten: Die Tendenz, die Traditionen des Königreichs zu übernehmen und sie in ein dynamisches Element zu verwandeln, das immer weitere Teile der Gesellschaft erfasste – von den fortschrittlich gesinnten Magnaten bis zum Kleinbürgertum, das sich aus dem Landadel der Komitate entwickelt hatte. In alledem ging der magyarische Nationalismus über die konservativen Vorschläge hinaus, die an einem statischen Bild der österreichischen Gesellschaft festhielten. Gegenüber dem wirkmächtigen „ideologischen Hybrid aus ständischer Nation und französischen republikanischen Ideen"[29], das Ungarn darstellte, entgegneten die Anhänger Thuns (der reaktionärste Teil des Adels und einige Gruppen konservativer Tiroler Katholiken), dass sich am besten nichts änderte.

Ihnen zufolge musste das 1804 als Ensemble von historisch gewachsenen Gebilden entstandene Reich nur seine ursprüngliche Gestalt wiedererlangen, und es war illusorisch, an seine Verwandlung in eine österreichische Nation auch nur zu denken. Österreicher, Ungarn, Tschechen, Galizier und Kroaten konnten sich als Österreicher verstehen, weil sie sich unter dem Schutz der habsburgischen Regierung fühlten – erklärte Fürst Friedrich von Schwarzenberg – „aber sie werden nie mehr Österreicher werden können als ein Tiroler oder ein Andalusier Marokkaner werden kann"[30]. Das *Februarpatent* und der Ausgleich hatten die Abkehr von einer Tradition bedeutet, die man so schnell wie möglich wiedereinsetzen musste.

In der gegen den Ausgleich polemisierenden Publizistik zirkulierte die Idee, dass nur eine starke Dynastie und ein starker Herrscher den österreichischen Pluralismus harmonisieren könne: ein Gemisch von Völkern, nicht von ethnischen oder linguistischen Nationen, und ein Ensemble von Territorien, die aus jahrhundertalten Traditionen hervorgingen und nicht durch juristische Abkommen *ex novo* entworfen waren. Thuns Frontstellung gegen die Verbreitung des „modernen Konstitutionalismus" in Ungarn schloss eine analoge Verdammung der parlamentarischen Strukturen in Österreich mit ein: Der cisleithanische Reichsrat hatte den zweifachen Fehler, eine „nationale" repräsentative Versammlung zu sein, unvereinbar mit dem historischen Föderalismus der Länder, und einer ethnischen Gruppe die Herrschaft über die Gesamtheit der österreichischen Völker einzuräumen. Aber in der Kritik an dem vom Februarpatent gewollten Zentralismus kam auch das Misstrauen gegen die geringste Verschiebung im Machtgefüge zum Ausdruck. Es waren nicht nur die Vorrechte der Landtage, die gefestigt werden mussten; dem fügten die Konservativen die Wiederherstellung der von den Bachschen Gesetzen eingeschränkten Gemeindeautonomie hinzu und die Trennung des Adelsbesitzes von den Demanialgütern – ein ziemlich unverhohlener Plan der Rückkehr zur Situation von vor 1848/49. Die Vorschläge, die zu nichts Konkretem führten, stimmten dennoch mit den Ambitionen der Konservativen überein, die darauf beharrten, die Mosaikteile des Reichs so lang wie möglich voneinander getrennt zu erhalten, in der beharrlichen Weigerung, die Veränderungen in der österreichischen Gesellschaft zur Kenntnis zu nehmen.

Die föderalistische Theorie von den „historischen Territorien" im Gegensatz zur Künstlichkeit der ethnischen „Nationen" hatte ihren Hauptfeind in Ungarn, das mittlerweile fast ein „Reich im Reich"[31] war, geschützt von den Klauseln des Ausgleichs. Das von Thun gewollte Programm einer Föderation aller „historisch-politischen Individualitäten"[32] war eigentlich paradox, weil es sich auf dieselben Motive berief, die von den magyarischen Unterhändlern in den Gesprächen 1865–1867 angeführt worden waren (die gemeinsame Vergangenheit, die Einheitlichkeit der Rechtstraditionen usw.). Der Unterschied bestand jedoch in dem institutionellen Rahmen, in den sie sich einfügen sollten: einerseits der Traum von einem Ensemble von Provinzen unter Führung des Adels mit etwas Koordination von oben, andererseits die Perspektive eines liberalen Nationalstaats wie der, an dem die Urheber des Ausgleichs seit zwanzig Jahren gearbeitet hatten. Der Widerspruch wurde durch den elitären Charakter des ungarischen Liberalismus keineswegs geringer, eine Schicht von Adeligen und Großgrundbesitzern, die demselben sozialen Reservat entstammten wie die tschechischen Konservativen.

Tatsache ist, dass die „Deákisten", wie die Mitglieder der Regierungspartei der Einfachheit halber genannt wurden, von Anfang an für die gesamte ungarische Gruppe einen effizienten Koagulationspunkt darstellten. Trotz des Zweikammersystems und eines kämpferischen politischen Lebens sollte Ungarn bis 1918 ein Adelsstaat bleiben[33]. Aber ein verbreitetes Nationalgefühl, das auf den Erinnerungen von 1848 und auf den von den Österreichern erfahrenen Demütigungen fußte, ermöglichte es den liberalen Politikern, kollektive Zustimmung für die eigenen Aktionen zu gewinnen. Die Verteidigung einer autonomen Regierung für das Königreich fiel in der öffentlichen Meinung mit der Verteidigung der magyarischen Kultur und Identität zusammen. Das war ein objektiver Vorteil, der in der westlichen Hälfte der Monarchie keine Entsprechung hatte. Die Partei von Deák und Andrássy, eine Allianz zwischen „alten Konservativen" und „alten Liberalen", verfügte über zwei Drittel der Sitze in der Repräsentantenkammer und war auch in der Magnatenkammer in der Mehrheit. Die ersten Maßnahmen – außer den Gesetzen zur Nationalität – spiegelten die soziale Physiognomie ihrer Mitglieder wider: Einführung von neuen Straf- und Zivilgesetzen, Einstellung von vom Staat ernannten Offizieren, eine Religionspolitik, die die Vorherrschaft der Kirche eindämmen sollte, das alles kompensiert durch den Erhalt des adeligen Komitatensystems, eine weitere Maßnahme, die den Neid der böhmischen Föderalisten entfesselte.

Den Ausgleich umzusetzen und zu stärken war das oberste Ziel der Regierung. Das geistige Erbe Kossuths, das offen war für den Aufbau eines Reichs aus vielen kleinen, unabhängigen Nationen, wurde als schädlich für die magyarischen Interessen angesehen; da war es wesentlich besser, wie ein Deákist schrieb, „man ging zu den Deutschen nach Wien als zu den Serben in Belgrad". Bei den Wahlen 1869 verlor die Mehrheit rund sechzig Abgeordnete zugunsten der „Tiger" von Kálmán Tisza, einer Mittelinkspartei, die offiziell gegen den Ausgleich war, aber gemäßigter als die radikalen „Kossuthisten". Unterdessen stagnierte jedoch das große, von ausländischen Banken finanzierte Investitionsprogramm wegen der Zinslast der Schulden und wegen der Ausgaben zur Erweiterung des Staatsapparats. Die ersten Vorzeichen der Wirtschaftskrise, die 1873 mit dem Wiener Börsenkrach ausbrechen sollte, überraschte die Regierung ohne ihre besten Männer. Deák hatte sich ins Privatleben zurückgezogen, Eötvös war 1871 gestorben, dem Jahr, in dem Andrássy Ungarn verließ, um den Posten des gemeinsamen Außenministers zu bekleiden. Die Krise der Deákisten, die Tiszas Oppositionspartei an die Regierung hätte bringen und damit die gesamte Materie des Ausgleichs erneut zur Debatte hätte stellen sollen, bewirkte das genaue Gegenteil: Die zwei parlamentarischen Gruppen stimmten für eine Fusion und nahmen den Namen Liberale Partei an, und nach wiederholten Gesprächen mit Franz Joseph wurde Tisza 1875 in der Übergangsregierung von Baron Wenkheim Innenminister.

Das magyarische Identitätsbewusstsein konsolidierte sich und erwies sich als stärker als die internen Konflikte. Bei einem weiteren Wahlgang eroberte die Partei fast die Gesamtheit der Sitze, 366 Sitze gegen 33 der Radikalen (die extreme Linke), 18 der Konservativen, 24 der Siebenbürgersachsen und den zwei serbischen Abgeordneten aus der Vojvodina. So begann eine Ära der Herrschaft der liberalen Partei, die – abgesehen von einem kurzen Intermezzo – in Transleithanien bis zum Fall der Monarchie andauern sollte. Wenn es sich dabei unter teilweise neuer Führung im Wesentlichen um eine Wiederaufnahme der alten Verbindung zwischen der Krone und den Elementen handelte, die in Ungarn zur Zusammenarbeit bereit waren, haben die fünfzehn Jahre, die Tisza ununterbrochen auf der politischen Bühne war, in jedem Fall ihre Spuren hinterlassen[34]. Die ersten Gesetze, die verabschiedet wurden, beschränkten die ohnehin schon sehr niedrige Zahl der zur Wahl Zugelassenen und erlaubten den Parteibürokraten (die sarkastisch „Mamelucken" genannt wurden) eine engmaschige Kontrolle über die Wahlbezirke. Die Erfolge der Liberalen bei den Wahlen garantierten Verlässlichkeit und wenig Einwände seitens der Opposition. Das führte zu einem graduellen Abrücken von einer toleranten Politik in Sachen nationaler Minderheiten. In wenigen Monaten wurde der serbische Jugendverein „Omladina" aufgelöst und Versammlungen der slowakischen Kulturzirkel „Matica Slowenská" verboten. Auch die Gymnasien, in denen der Unterricht auf Slowakisch gehalten wurde, wurden geschlossen: Die Konzessionen bezüglich des Gebrauchs nicht-ungarischer Sprachen, die im Nationalitätengesetz 1868 vorgesehen war, waren bald Makulatur[35].

In der Zeit nach dem Ausgleich behauptete sich auch in Cisleithanien eine politische Kraft liberaler Prägung, die sich als „Verfassungspartei" definierte; sie setzte sich ohne weiteres bei den ersten Wahlen zur Abgeordnetenkammer durch, und Franz Joseph beauftragte sie mit der Regierungsbildung. 1868 erhielt Fürst Carlos Auersperg den Auftrag, eine Regierung zu leiten, die mit Ausnahme einiger weniger Aristokraten aus Ministern bürgerlicher Herkunft bestand – Rechtsanwälten, Angehörigen freier Berufe, Universitätsprofessoren, zum größten Teil aus den deutschsprachigen Wahlkreisen des Königreichs Böhmen stammend und von nun an der harte Kern des österreichischen Liberalismus. Die Regierung, die von der Presse auch Bürgerministerium genannt wurde, konzentrierte ihre Arbeit auf die Umsetzung der Dezemberverfassung. Nach dem Vorbild ihrer ungarischen Kollegen erließen Auerspergs Minister eine Reihe von Verwaltungsstruktur und Justiz betreffenden Gesetzen. Die liberalen Prinzipien der Gewaltenteilung wurden angewandt, indem überall die Amtsgerichte (wo die Beamten gemischte Kompetenzen hatten) durch Bezirkshauptmannschaften ersetzt wurden, die reine Verwaltungsaufgaben hatten, und daneben Bezirksgerichte. Das Polizeiministerium, ein schmähliches Erbe der Restauration, wurde abgeschafft, während das Recht der Richter auf Unabsetzbarkeit garantiert wurde. Eine gesetzgebende Kommission schickte sich an, ein weniger repressives Strafrecht als das geltende auszuarbeiten; 1873 veröffentlicht, enthielt die Neufassung Prinzipien einer Rechtskultur – Öffentlichkeit der Verfahren, Anwesenheit von Geschworenen und eines Verteidigers –, die den Juristen unter Franz I. 1803 als zu gewagt erschienen waren. Als besonders schwierig erwies sich die Umsetzung der Verfassungsprinzipien zur Religionsfreiheit. Die „Maigesetze" von 1868, die der katholischen Kirche schon ein Großteil der im Konkordat eingeräumten Privilegien entzogen hatten, wurden von anderen Dekreten vertieft, die die diplomatischen und finanziellen Beziehungen zu Rom betrafen. Pius IX. bezeichnete diese Zusätze als „zerstörerisch, verabscheuenswürdig und verwerflich", doch die liberalen Minister gewannen ihren parlamentarischen Kampf auch gegen die Abgeordneten des Herrenhauses und konnten Franz Joseph davon überzeugen, das Konkordat 1870 endgültig aufzuheben.

In ihren ersten Monaten war es der Regierung Auersperg ein Leichtes, die Opposition auszuschalten, dank eines in der Ära Schmerling eingeführten Wahlmodus, der in den Wahlkreisen stets die liberalen Kandidaten favorisierte. Und über die Zweckmäßigkeit, das Wahlsystem in dieser Form einzufrieren, waren sich die Männer des Bürgerministeriums mit ihren deákistischen Nachbarn einig. Die Entscheidung, das Zensuswahlrecht nicht unter ein gewisses beträchtliches Einkommen abzusenken, und die totale Verachtung für die von der Arbeiterklasse verlangten Lohnverbesserungen waren zwei Dinge, die die Liberalen dies- und jenseits der Leitha gemeinsam hatten. Doch abgesehen von einer grundsätzlich elitären Einstellung waren das auch schon alle Ähnlichkeiten.

In Vergleich mit der Partei von Deák und Tisza waren die österreichischen Liberalen eine exklusivere und gleichzeitig vielgestaltigere Gruppe. Eine zentrale Stellung hatten darin Großgrundbesitzer wie Auersperg, die in ihrer Denkungsart von ferne an die englischen Whigs erinnerten und zu den Liberalen gestoßen waren, weil sie die konservativen Ideen des Großteils der österreichisch-böhmischen Aristokratie (der „Feudalisten") missbilligten. Der auch zahlenmäßig größte Teil entstammte jedoch dem unternehmerischen und intellektuellen Bürgertum, einer in der Finanzwelt und dem gehobenen Beamtentum verwurzelten Schicht: eine ziemlich kuriose Mischung von Verfechtern eines Wirtschaftsliberalismus und in der Politik eines Etatismus josephinischer Prägung. Als Gegner des adeligen Föderalismus und des regionalen Patriotismus, wie er von den katholischen Konservativen vertreten wurde, sahen die „Bürger" für die Doppelmonarchie keinen anderen Ausweg als eine strikte Zentralisierung der Macht. Die letzte Komponente der Liberalen, vorerst in der Minderheit, kam aus der Schicht der Handwerker oder aus dem niederen Staatsbeamtentum; es handelte sich um Journalisten, Schullehrer und Beamte, die meist in den großen Städten lebten und offen Sympathien für das bismarcksche Deutschland und seinen militanten Nationalismus bekundeten.

Die österreichischen Liberalen waren also eine aus verschiedenen sozialen und ökonomischen Schichten zusammengesetzte Gruppe, aber diese Unterschiedlichkeit – die auch dem ungarischen Liberalismus nicht fremd war – hatte auf politischer Ebene tendenziell gefährliche Implikationen. Die Faszination einer mit ethnischen und linguistischen Motiven aufgeladenen nationalen Ideologie war in dieser Gruppe erkennbar. Im Gegensatz dazu hielten der Adel und die Mehrheit der Bürger im Zentrum an einer Auffassung von deutscher Identität fest, die mehr an den Besitz einiger persönlicher Eigenschaften gekoppelt war – Bildung, Treue zu den konstitutionellen Werten, wirtschaftliche Unabhängigkeit – als an einen objektiven Indikator wie die Sprache. Sicherlich waren das nur oberflächlich betrachtet egalitäre und für alle zugängliche Eigenschaften, aber in der liberalen Rhetorik erlaubten sie Individuen jedes ethnischen Hintergrunds, diese Identität durch einen Prozess der kulturellen Verfeinerung und des ökonomischen Aufstiegs zu erlangen[36].

Wer Deutsch sprach und den höheren Schichten der Gesellschaft angehörte, bevorzugte ein „diffuses" Bild von der Nation[37]: Seine Sprache eröffnete ihm Zugang zu den höheren Ebenen der Verwaltung, zu höfischen Kreisen, zur Presse; sämtliche Offiziere des Heeres, Professoren und Studenten mussten sie beherrschen. Die Deutschen verstanden sich „wenn nicht geradezu als ‚Staatsvolk', so doch wenigstens als staatserhaltendes Element par excellence"[38]. Und da sie aufs engste mit dem Apparat der öffentlichen Verwaltung verbunden waren, der keine Nationalfarbe kennt, wurden Versuche, pangermanische Bewegungen ins Leben zu rufen, von den Liberalen stets mit Verlegenheit zurückgewiesen. Aus demselben Grund betrachteten sie die von den Tschechen (und nicht nur von ihnen) vorgebrachten Forderungen nach sprachlicher Gleichstellung mehr als eine Bedrohung für das Überleben der Monarchie denn als nationalen Anschlag auf die Deutschen. Wenn ihre Überlegenheit ein kulturelles Merkmal war und wenn darin eine Zivilisation zum Ausdruck kam, die sich ausbreiten und andere Völker erobern konnte, welchen Sinn hatte es dann, sie auf ein isoliertes geografisches Gebiet zu beschränken? Wie widersprüchlich diese inklusive Auffassung der deutschen Identität war, zeigt sich, wenn wir die Wahlvorgänge des Wiener Parlaments mit denen der Landtage vergleichen, die in den frühen 1860er Jahren reaktiviert wurden.

Im Abgeordnetenhaus bildeten die Liberalen eine erdrückende Mehrheit, zum Teil dank des Boykotts der tschechischen Deputierten, zum Teil wegen Absprachen mit ihren italienischen und slowenischen Kollegen. Ein noch verlässlicherer Partner waren die polnischen Galizier, die kleinste der *dominant races*, die mit dem Ausgleich entstanden waren. Der polnische Aufstand von 1863, der durch die zaristischen Truppen blutig erstickt wurde, brachte einen Richtungswechsel der *Szlachta* mit sich, die aufhörte, für die Unabhängigkeit zu kämpfen, und die realistischere Perspektive einer autonomen Provinz im Schutz des Habsburgerreichs anstrebte. Zwischen Januar und Juli 1869 rang der polnische Adel im Tausch für seine Unterstützung Wien die Erlaubnis ab, in den schulischen Einrichtungen unterhalb der Universität die eigene Sprache zu verwenden, mit der Begründung, das Ruthenische sei „zu primitiv", um den Schülern unterrichtet zu werden – dasselbe diskriminierende Argument, das Tisza in den jüngsten Gesetzen gegen Slowaken und Serben ins Feld führte. Im Königreich Galizien und Lodomerien wurde Polnisch „interne Sprache" an den weiterführenden Schulen, in Verwaltung und Justiz, was die Entlassung sämtlicher deutscher Beamter *en bloc* zur Folge hatte.

Diese Konzessionen belasteten die Beziehungen zu den anderen Nationalitäten, insbesondere den Tschechen. Wir wissen bereits etwas über deren Reaktion, die die Unterzeichnung des Ausgleichs in den Kreisen der „Feudalisten" auslöste, historisch der Dynastie nahestehende Familien, und wenn wir uns auf den rein sprachlichen Indikator beschränken, ebenso „deutsch" wie die Liberalen. Politisch präsent waren sie hauptsächlich in Süd- und Westböhmen, den Gebieten des adeligen Großgrundbesitzes, während die nördlichen Gebirgsregionen und die Städte, wo der Großteil der Deutsch-Böhmen lebte, fest in Hand der Liberalen waren. Am Beginn der konstitutionellen Ära, als wieder Landtage gewählt wurden, brachte die Abneigung der Adeligen Konservativen und der katholischen Kräfte gegen eine zentralistische Politik sie dazu, sich mit dem gemäßigten Flügel der tschechischen Nationalisten zu verbünden (den politischen Erben von Palacký und seinem Schwiegersohn František Ladislav Rieger). Angesichts der zunehmenden Macht der katholischen tschechischen „Feudalisten" blieb den deutschen Konservativen keine andere Wahl, als sich den Liberalen anzunähern[39].

Die konsistente Mehrheit, die der konservative Block 1867 bei der Landtagswahl erzielte, wurde als eine Art Abrechnung mit den Wiener Liberalen erlebt. Im folgenden Jahr erklärten rund achtzig Deputierte, dem Landtag und dem Parlament fernbleiben zu wollen. In Prag kam es zu gewaltsamen Demonstrationen von Zehntausenden Bürgern, auf die die Regierung mit Verhaftungen und Verhängung des Belagerungszustands reagierte. Franz Joseph befahl die Auflösung der böhmischen Regierung und setzte 1870 Wahlen an, in der – dann enttäuschten – Hoffnung, dass sich die Mehrheitsverhältnisse im Landtag ändern würden. Die böhmische Taktik des Boykotts brachte das Parlament mittlerweile tagtäglich in die Gefahr, das Quorum der Abgeordneten nicht zu erreichen, und an diesem Punkt war Kaiser Franz Joseph gezwungen, Karl Sigmund von Hohenwart zum Ministerpräsidenten zu ernennen, einen Konservativen und typischen Exponenten des hohen Beamtenadels.

Das Kabinett Hohenwart, in dem einige tschechische Minister vertreten waren, setzte es sich zum Ziel, die böhmische Blockadehaltung aufzulösen. Zusammen mit den Konservativen und den Nationalisten von Palacký und Rieger wurde der Text zu achtzehn „Fundamentalartikeln" erarbeitet, die Böhmen (nicht aber Mähren und Schlesien) eine Unabhängigkeit verliehen, die der ungarischen ähnelte: Der Landtag wurde in zwei nationale Kammern geteilt und die Debatten sollten auf Tschechisch und Deutsch geführt werden; Deutschen und Tschechen wurde eine proportionale Besetzung der öffentlichen Ämter zugesichert, um eine durchweg zweisprachige Verwaltung zu erreichen. Wie leicht vorherzusehen, stieß der Entwurf zu den Artikeln auf den Widerstand der gesamten liberalen Partei und der Deutschböhmen, die sich sogar weigerten, sie im Landtag zu diskutieren; doch der ultimative Widerstand kam von Gyula Andrássy. Seit kurzem zum gemeinsamen Außenminister ernannt, wandte er ein, dass ein zweiter Ausgleich die Abkommen von 1867 zunichtemachen würde und die österreichisch-ungarischen Beziehungen auf das Niveau einer dynastischen Union zurückfallen würden. Die befürchtete Sezession Ungarns wenige Monate nach der Proklamation des zweiten deutschen Kaiserreichs war ausschlaggebend und bewegte Franz Joseph, den böhmischen Ausgleich zurückzuziehen[40].

Es war gewiss nicht zum ersten Mal, dass außenpolitisches Kalkül die Innenpolitik der Monarchie bestimmte – und es sollte auch nicht das letzte Mal sein. Doch im Augenblick war das wichtigste Problem die Verschlechterung des politischen Klimas in Cisleithanien. Die Liberalen kamen 1871 wieder an die Regierung, unter Leitung von Adolf Auersperg, dem jüngeren Bruder von Carlos, gestützt auf eine ausreichende Zahl an Abgeordneten, auf den Kaiser und ausgezeichnete Beziehungen zur Industrie- und Finanzwelt. Was die zweite Regierung Auersperg von der ersten unterschied, war die Tendenz der Liberalen, sich nicht mehr als einheitliche Gruppe im Parlament der Hauptstadt und in den Landtagen zu verstehen, sondern verschiedene Tendenzen und persönliche Streitigkeiten aufkommen zu lassen, die nach und nach zur Nichtregierbarkeit führten.

Zum Ausbruch kamen die Differenzen anlässlich der Debatte über die „Grundsatzartikel". Die radikalste Opposition gegen das Gesetzesvorhaben kam von Outsidern der Partei: den Studentenverbindungen, den Handwerkern und den kleinbürgerlichen Intellektuellen aus den Provinzstädten mit beträchtlicher deutscher Minderheit – Prag, Graz, Brünn. Diese Gruppen griffen die sterile und a-nationale politische Identität der Parteioberen an und unterstrichen im Gegensatz dazu die vollkommen deutschen Wurzeln des wahren Liberalismus. In einer auf dem Parteikongress 1870 vorgestellten Resolution betonte die Minderheit, Österreich müsse ein für alle Mal ein nationales Gepräge annehmen, und die Deutschen als seine kulturell und demografisch bedeutendste Gruppe fühlten sich befugt anzunehmen, dieses Gepräge sei ihres. Der Antrag wurde zurückgewiesen, das verhinderte jedoch nicht interne Querelen. Zwei Ereignisse, beide aus dem Jahr 1873, trugen dazu bei, diesen Unstimmigkeiten einen nationalen Anstrich zu geben. Das erste war der Wiener Börsenkrach, der die österreichische Wirtschaft nach Jahren des Wachstums in Panik stürzte. Die Verstrickung einiger herausragender Figuren wie des Innenministers Giskra in Spekulationsgeschäfte legte das Korruptionsgeflecht zwischen Banken und der Parteispitze bloß, die nicht zu Unrecht beschuldigt wurde, sich in eine entschieden antipopuläre politische Kraft verwandelt zu haben.

Die zweite Erschütterung für den Zusammenhalt des Kabinetts Auersperg kam durch die Wahlrechtsreform. Am 2. April 1873 angenommen, entkoppelte sie die Wahlen zum Reichsrat von denen zu den Landtagen, die Wiener Abgeordneten sollten also in einem anderen Wahlgang bestimmt werden als die der Landesparlamente[41]. Das war eine Öffnung im demokratischen Sinn, obwohl eher vorsichtig. Die Einführung der Direktwahl zum Abgeordnetenhaus bedeutete nämlich keine Änderung im

Wahlmodus, der weitgehend auf dem der Landesparlamente beruhte. Es wurde in den vier Kurien gewählt: Großgrundbesitz, Handelskammern, Städte und ländliche Gemeinden. Folglich bestätigten die Wahlen im Herbst nach dem neuen System die liberale Vorherrschaft im Abgeordnetenhaus. Dennoch genügte es, dass die Deputierten direkt gewählt und nicht im Landtag bestimmt wurden, um einen Andrang ohnegleichen an den Wahlurnen auszulösen. Der politische Wettstreit brachte eine Vielzahl von Regierungs- und Oppositionsparteien hervor und die 353 Abgeordneten teilten sich in einer nie dagewesenen Konstellation in verschiedene „Klubs" auf: Wiener Demokraten (5), Deutscher Fortschrittsklub (57), Deutsche Linke (88), Konstitutioneller Großgrundbesitz (54), Ruthenenklub (14, alliiert mit der Deutschen Linken), Rechte oder Zentrum (40, bestehend aus den Konservativen um Hohenwart, deutschen Klerikalen, Südslawen, Tschechen und Mähren), Unabhängige Slowenen und Polenklub (49); 10 Angeordnete gehörten keiner der Formationen an, während die 33 tschechischen Abgeordneten das Parlament weiterhin boykottierten[42].

In der neuen parlamentarischen Landschaft beeindruckten die vielen neuen Gesichter und die nationalen Beinamen, die ein Gutteil der Klubs führte. Für einige unter ihnen, wie die Polen und die Ruthenen, war das eine selbstverständliche Wahl, nicht so für zwei der drei aus der liberalen Verfassungspartei hervorgegangenen Gruppierungen – Klub des Fortschritts und der Linken –, die bisher nicht auf nationale Identität gepocht hatten. Der Fortschrittsklub (oder die „Jungen") warfen der Linken (oder den „Alten") ihre Distanz zu den Wählern vor und die Unempfänglichkeit für die soziale Frage; doch die Forderung, vor allem die deutsche Identität der Partei zu verteidigen, war am Ende der einzige gemeinsame Nenner ihrer Politik.

Die Regierung Auersperg war gezwungen, sich mit den Widersprüchen der Mehrheitspartei zu messen. 1876, beim Herannahen der zehnjährlichen Erneuerung des Ausgleichs, sprach der Fortschrittsklub sich gegen eine Erneuerung des Abkommens aus, wenngleich der linke Block dieses dann durchsetzte. Zum endgültigen Bruch kam es im Hinblick auf die Außenpolitik Andrássys, der im Einverständnis mit den Militärs und Franz Josephs alles daransetzte, die osmanischen Gebiete Bosnien-Herzegowinas unter österreichische Kontrolle zu bringen. Die Angst vor einer unmittelbar bevorstehenden und von Russland begünstigten Unabhängigkeit der slawischen Völker war eine für ungarische Regierungskreise typische Haltung[43]. Als sich die Provinz Bosnien 1875 gegen die Osmanen erhob und Serbien, Montenegro und das Zarenreich mit in den Konflikt hineinzog, schlug Andrássy dem Parlament außergewöhnliche Finanzmittel für die militärische Besetzung Bosnien-Herzegowinas vor. Auf dem Berliner Kongress 1878 erteilten die europäischen Staaten Österreich-Ungarn das Mandat zur Besetzung der beiden Provinzen, obwohl sie nominell noch osmanisch waren. Erneut waren die erbittertsten Gegner einer Ratifizierung des Abkommens die Jungen, aber in den Parlamentsdebatten zerschellte die gesamte liberale Linke. Mit dem Hinweis darauf, dass die Eroberung Bosnien-Herzegowinas die Zahl der Slawen zu Ungunsten der Deutschen vermehren würde, verließ Minister Eduard Herbst die Regierung und ging über zum Fortschrittsklub, zusammen mit einer beträchtlichen Zahl an Unterstützern der nationalen Wende.

So brachte wenige Jahre nach dem Ende der Deákisten 1875 auch die Generation der österreichischen Liberalen einen politischen Zyklus zum Abschluss, der unmittelbar nach der Revolution begonnen hatte. Jedoch mit entgegengesetztem Ergebnis: eine große magyarische Partei in Ungarn, eine irreversible Implosion der deutschen Liberalen in Österreich. Bei den Wahlen 1879 verlor die Partei 49 Abgeordnete und die zahlenmäßige Mehrheit im Parlament. Die Niederlage der Liberalen bewog Franz Joseph, Eduard Taaffe zum Ministerpräsidenten zu ernennen, einen ehemaligen konservativen Minister und Jugendfreund, der mit Erfolg die Rückkehr der Tschechen in den Reichsrat verhandelte.

V Nationalität und Krieg (1879–1918)

Fragte man daher einen Österreicher, was er sei, so konnte er natürlich nicht antworten: Ich bin einer aus den im Reichsrat vertretenen Königreichen und Ländern, die es nicht gibt, – und er zog schon aus diesem Grunde vor, zu sagen: Ich bin ein Pole, Tscheche, Italiener, Friauler, Ladiner, Slowene, Kroate, Serbe, Slowake, Ruthene oder Wallache, und das war der sogenannte Nationalismus.

Robert Musil, *Der Mann ohne Eigenschaften*

Bürger zweier Welten? Ungarn

Nachdem die Einheit des Kaiserreichs durch den Ausgleich keinen Bestand mehr hatte, bewegten sich Österreich und Ungarn in der Doppelmonarchie, als ob ihre Bewohner zwei verschiedenen Ländern angehörten. Mit dem Aufstieg der Liberalen unter Kálmán Tisza gegen Ende der siebziger Jahre stabilisierten sich die politischen Verhältnisse im Inneren Transleithaniens: Weder die gemäßigten Konservativen noch die Unabhängigkeitspartei der Anhänger Kossuths konnten dem eingespielten System von Klientelismus und Korruption, das die Eliten an der Regierung praktizierten, etwas anhaben. Die lange Vorherrschaft der Liberalen bescherte Ungarn eine Zeit ökonomischen Wachstums, was dazu beitrug, den Rückstand im Verhältnis zu den cisleithanischen Provinzen zumindest teilweise zu beheben. Obwohl die Landwirtschaft nach wie vor die tragende Säule der Wirtschaft war, nahm die Beschäftigung in der Industrie beträchtlich zu und ein modernes Eisenbahnnetz verband die wichtigsten Städte des Reichs bis zum Hafen von Fiume, dem ungarischen Wirtschaftsstützpunkt am Mittelmeer. Das Problem der Staatsverschuldung, die sich zwischen 1867 und 1875 verdoppelt hatte, wurde von einer Reihe fähiger Finanzminister gelöst. Gegen Ende der achtziger Jahre floss, angelockt von den guten Investitionsmöglichkeiten. ausländisches, in der Mehrheit deutsches Kapital nach Ungarn.

Diese Phase des Fortschritts kam nicht von ungefähr. Für Ministerpräsident Tisza, Spross des calvinistischen Landadels, war der Übergang des Landes zu einer modernen Ökonomie nur die Kehrseite des politischen Wachstums der magyarischen Nation. Den Liberalen an der Regierung gelang es, den sozialen und ökonomischen Modernisierungsprozess in eine breit angelegte Strategie umzusetzen, die bei weiten Teilen der Bevölkerung Unterstützung fand[1]. In der Tat hielt das Bestreben der Regierung, das Gesetz über die Nationalitäten im Geist der Toleranz zur Anwendung zu bringen, maximal zwei Jahre vor. Nach Schließung der slowakischen und serbischen Jugendvereine kamen die Siebenbürger Rumänen an die Reihe, die sich mit einem Schlag der Autonomie ihrer Rechtsprechung beraubt sahen. Der Plan, die „Bach-Husaren" durch an den Hochschulen des Königreichs ausgebildete Richter und Beamte zu ersetzen, sicherte den gebürtigen oder jüngst assimilierten Magyaren das Monopol in der öffentlichen Verwaltung. Für die Adeligen, die ihre Steuervergünstigungen und die Frondienste ihrer Pachtbauern verloren hatten, boten Posten in der

http://doi.org/10.1515/9783110674965-007

Verwaltung ein unerschöpfliches Reservoir an Einkünften. Außerdem bestand die Hälfte des Landes aus „Nationalitäten, die man im Zaum halten musste. Eine Schar von verlässlichen, magyarischen Magistraten zu erhalten, die sie kontrollierten, war, so hieß es, ein moderater Preis für die nationalen Interessen. Das Problem der verschiedenen Nationalitäten war hochwillkommen, lieferte es doch ein Alibi für die Vermehrung der Privilegien"[2]. Eine drastische Wende kam mit dem Gesetz von 1879, welches das Ungarische an sämtlichen Grundschulen als Pflichtsprache einführte, wobei den Schulen vier Jahre Zeit gelassen wurde, geeignete Lehrer einzustellen, die den Unterricht übernehmen konnten. Ein zweites, 1883 erlassenes Gesetz dehnte den Unterricht auf die weiterführenden Schulen aus, damit die Schüler in die Lage versetzt würden, die ungarische Sprache und auch die ungarische Literatur „adäquat" zu beherrschen.

Die Gesetzgebung für die Schulen bewirkte, dass sich die von nationalen Minderheiten besuchten Institute entvölkerten[3]. Nach ihrer zwangsweisen Schließung in den sechziger Jahren gab es keine slowakischen Gymnasien mehr, und die wenigen Institute, in denen eine andere Sprache als Ungarisch gesprochen wurde (12 von 189, nach dem Statistischen Jahrbuch von 1906/7), überlebten nur in größeren Städten. In den Grundschulen war die Lage mehr oder weniger die gleiche, und natürlich in den Einheiten der *Honved*, die ja entstanden waren, um eine andere Kommandosprache als das Deutsche zu etablieren. Volkszählungen registrierten unterdessen in kaum zehn Jahren, zwischen 1881 und 1890 den Rückgang der Minderheitensprachen; in den 25 Städten Ungarns war die ungarischsprachige Bevölkerung um 29% gestiegen. Budapest, das Mitte des Jahrhunderts zu drei Vierteln deutschsprachig gewesen war, war fünfzig Jahre später zu 79,8% von Menschen bevölkert, die Ungarisch als ihre Muttersprache angaben.

Sich im Ungarn nach dem Ausgleich beide Identitäten offen halten zu wollen, war bisweilen unvorsichtig und im Allgemeinen wenig einträglich. In den Reihen derer, die für die magyarische „Muttersprache" optierten, gab es Bauern, die fürchteten, ihren Pachtvertrag zu verlieren, junge Arbeitslose auf der Jagd nach einer sicheren öffentlichen Anstellung, aber auch Intellektuelle und Angehörige der freien Berufe, darunter sehr viele Juden, die aufrichtig von der magyarischen Kultur fasziniert waren. Zweifellos verfolgte die ungarische Führung das Ziel, den kleineren Nationalitäten Raum zu nehmen; dank eines sehr strengen Zensuswahlsystems, das die besitzenden Klassen in den Städten (Deutsche und Ungarn) begünstigte, kamen im Parlament von Budapest auf 413 Abgeordnete nur acht Rumänen oder Slowaken, und das in einem Land, in dem 54% der Bevölkerung erklärten, Magyarisch zu sprechen[4]. Andererseits war diese plötzliche Magyarisierung nicht überall gleich intensiv und erfasste auch nicht alle sozialen Komponenten Transleithaniens. Erfolgreich war sie in den Städten, die allerdings nur 13% der Gesamtbevölkerung darstellten, während sich in den ländlichen Teilen auch aufgrund unsicherer Finanzlage die Bemühungen um die „Remagyarisierung" von Slowaken und Rumänen immer als Schlag ins Wasser erwiesen[5].

Der Vorwurf gegen die Regierung in Budapest, eine brutale Magyarisierungspolitik zu betreiben, sollte in den folgenden Jahrzehnten unter westlichen Beobachtern ein Allgemeinplatz werden[6]. Dieser Vorwurf, den sich auch viele Historiker zu eigen machten[7], sollte im Gegensatz dazu die tolerante Haltung der österreichischen Politiker unterstreichen. Ein Vergleich zwischen dem ungarischen Gesetzestext von 1868 und Artikel 19 der österreichischen Verfassung ergibt jedoch keine wesentlichen Unterschiede: Beide formulieren ein analoges nationales und sprachliches Gleichheitsprinzip, wobei den Verwaltungsorganen bei der Umsetzung weite Ermessensspielräume gelassen werden. „Mit Verlaub der österreichisch-deutschen Historiker, die über das Thema geschrieben haben, sei es gesagt, der Unterschied bestand nicht in einer nationalen Psychologie: Die Bevölkerung Österreichs, die Deutschen eingeschlossen, waren nicht von Natur aus toleranter als die Magyaren"[8]. Dass so geringer Nachdruck auf ethnische Homogenität gelegt wurde, hing von einigen strukturellen Faktoren ab, in erster Linie vom Gleichgewicht der beiden zahlenmäßig stärksten Nationalitäten und ihrer geografischen Verteilung. Die Slawen, die absolut stärkste Gruppe, waren über viele kleine Siedlungen verstreut, mit Ausnahme des Königreichs Böhmen, eine Ausnahme, die jedoch von den Deutschböhmen bestritten und von ständigen Reibereien zwischen Tschechen, Mähren und Schlesiern unterminiert wurde; die slawische Nationalität konnte historische und sprachliche Grenzen nicht mit der gleichen Leichtigkeit geltend machen wie die Ungarn. Aber auch der Anspruch der Österreichdeutschen, das Staatsvolk der Monarchie zu sein, wurde aus den gleichen Gründen frustriert: Fast wie die Slawen auf alle Ecken und Enden des habsburgischen Territoriums verteilt, fühlten sie sich aufgrund der Identifikation mit dem öffentlichen Verwaltungsapparat oder der Loyalität zur Dynastie anderen Ethnien überlegen, ohne daraus jedoch eine eindeutige Gruppenidentität ableiten zu können.

Nach Meinung der magyarischen Liberalen diente ihr *double-faced* Nationalismus[9] mit einem verbindlichen Gesicht nach außen und einem nach innen gerichteten ethnischen Gesicht dazu, den Modellen an Nationalstaatlichkeit nachzueifern, die rings um Ungarn entstanden waren – Italien 1861 und Deutschland 1870. Im Zusammenhang damit darf man daran erinnern, dass die Abschaffung der grundherrlichen Gerichtsbarkeit und die Einführung der Kreishauptmannschaften in Cisleithanien die zuvor bestehenden Gleichgewichte verschoben hatten; im Gegensatz dazu hatte es in Ungarn keine Neuordnung der überkommenen Struktur der Komitate gegeben. Tisza veröffentlichte 1886 den ehrgeizigen Plan zu einer Reform der Lokalverwaltungen mit dem Ziel, die Macht der Komitate auszuhöhlen: Die Ämter der *föispan*, die den Provinzpräfekturen entsprechen, wurden mit mehr Kompetenzen ausgestattet und mit der Leitung der Städte betraut, zum Nachteil der *alispán*, die von den Komitaten gewählt wurden und deren Rechtsvertreter waren. Nach ihrer Wiedereinsetzung durch das Oktoberpatent verloren die Komitate das Vorrecht eines direkten Zugangs zu den Budapester Institutionen; eine weitere Beschneidung ihrer Vorrechte bedeuteten die staatliche Kontrolle der Justiz und der Aufbau eines neuen Netzes von Verwaltungsgerichten.

Die Komitate verschwanden nicht, wie die slowakischen und rumänischen Leader es gewünscht hätten, in der Hoffnung, dass eine Neuaufteilung der Verwaltungseinheiten ihre Ortschaften zu nationalen Einheiten umgruppieren würde, was im Fall von Wahlen klare Vorteile gebracht hätte. Die strikte Weigerung der Regierung war einer der Gründe, weshalb die transleithanischen Minderheiten in jenen Jahren den Tschechen nacheiferten und mit einem Boykott der Kammer reagierten: 1878 saßen von ihnen sechs Abgeordnete im Budapester Parlament, 1887 nur ein einziger. Im Übrigen passierte das Gesetz nach einer schwierigen Vorbereitungsphase die Kammer im Kreuzfeuer der Proteste der Abgeordneten des Landadels. 1890 eröffnete der neue Ratspräsident Graf Gyula Szapáry den Angriff auf das letzte Bollwerk der Autonomie der Komitate, indem er einen Gesetzentwurf vorlegte, der die Nominierung der *alispán* der Regierung vorbehielt. Die politische Linie war immer noch die von Tisza verfolgte, mit dem Szapáry früher zusammengearbeitet hatte: Die lokale Verwaltung zu einem treuen Verbündeten des Staates machen und den Ministerien die Kontrolle des gesamten Staatsapparats übertragen. *Föispan*, *alispán* und jeder Richter, Polizist oder Bürgermeister mussten natürlich Ungarisch sprechen; doch die eventuelle Magyarisierung der betroffenen Gebiete war sozusagen nur ein Nebeneffekt der zentralistischen Ideologie der liberalen Regierungen[10].

Ursache der Spannungen über die Kommunalpolitik waren die durch die erste Welle der Industrialisierung ausgelösten starken Migrationsbewegungen vom Land in die Städte, die die Abhängigkeit der Städte von den *alispán* der Komitate immer obsoleter erscheinen ließen. Die mangelnde Eignung dieser Provinzbeamten zur Verwaltung großer Städte führte zu der Forderung, die Abgeordneten flächenmäßig anders zu verteilen und damit den Zuschnitt der Wahlbezirke den demografischen Bewegungen anzupassen. In der Tat ging der Widerstand gegen die Maßnahmen nicht so sehr von den nationalen Minderheiten aus, er kam vielmehr aus dem Herzen der ungarischen Provinz, vom Landadel und den Funktionären der Komitate, die durch eine Veränderung der Verwaltungsstruktur den größten Schaden nehmen würden. Der Zentralismus der Regierung schreckte mehr als die Spannungen mit anderen Gruppen. So verschwanden die verwaltungstechnischen und wahlrechtlichen Fragen vom Horizont und wurden oberflächlich ersetzt durch den Konflikt zwischen den Verteidigern der traditionellen magyarischen Nation, dem Landadel, und deren modernen Widersachern in der Hauptstadt. Am Ende siegte der Konservatismus. Trotz der Unterstützung durch die Partei wurde die Idee einer kapillaren Verstaatlichung der Peripherie durch die Attacken der Opposition und einiger interner Strömungen zu Fall gebracht. Nach dem Rücktritt Szapárys 1892 distanzierte sich Innenminister Guyla Andrássy jun. von der Reform der Komitate und erklärte, dass sie nicht zu den vordringlichen Zielen der neuen Regierung gehöre.

Eine Frage der Sprache: Österreich

Dieses Dunkel, in das der eigentliche Zankapfel gehüllt war, findet sich auch in der anderen Hälfte der Doppelmonarchie. Ausschlaggebend waren hier die Verschiebungen des parlamentarischen Gleichgewichts infolge der Ernennung von Eduard von Taaffe zum Ministerpräsidenten. Das Jahr 1879 stellt für die österreichische Innenpolitik eine Zäsur dar. Durch innere Zwistigkeiten geschwächt und nunmehr ohne die Unterstützung des Kaisers, wurden die Liberalen, die Partei des deutschen Bürgertums, von der Regierung ausgeschlossen, nachdem sie sie ganze zwanzig Jahre lang beherrscht hatten. An ihre Stelle trat eine Allianz aus Großgrundbesitzern, angeführt von Graf Hohenwart und aus italienischen, slowenischen und deutschen konservativen Exponenten der Kirche (zusammen bildeten sie den „Hohenwartklub"), zu denen tschechische Nationalisten und böhmische „Feudale" hinzukamen, die bei den Wahlen im Verein mit Slowenen, Kroaten und Ruthenen die Zahl ihrer Sitze praktisch verdoppelt hatten. Der Klub stellte ein Sechstel der Abgeordneten und war eine heterogene Gruppe (von 50 Deputierten waren nur 30 deutschsprachig). Obwohl sie nur über eine sehr knappe Mehrheit verfügten, gelang es Taaffe und Hohenwart, dank der Unterstützung der polnischen Abgeordneten, eine nie dagewesene Allianz zwischen Exponenten des Großgrundbesitzes und deutschen und slawischen Katholiken zu schmieden, die bis 1893 am Ruder bleiben sollte. Die wirkliche Neuheit von Taafes „Eisernem Ring", wie die Zeitungen das Bündnis zubenannten, war einerseits nach sechzehn Jahren eines fruchtlosen Absentismus die Rückkehr der Tschechen ins Parlament, und auf der anderen Seite die Krise, in die die deutschen Liberalen gestürzt waren.

Deren Furcht vor der Anbahnung einer weniger zentralistischen Politik fand ihre Bestätigung in dem Gesetz vom 19. April 1880, das in Böhmen und Mähren separat veröffentlicht wurde und das die Gleichstellung des Deutschen und Tschechischen als Verkehrssprache zwischen Bürgern und staatlichen Stellen vorsah. Im Gegensatz zu Ungarn gab es in Cisleithanien keine offizielle Sprache, aber offiziös diente als Verwaltungssprache das Deutsche. Die Konzessionen, die Taaffe den Tschechen im Austausch für ihre Unterstützung machte, alarmierten die Liberalen im Reichsrat und im böhmischen Landtag. Sollten diese Dispositionen Anwendung finden, hätten die Ämter mit zweisprachigem Verwaltungspersonal ausgestattet werden müssen, mit gravierenden Folgen für die deutschen Beamten, die in der Mehrzahl nie Tschechisch gelernt hatten, da sie es für eine kulturell wertlose Sprache hielten. Vor allem erleichterte die Reform den Tschechen den Zugang zu öffentlichen Ämtern, ausgerechnet dem Sektor der österreichischen Gesellschaft, in dem die heftigsten Ressentiments gegen die Slawen im Zunehmen begriffen waren. Die Reaktionen ließen nicht auf sich warten. Eine Reihe von liberalen Abgeordneten, die sich „Deutscher Klub" nannten, unterschrieben eine Resolution, die im Verlauf einer Zusammenkunft in Linz beschlossen worden war und die sofortige Trennung der deutschsprachigen (77 von 316) von den tschechischen Bezirken forderte; und um gegen das Gesetz über die sprachliche Gleichstellung vorzugehen, legte ein Sympathisant des Klubs in der Abgeordnetenkammer einen Gesetzentwurf vor, der darauf abzielte, das Deutsche als Staatssprache zu etablieren. „Die deutsche Sprache ist bloß geeignet und berufen, deutsche Staatsnationalität und deutschnationalen Staat zu schaffen [...] Für die deutsche Staatssprache ist in Österreich, wie es ist, kein Platz"[11].

Mit dieser peremptorischen Feststellung wandte sich der polnische Konservative Stanisław Madeyski gegen die Versuche, das Aprilgesetz zu kippen. Das war allgemein die Haltung der Regierungsmehrheit, die 1886 durch ein Dekret von Justizminister Pražák den Status des Tschechischen als „amtsinterne" Sprache auf die Appellationsgerichtshöfe in Prag und Brünn ausweitete. Nun waren die Kontraste zwischen Deutschen und Tschechen in den gemischtsprachigen Gebieten der Monarchie nichts Neues. In einer 1861 an den Justizminister Schmerling gerichteten Petition hatten die slowenischen Abgeordneten des Küstenlands verlangt, dass das Personal in allen kaiserlich-königlichen Einrichtungen im Publikumsverkehr die Sprache der Menschen spräche, die in den Ämtern an sie herantraten. Argumente, die in einem zweiten Anlauf im Juni 1867 im Parlament erneut vorgebracht wurden, als harsche Kritik an der Gepflogenheit geübt wurde, die Aussagen der Slowenen auf Deutsch oder Italienisch zu verfassen, so dass die Betreffenden Protokolle unterschrieben, deren Inhalt sie nicht verstanden. Die Statthalter des Küstenlands hatten eingegriffen und die Beamten angewiesen, das Deutsche als „amtsinterne" Sprache zu benutzen und für öffentlichen Anhörungen auf die „gängigen" Sprachen Kroatisch oder Slowenisch zurückzugreifen. Jedoch mit geringem Erfolg, weil die in der Mehrheit italienischen Beamten in den Ämtern sich weigerten, das Deutsche zu verwenden und weil man keine Kräfte fand, „die ausreichend Sprachkenntnisse besaßen, um in einer der beiden slawischen Sprachen schreiben zu können"[12].

Zur Erklärung dieser Kontroversen muss man auf legislative und ganz einfach praktische Gründe zurückgreifen. Vor allem: Was war die „Muttersprache", von der die slowenischen Abgeordneten schrieben? Und was unterschied die „amtsinterne" Sprache einer Provinz von der „gängigen" oder äußeren Sprache? Gemäß der Verfassung von 1867 durfte den Bürgern nicht das Recht verwehrt werden, sich in ihrer Sprache auszudrücken, immer vorausgesetzt jedoch, dass dies eine der landesüblichen oder gängigen Sprachen der Provinz war (also nicht immer die Muttersprache). Die Beamten mussten eine Sprache für den Publikumsverkehr beherrschen und eine „amtsinterne Sprache", sowie natürlich das Deutsche für alle übrigen Aufgaben (Schriftverkehr, Protokolle, Aufstellungen, Kontakte mit dem Ministerium usw.). Einmal abgesehen vom Primat des Deutschen im Inneren der Verwaltung, war in den Artikeln der Verfassung nicht festgelegt, ob es einen Unterschied gab zwischen der Sprache eines Territoriums und den – meist mehreren – Sprachen, die dort gewöhnlich gesprochen wurden. Es lag nahe, ein rein empirisches Kriterium anzuwenden, nämlich als erste diejenige Sprache festzulegen, die in einem ausgedehnteren Territorium, einem Distrikt oder einer Gemeinde von mindestens 20% der Bevölkerung gesprochen wird: Unterhalb dieser Schwelle konnte nicht von Landessprache die

Rede sein. Aber die übliche oder gängige Sprache konnte auch nicht mit der des Territoriums übereinstimmen, wie sollte man da erkennen, ob eine Sprache „landesüblicher" war als eine andere[13]?

Kaum dreißig Jahre früher, am 28. August 1848, als die deutsch-böhmischen Gemeinden sich in Teplitz versammelten, musste ein Delegierter aus Prag mit einiger Verlegenheit bekennen, dass es auf der Grundlage der gesprochenen Sprache unmöglich sei zu sagen, ob seine Mitbürger „Deutsche waren oder nicht"[14]. Das Prager Bürgertum nahm sich selbst als eine kosmopolitische Gruppe wahr, die sich der Provinz Böhmen oder der Dynastie zugehörig fühlte, aber nicht einer bestimmten Nation. Unterschiede machten sich, wenn, dann an Reichtum oder politischem Prestige fest, zwei Formen des „sozialen Kapitals", die fest in deutscher Hand waren. In vielen Bezirken auf dem böhmischen Land lebten tschechische Bauern und deutsche Handwerker einträchtig Seite an Seite, in den Städten vermischten sich ihre kulturellen Traditionen in Formen des Zusammenlebens und der gegenseitigen Solidarität. Die Fähigkeit, sich, vielleicht auch rudimentär, in einer der zwei Sprachen auszudrücken, was alle auf der Straße lernten, verhinderte folglich, dass die Leute in ethnischen Gruppierungen kämpften.

Nach der schönen Definition des polnischen Historikers Józef Chlebowczyk glich Böhmen einem „transitorischen Grenzland", in dem vom linguistischen Standpunkt aus verwandte (slawische) Gemeinschaften neben einer minoritären (deutschen) Gruppe bestanden, ohne sich in der Vorstellung allzu sehr von dieser zu unterscheiden. Mit anderen Worten, in Böhmen gab es ähnlich wie in anderen Regionen des zentralöstlichen Europa „nicht *genug* sprachliche Differenzierung zwischen den ethnischen Gruppen, nicht *zu viel*"[15]. Das Verhältnis zwischen tschechischen und deutschen Böhmen ähnelte dem im adriatischen Küstenland und Dalmatien, wo eine kleine Minderheit von Italienern seit jeher in ökonomischer und politischer Hinsicht ihren Einfluss über das slawische Hinterland ausübte. Dass es „nicht zu viel Differenzierung" gab, hing zum Gutteil damit zusammen, dass der Lebensstil der Italiener und ihre kulturellen Traditionen für Slowenen und Kroaten starke Anziehungskraft besaßen. Die Änderung des Familiennamens, die die Slawen nach einer oder zwei Generationen beantragten, um sich von den italienischen Eliten in Triest oder den deutschen in Prag angenommen zu fühlen, war deutlichstes Anzeichen dieser angestrebten Osmose. Natürlich musste die Integration über Kenntnis der dominanten Sprache geschehen, die man zunächst aus reinen Zweckgründen lernte, um jedoch bald zu entdecken, dass sie fester Bestandteil der eigenen Identität geworden war: Die „Umgangssprache", die in den täglichen sozialen Beziehungen gesprochene Sprache, ersetzte die „Muttersprache", und im Lauf der Zeit begann man in der Umgangssprache zu denken und zu fühlen. „Um ein italienisches geflügeltes Wort zu verwenden: Die *Sprache des Broterwerbs* übernimmt die Rolle der *Sprache des Herzens*[16].

Innerhalb des „transitorischen Grenzlands" stellte die Sprache keinen objektiven Indikator der Nationalität dar, und Verwaltungsbeamte, Pfarrer, Offiziere, aber auch die einfachen Leute beherrschten die Grundelemente verschiedener Sprachen, die ja nach Gelegenheit schriftlich oder mündlich verwendet wurden, und im Grunde existierten keine klaren sprachlichen Barrieren zwischen den verschiedenen ethnischen Gruppen. Die komplizierte und etwas abstruse Unterscheidung zwischen amtsinterner Sprache und Sprache für den Publikumsverkehr verfolgte den Zweck, das Zentralitätprinzip der Bürokratie, das sich im Deutschen der Beamten äußerte, mit der Anerkennung der rechtlichen Gleichstellung der Sprachen der Monarchie in Einklang zu bringen. Wohlgemerkt, von Individuen, leibhaftigen Männern und Frauen gesprochene Sprachen, nicht von Nationalitäten oder Volksstämmen, die der Habsburger Doktrin zufolge keine Rechtssubjekte waren[17].

An Ausnahmen fehlte es freilich nicht: Die 1868 für Galizien erlassenen Sprachgesetze, dank deren es den Polen erlaubt war, überall ihre Sprache zu benutzen, liefen dem Gleichheitsprinzip zuwider und überließen die ruthenischen Bauern der „unnatürlichen Mehrheit" der polnischen Adeligen im Landtag – wie der Metropolit Sembratowicz 1870 beanstandete[18] –, aber niemandem wäre es in den Sinn gekommen, sie zu widerrufen. Die Beschwerden der Statthalter im Küstenland über ihre Beamten, die sich weigerten, Slawisch zu lernen, datieren aus den ersten Jahren des Neoabsolutismus und hielten auch nach 1867 an. Trotz der persönlichen Intervention Franz Josephs, der in einer Ministerratssitzung vom November 1866 angeordnet hatte, durch Einstellung von Beamten, juristischem Personal und Lehrern gegen den Einfluss der italienischen Komponente vorzugehen, war die vom Kaiser angestrebte „Slawisierung"[19] ausgeblieben: Beamte, die Slawisch sprachen, waren nicht zu finden, und wie der Statthalter von Görz 1872 berichtete, lernten die neu eingestellten Beamten lieber Italienisch als Slowenisch, da sie das Italienische für „die wichtigste Sprache des Landes"[20] hielten.

Dass die Anwendung des Gesetzes über die sprachliche Gleichstellung auf Hindernisse und Verzerrungen treffen würde, lag in der Natur der Sache. Aber mindestens fünfzehn Jahre lang kam es zu keiner explosiven ideologischen Aufladung. Erst die Berufung Taaffes und der Ausschluss der Liberalen von der Regierung brachten das habsburgische Paradigma der Mehrsprachigkeit zu Fall. Teile der liberalen Rechten erklärten die eigene Sprache zu ihrem geschichtlichen Erbe, das sie auf eine höhere Stufe stellte als die anderen Nationalitäten: In den Worten ihres Anführers Georg von Schönerer sollte man nie vergessen, dass die deutschen Lande Österreichs „tausend Jahre lang Teil des Germanischen Reichs gewesen waren". Der Bezug auf das Wilhelminische Reich und die Annahme einer Blutsgemeinschaft unter den deutschen Völkern traten in den Vordergrund. Private Vereine wurden gegründet (so 1880 der Deutsche Schulverein und 1889 die Südmark) in der Absicht, den Unterricht der deutschen Sprache überall dort zu erhalten, wo sie gefährdet war. Aus Deutschland flossen reichlich finanzielle Subventionen und Aufforderungen, von der Ostsee bis zur Adria einen festen Bund zu schließen. Im Lauf weniger Jahre strahlten die ethnische Sensibilität der ungarischen Nationalisten und ihr heftiger Antislawismus auf die Deutsch-Österreicher aus. Die Schulvereine arbeiteten auch in den italienischsprachigen Gebieten des Trentino und des Küstenlands, aber vordringliches Ziel blieben die slawischen Gruppen, ihr bedrohlichster Konkurrent um die Hegemonie über Österreich. Die Italiener in der Monarchie waren wenige, zudem in getrennten Territorien, und zu dieser Zeit standen ihre Abgeordneten in Wien auf der Seite der deutschen Liberalen gegen den „eisernen Ring". Die Slawen, die Mehrheit im Parlament, waren in den lokalen Regierungen Gegner, wo sie jetzt mehr zählten als in der Vergangenheit. Wenn die von Stadion vorgesehene Erweiterung des Wahlrechts in den Gemeinden zunächst das deutsche Bürgertum begünstigte, eroberten die slawischen Parteien 1861 in den Wahlen in Pilsen und Prag (wie auch in Ljubljana und Krain) die Gemeindeverwaltungen. Erschrocken über diese Erosion ihrer Macht von unten, begannen die Deutschböhmen in den Städten von „Inseln" und „Grenzen" zu sprechen, um Teile von Regionen, einzelne Städte oder Dörfer zu bezeichnen, wo sie bedroht von feindlichen ethnischen Gruppen lebten[21]. Im Gegensatz dazu drängten die Tschechen darauf, die historische Einheit des Königreichs Böhmen und Mähren um jeden Preis zu erhalten.

Diese entgegengesetzten Perspektiven sollten für die kommenden sechzig Jahre der Zankapfel zwischen den zwei Gruppen bleiben[22]. Beide bemühten sich, ihre zahlenmäßige Überlegenheit im Territorium nachzuweisen. Die österreichischen Volkszählungen – die letzte hatte 1869 stattgefunden – hatten die Bürger der Monarchie genau beziffert, aber der Fragebogen verlangte keine Angaben zur Sprache oder zur Nationalität der Befragten; da die ethnische Zugehörigkeit nicht zu den Attributen des Bürgers gehörte, war es unsinnig sie zu verzeichnen. Mit der Volkszählung von 1880 änderte sich das; es wurden nun die österreichischen Bürger aufgefordert anzugeben, welches ihre Umgangssprache war, das heißt die Sprache, in der sie ihre Alltagsbeziehungen abwickelten. Bis dahin hatten die Einwohner der Monarchie nur ihren Namen angegeben, ihren Wohnort und ihre Religionszugehörigkeit; von 1880 an würde man sie an der Sprache erkennen, die sie alltäglich verwendeten. In einigen Publikationen zur Erläuterung der Volkszählung bestritten die Verantwortlichen eine Beziehung von „historisch-ethnographischen Faktoren auf die Muttersprache oder auf die Nationalität"[23], doch es konnte niemandem entgehen, dass zwischen der Frage, welche Sprache jemand verwendete, und der Zuweisung einer nationalen Identität nur ein hauchdünner Unterschied bestand. Die Erklärung der sprachlichen Identität zwang alle, ihre Zugehörigkeit zu einer politischen Gemeinschaft[24] anzugeben, auch diejenigen, die das gar nicht wollten oder nicht wussten, welche Option sie wählen sollten.

In der Verfassung von 1867 hatte man sich nicht die Mühe gemacht, anzugeben, aus welchen Gruppen sich die Nationalitäten zusammensetzten und welche Rechte sie hatten. Jetzt versuchten die Regierungsorgane die verwickelte Angelegenheit der habsburgischen Vielsprachigkeit von oben zu lösen. Wahrscheinlich war die Entscheidung, die Umgangssprache zu privilegieren, wie sie im Beruf und in der Verwaltung nach außen hin vorherrschend ist, ein von der zentralisierten Bürokratie ersonnenes Mittel, um die Deutschen zu retten – die ungarischen Volkszählungen fragten entschlossen und selbstbewusst nach der Muttersprache. Auf dem Papier schien die Frage nach der Umgangssprache als Kriterium zur Identifikation einer ethnischen

Gruppe verlässlich; was konnte es Objektiveres geben, um Personen voneinander zu unterscheiden, als die gesprochene Sprache? Aber in den letzten Jahrzehnten war die Sprache eine wesentliche Komponente in der Festlegung einer Gruppenidentität geworden; mithin alles andere als ein „neutrales" statistisches Merkmal. Und in der Tat, dass im Endergebnis die Sprache als Indikator der Nationalität[25] genommen wurde, vertiefte die Differenzen zwischen den ethnischen Gruppen mehr als jede andere bis dato umgesetzte Regierungsmaßnahme.

Die Auswertung der Fragebögen bestätigte das, was alle wussten. Die Zahl der Tschechischsprachigen war überall im Zunehmen begriffen, die der Deutschsprechenden nahm vor allem in ihren Hochburgen, den Städten, ab[26]. Am Prager Rathaus brachten die Gemeindebeamten voller Stolz eine Tabelle an, aus der hervorging, dass in der Stadt und in den Landkreisen der Anteil der Deutschen nur 15,3% betrug (bei einer weiteren Volkszählung 1910 sollten es nur noch 7% sein)[27]. Dass die Deutschen in demografischer Hinsicht eine Minderheit darstellten, war keine Neuigkeit: der plötzliche Rückgang ihrer Zahl zeigte indessen das Ende der Konversionen an, die die Tschechen – sei es durch Studium oder durch Annahme öffentlicher Ämter –, seit Jahrhunderten in das sprachliche Feld des Deutschen abwandern ließen. Im Bewusstsein dieser nachteiligen Situation, die sie nun schwarz auf weiß vor Augen hatten, entwickelten die Deutschböhmen eine „ghetto-like mentality"[28] und verlangten die verwaltungstechnische Abtrennung ihrer Sprachinseln von der „falschen Nationalität" der Tschechen.

Der Konflikt sollte sich im Lauf der Jahre als besonders explosiv erweisen. Einzelne Bürger, Vereine oder Gemeinden zeigten sich gegen Ende des Jahrhunderts von einer fast hysterischen Empfindlichkeit gegenüber jeder vermeintlichen Bevormundung ihrer Art zu sprechen und zu schreiben. Nicht von ungefähr brach die schwerste österreichische Parlamentskrise über eine Sprachenfrage aus, und nicht zufällig in Böhmen. Auslöser waren die Gesetze von Ministerpräsident Kasimierz von Badeni (vom 4. und 25. April 1897), welche die Gleichstellung des Tschechischen und des Deutschen in Böhmen und Mähren auch auf die interne Amtssprache ausdehnen sollten; die Anforderung für alle Staatsbeamten, das Tschechische zu beherrschen, sollte ab Juli 1901 verbindlich werden. Das war kein unrealistisches Vorhaben der Mediation, aber die deutschen Parteien antworteten mit der Waffe des Obstruktionismus. Die Kammer wurde Schauplatz von regelrechten Schlägereien zwischen Abgeordneten und von nicht enden wollenden Reden (der Abgeordnete Lechner sprach am 28. und 29. Oktober 1897 zwölf Stunden ununterbrochen), um den Gang der Geschäfte zu behindern. Graf Badeni, der in einem Redebeitrag als „Feigling" bezeichnet wurde, forderte den Beleidiger zum Duell – das pünktlich stattfand – und wurde durch einen Pistolenschuss verletzt. In den österreichischen Alpenregionen und in Böhmen kam es zu bewaffneten Aufständen, die den Beifall der deutschen Öffentlichkeit fanden.

Angesichts der Flut von Protesten zwang Franz Joseph den Regierungschef zur Abdankung: Mit der Badeni-Krise kam die parlamentarische Arbeit in Österreich an ihr Ende, wie wir bald sehen werden; politisch markierte sie den letzten, nie mehr wiederholten Versuch, das Sprachenproblem per Gesetz zu regeln.

Am Übergang vom neunzehnten zum zwanzigsten Jahrhundert: Die Lähmung des Parlaments

Die in die Hunderte gehenden Klagen wegen Verletzung der sprachlichen Gleichheit, die bei den obersten Gerichtshöfen der Monarchie eingereicht wurden, zeugen von dem Nachdruck, mit dem man sich verzweifelt an diesen Indikator klammerte. Damit hat sich der österreichische Historiker Gerald Stourzh in einem faszinierenden Buch befasst[29], in dem er die Prozesse rekonstruiert, die von den Richtern des Verfassungs- und des Kassationsgerichtshofs verhandelt wurden. Aus den unterschiedlichsten Gründen (Verbot, auf dem Friedhof von Triest Grabsteine mit slowenischer Inschrift anzubringen; Verbot, an den Wiener Schulen Unterricht auf Tschechisch zu halten usw.) wandten sich die Bürger der Monarchie an die Justizbehörden der Hauptstadt.

Diese Reibereien können oberflächlich als ein einziges Narrativ von Konflikten verschiedener Ethnien gelesen werden, als eintönige Geschichte nationaler Egoismen, die im ganzen österreichisch-ungarischen Territorium verbreitet waren. Derlei Zusammenstöße bestimmten den politischen Alltag und zogen die Aufmerksamkeit von Parteien, Zeitungen und kulturellen Zirkeln auf sich. All das ist verständlich angesichts der Faszination, die der Nationalismus des späten 19. Jahrhunderts gegenüber allen rivalisierenden Ideologien ausübte. Doch ist es angebracht zu fragen, ob diese Spannungen nicht doch eher die Übersetzung tieferliegender Probleme und Transformationsprozesse in eine wirkungsvolle rhetorische Sprache sind.

1905 versuchte der Demograf Heinrich Rauchberg, der an der deutschen Universität in Prag lehrte, in einer wissenschaftlichen Studie anhand der Daten der Volkszählungen von 1880, 1890 und 1900 den „Besitzstand" der Tschechen und der Deutschen in Böhmen zu erheben. Rauchberg zeichnete Distrikt für Distrikt die Sprachgrenzen zwischen den beiden Gruppen nach, um zu dem Schluss zu gelangen, dass sich in Jahrzehnten der Unruhen und der politischen Polemik die Grenzen zwischen den Nationalitäten, wie Karl von Czörnig sie 1855 erhoben hatte, nicht wesentlich verschoben hatten. Die einzige Ausnahme stellte das Industriegebiet von Pilsen dar, eine Stadt, in der noch um die Jahrhundertmitte die Mehrheit der Bevölkerung deutsch gewesen war, in der aber die Präsenz der Škoda-Werke Hunderte von tschechischen Arbeitern anzog, was zu einer rapiden ethnischen Umgewichtung führte. Auf dem Land hingegen hatten sich weder die deutschen „Inseln" noch die gemischtsprachigen Gemeinden in nennenswertem Ausmaß verändert[30]. Rauchbergs Beobachtungen erlauben uns, einige fundamentale Probleme der Sprachkonflikte in Böhmen und allgemeiner in anderen Regionen der Monarchie zu erklären.

Die Stahlwerke Škoda in Pilsen waren das sichtbarste Beispiel für die rasche Industrialisierung Böhmens. Das Manufakturwesen, das schon im späten 18. Jahrhundert blühte, weitete sich nach der Entdeckung reicher Kohlevorkommen, die als Energiequelle für die Eisenhütten- und die Zuckerindustrie unverzichtbar waren, rapide aus. Ende des 19. Jahrhunderts hatte Böhmen das höchste Bruttoinlandsprodukt aller österreichischen Länder (mit Spitzen in den Sektoren Chemie und Eisenverhüttung) und war nach Großbritannien der zweite Holzkohleproduzent Europas. Das industrielle Wachstum verursachte große Migrationsbewegungen vom Land in die Städte, was das Ende der Assimilationsprozesse bedeutete, von denen seit Beginn der konstitutionellen Ära das Bürgertum und die Grundbesitzer deutscher Sprache profitiert hatten. Doch nicht nur in Böhmen verkomplizierte die Mobilität der Menschen die ethnischen Beziehungen. Die wiederholten Agrarkrisen brachten Millionen von österreichisch-ungarischen Bauern dazu sich nach Amerika einzuschiffen – von 1876 bis 1910 werden es insgesamt 3,55 Millionen sein, die den Atlantik überqueren – und die ersten Anzeichen von Industrialisierung lösten überall eine noch massivere Binnenmigration aus. Mindestens ein Fünftel aller Bewohner der Habsburgermonarchie waren Anfang des zwanzigsten Jahrhunderts nicht an dem Ort geboren, an dem sie inzwischen lebten[31]. 1880 waren gerade einmal 38,5% der Wiener Bevölkerung in der Stadt geboren, und diese Zahl sollte auch in den Volkszählungen von 1900 und 1910 unter 50% bleiben. Um die Jahrhundertwende kamen 410.000 der 1,6 Millionen Einwohner der Hauptstadt aus Böhmen und Mähren, 43.000 beziehungsweise 11.000 jeweils aus den slowakischen und kroatischen Provinzen, 37.000 aus dem polnischen Galizien[32]. So stammten in Budapest 50% der Einwohner – in absoluten Zahlen etwa 520.000 von den 900.000 Stadtbewohnern – aus anderen Regionen des Reiches, und Prag war von 204.000 Einwohnern im Jahr 1869 auf 442.000 im Jahr 1910 angewachsen, aufgrund von Zuwanderung aus den ländlichen Gebieten Böhmens und Mährens[33]. Die Industrialisierung machte einige Orte reich und entvölkerte andere, schuf Bewegung von Menschen, die, angezogen von der Aussicht auf ein besseres Leben, die Orte, von denen sie sich getrennt hatten, dem Elend überließen.

Die großen Metropolen der Monarchie erlebten in der zweiten Hälfte des neunzehnten Jahrhunderts einen unablässigen Zustrom von Neubürgern[34]. Von den in der Volkszählung von 1910 erhobenen 225.000 Einwohnern Triests stammte ein Viertel aus dem slowenischen Hinterland, dazu kamen etwa 11.000 Deutsche, eine umfangreiche italienische Gemeinde und kleinere Gruppen von Kroaten, Serben, Griechen und Juden. In Triest lebten mehr Slowenen als in Ljubljana (die dritte Stadt nach Anzahl der slowenischen Einwohner war Cleveland/Ohio)[35], aber sie waren auch über kleinere Städte wie Graz oder das südliche Grenzland von Kärnten verstreut; diese Zuwanderung war neu und nahm ständig zu. Wie leicht vorstellbar, hatten so radikale Veränderungen in der sozioökonomischen Struktur ganzer Gebiete der Monarchie ihre Rückwirkungen auf die ethnische Verteilung.

Triest, drittgrößte Stadt Cisleithaniens (von 31.000 im Jahr 1801 stieg die Einwohnerzahl 1890 auf 155.000) und das Umland waren eine der am stärksten entwickelten Regionen der Monarchie und durch ein modernes Eisenbahnnetz fest in die gesamtösterreichische Wirtschaft integriert. Wie in den böhmischen und mährischen

Städten war bis in die 1860er Jahre das politische und wirtschaftliche Prestige der italienischen Gemeinde von den slawischen Immigranten aus dem Küstenland auf der Suche nach Arbeit nie in Frage gestellt worden. Doch dann griffen die Mechanismen der Assimilation nicht mehr und das slowenische städtische Bürgertum, das in ökonomischer und sozialer Hinsicht in Expansion begriffen war, begehrte gegen die Ausschließung aus den städtischen Gremien auf. Der rapide unternehmerische Aufstieg der Immigranten – Kaufleute und Handwerker – begann die privilegierte Position der lokalen Eliten in Frage zu stellen. An diesem Punkt war es unausweichlich, dass neue, am Reichtum orientierte Hierarchien sich in Forderungen politischer Natur übersetzten. Im Juli 1868 führte der Erlass der Religionsgesetze zu Demonstrationen, bei denen der klerikalen Partei nahestehende Slowenen und Italiener, die für die Zurücknahme des Konkordats mit der römischen Kirche eintraten, miteinander in Konflikt gerieten.

Grundlegendes Motiv des Konflikts war die Divergenz zwischen dem Katholizismus der slowenischen Landbevölkerung und der liberalen städtischen Kultur, so dass sich die nach dem Sieg bei den Provinzwahlen 1867 in den Reichsrat nach Wien entsandten slowenischen Abgeordneten sofort mit den konservativen Katholiken aus Tirol verbündeten. Aber was den italienisch-slowenischen Konflikt vollends verschärfte, war die Krise, in die Triest als Handelsmetropole zwischen Italien und Österreich geriet, als Rom nach der Eroberung Venetiens 1866 Zölle erhob. Unter dem Druck der schlechten Konjunktur begann sich die führende Schicht der Stadt auseinanderzuentwickeln. Die großen Reederfamilien investierten ihr Kapital im Finanz- und Versicherungswesen, wodurch sich ihre Beziehungen zu den produktiven Sektoren Mitteleuropas und zur Wiener Bankenwelt intensivierten. Sie wurden zu Vertretern eines langanhaltenden habsburgischen Loyalismus, entfernten sich dadurch aber von der aktiven Politik der Stadt. An ihre Stelle traten in der Führung der Gemeinde Angehörige der freien Berufe, Beamte sowie mittlere und kleine Unternehmer, die ihre italienische Nationalität als politische Waffe einsetzten und sich damit von den alten habsburgerfreundlichen Eliten und dem neuen slowenischen Bürgertum abgrenzten. Den Nationalliberalen war bewusst, dass sie auf die Stimmen der Wähler und Wahlkreise auf dem Land nicht zählen konnten, sie weigerten sich daher bis zum Ende des Jahrhunderts sogar, für das Parlament in Wien Kandidaten aufzustellen und machten sich eine „Auffassung und eine Praxis der Gemeindeautonomie zu eigen, die diese als Bollwerk der städtischen Identität verstand"[36].

In der Hauptstadt des Küstenlands wurde unter Taaffe als Ministerpräsident die städtische Lagermentalität durch eine als feindselig empfundene Politik noch verstärkt. Immer wieder wurde die Einwanderung von Slawen, die vorwiegend wirtschaftliche Gründe hatte, auf ein Kalkül der Regierung zurückgeführt, das zum Ziel habe, die italienische Komponente vor allem in der öffentlichen Verwaltung zugunsten von Kroaten und Slowenen zu benachteiligen. Gewiss bestand ein kaiserliches Interesse, das südslawische Element zu stärken, das in einer schwierigen Region an der Grenze zum Königreich Savoyen für verlässlicher galt als das italienische. Im Übrigen griff man in den kleinen Küstenstädten Istriens und Dalmatiens bei der Rekrutierung von Beamten ganz natürlich auf das slawische mittlere Bürgertum zurück, das in der Staatsanstellung eine Rettung vor der Armut sah. Die weitgehend unangefochtene wirtschaftliche Hegemonie der Italiener – im Triester Großunternehmertum und im Grundbesitz des istrischen Hinterlands – führte also dazu, dass „ein sozialer einen nationalen Konflikt überlagerte", was ihn unlösbar machte und jede Form von Übereinkunft vereitelte[37].

Die Italiener in Triest und den istrisch-dalmatischen Städten ließen sich zu einem „nahezu pathologischen Nationalgefühl"[38] hinreißen, das an analoge Bewegungen in den böhmischen Städten erinnerte. Doch die deutlichste Parallele der ethnischen Konflikte in den beiden Regionen lag in den Turbulenzen, die sie in den Gemeinschaften verursachten, indem sie bewährte politische Gruppierungen auflösten und neue schufen.

Wir haben gesehen, mit welcher Leichtigkeit in der Gemeinde Triest das italienischsprachige Großbürgertum der Formation der Nationalliberalen den Platz überließ. Das gleiche Schicksal hatte die tschechische Gruppierung ereilt, die Mitte der 1870er Jahre im Konflikt mit den Deutschösterreichern die ersten internen Spaltungen erfuhr. Bis dahin hatte der Großgrundbesitz, die Verfassungstreuen Großgrundbesitzer, im Parlament die deutschen Liberalen unterstützt und in den Landtagen die nationalistischen Tschechen und ihre konservativen Verbündeten. Diese Doppelstrategie wurde unmöglich, als 1874 die „Jungtschechen" aus der Partei ausschieden. Diese Gruppe national gesinnter Aktivisten, hatte die Unterstützung des mittleren Bürgertums und der kleinen Grundbesitzer errungen, indem sie Güter in der Nähe der Sprachgrenze unterstützten. Sowohl die Kaisertreue des Hochadels, als auch die Verteidigung der angestammten Rechte des Königreichs innerhalb des Kaiserreichs wurden bei den Wahlen 1879 durch den aggressiven Nationalismus der „Jungen" außer Kraft gesetzt.

Innerhalb des „eisernen Rings" hielten sich die Tschechen nur ein paar Jahre lang an eine gemeinsame Linie, bis – und das war die zweite Parallele mit dem Küstenland – die Widersprüche zwischen dem Wahlrecht für den Landtag und dem fürs Parlament zutage traten. Im Königreich Böhmen wie in Mähren und der Krain blieb in der ersten Kurie der Großgrundbesitzer und der Städte die Vorherrschaft der deutschen liberalen Partei aufrecht. Das Gesetz von 1873 trennte die Landtagsmandate von denen für den Reichsrat und garantierte durch getrennte Auszählung eine ausgewogenere Repräsentanz der tschechischen Listen. Gleich von den ersten Monaten an versuchte Taaffe diese Anomalie zu beseitigen, indem er die Kurie der Besitzenden in zwei Blöcke aufspaltete, aber die Reform scheiterte an der geschlossenen deutschen Opposition. Um den Widerstand der traditionelleren Wählerschaft zu schwächen, gelang es dem Regierungschef immerhin, 1882 ein Gesetz zu verabschieden, das den Zensus zur Teilnahme an der Wahl von zehn auf fünf Gulden absenkte.

Dank der Reform stieg die Zahl der Wähler in den Kurien der Städte und der ländlichen Gemeinden um 34 beziehungsweise 26%; gleichzeitig veränderte sich die Figur der Abgeordneten in der Kammer. Die „Fünf-Gulden-Männer" waren tief in ihren Wahlkreisen verwurzelte Vertreter des Mittelstands mit einer instinktiven Abneigung gegen die Disziplin der großen überregionalen Parteien. Obwohl das alte Vier Kurien System davon unberührt blieb, reichte die Absenkung des Zensus, um Netzwerke von lokalen Interessen ins Parlament einzuschleppen, was dessen Kräftegleichgewicht in wenigen Jahren veränderte. Bei den Wahlen 1885 bestätigte die Auszählung der Stimmen Taaffes Mehrheit sowie weitere Verluste der liberalen „Linken". Die Abgeordneten (175 Deutsche, 157 Slawen, 16 Italiener und 5 Rumänen) waren im Großen und Ganzen in dieselben Klubs aufgeteilt wie bei den Wahlen sechs Jahre zuvor. Einige Monate nach dieser Vertrauenserklärung für die Regierung erlagen jedoch fast alle parlamentarischen Gruppen einem schleichenden Erosionsprozess. Die Fraktion der Liberalen, die schon 1885 schlecht abgeschnitten hatten, spaltete sich in einen „deutsch-österreichischen" Klub, der der Idee einer multinationalen Monarchie treu blieb, und einen „deutschen" Klub unter der Leitung von Georg von Schönerer, einem Wiener Abgeordneten, der für seine pangermanischen Sympathien (er hatte das Programm von Linz verfasst) und seinen leidenschaftlichen Antisemitismus bekannt war. 1887 bildeten die Jungtschechen einen eigenen Klub, entzogen Taaffe aber nicht ihre Unterstützung, ihnen folgten vier ruthenische Abgeordnete aus Westgalizien, die den Polenklub verließen. Auch Taaffes verlässlichste Basis, der Bund der Zentrumsparteien, schmolz unterdessen dahin: Die Südslawen und die paar verbleibenden Rumänen traten aus dem Hohenwartklub aus. Eine kleine Gruppe von Abgeordneten aus Tirol, Vorarlberg und Salzburg gründete eine „Bauernpartei" mit katholisch-nationaler Ausrichtung, die mit der traditionellen Allianz aus deutschen Konservativen und slawischen Föderalisten im Zwist lag. Schließlich gründeten 1889 einige Abtrünnige des katholischen Zentrums die Christlichsoziale Union, in der frisch gewählte Vertreter der Liberalen zusammenkamen, wie der Wiener Karl Lueger, der bald eine der Schlüsselfiguren der österreichischen Politik werden sollte[39].

Nach den Wahlen von 1885 hatte Taaffes Mehrheit jeden Anschein innerer Geschlossenheit verloren. In der zehnten Legislaturperiode (1885–1891) wurde versucht, der Lähmung des Parlaments entgegenzuwirken, indem man ein Maßnahmenpaket zur sozialen Sicherheit verabschiedete (Verkürzung der täglichen Arbeitszeit, obligatorische Unfallversicherung, Kontrolle des Arbeitsplatzes), eine Reaktion auf die Proteste und ersten Streiks, die von der Sozialdemokratischen Arbeiterpartei organisiert worden waren, deren Gründungskongress im Dezember 1888 und Januar 1889 in Hainfeld stattgefunden hatte. Die rasche Ausbreitung der Arbeiterbewegung, gestützt auf eine Strategie der Übereinkünfte mit den Gewerkschaftsverbänden, war Ergebnis der Wiederbelebung der österreichischen Wirtschaft, die nach dem Börsenkrach von 1873 eingesetzt hatte, wenn das Wachstum auch geringer ausfiel als in Ungarn. Auf der anderen Seite schienen die „gemäßigten und internationalistischen"[40] Ziele des „Minimalprogramms", die der sozialdemokratische Führer Viktor Adler formulierte, der Regierung ein probates Mittel, um die nationalen Konflikte zu entschärfen, die die parlamentarische Arbeit behinderten. Von Taaffe vor seinem Rücktritt (1893) ins

Auge gefasst und vom neuen Regierungschef Kasimierz von Badeni wiederaufgegriffen, wurde am 14. Juni 1896 eine zweite, wichtige Wahlrechtsreform beschlossen. Sie sah neben den vier existierenden eine fünfte Kurie vor, in der alle über 25 Jahre alten männlichen Bürger wählen durften, das bedeutete etwa 5 Millionen neue Wähler für insgesamt 72 neue Abgeordnete.

Wie schon 1885 lösten auch die Wahlen vom März 1897 ein kleines parlamentarisches Erdbeben aus, vor allem in der ethnischen Zusammensetzung. Die deutschen Parteien, die 1873 zwei Drittel der Sitze innegehabt hatten, waren auf 47% der 425 zur Verfügung stehenden Mandate geschrumpft, ein herber Verlust, noch erschwert durch die Diaspora der Liberalen (reduziert auf 77 Abgeordnete), die verstreut waren auf die Formationen der Christlichsozialen (32), der Sozialdemokraten (7) und mehr oder weniger extreme nationalistische Gruppen. Die eigentlichen Gewinner der Volksbefragung waren die Jungtschechen, die mit 45 Abgeordneten die Partei der Alttschechen überrundeten und von nun an die Stütze waren in der von Badeni zusammengestellten Regierungskoalition, die sich zusammensetzte aus Slawen, Klerikalen und deutschen Christlichsozialen (auf dem Papier 250 Sitze), demgegenüber eine Minderheit von Liberalen der Linken und der Deutschnationalen mit Unterstützung des italienischen Klubs (etwa 158).

Es handelte sich um eine Wiederauflage von Taaffes „Eisernem Ring", wobei das Profil der parlamentarischen Gruppen entschieden mehr an der nationalen Zugehörigkeit orientiert war. In einer Notiz von 1897/8 fragt sich der Abgeordnete Vittorio Riccabona aus Trient, ob die neue, „von den nationalen Parteien geschaffene" Situation nicht von den italienischen Abgeordneten verlange, „ihr nationales Programm" neben das der deutschen Verbündeten zu stellen, die nicht müde wurden, „ihr germanisches Vorrecht"[41] geltend zu machen. Die Fragen des liberalen Trienter Abgeordneten erlangten nach dem Erlass des Badenischen Sprachgesetzes im April 1897 tragische Aktualität. Die Verordnungen waren ein Kompromiss und auf Modifikation im Parlament angelegt, doch sie wurden von der deutschen Öffentlichkeit als Willkürakt einer von Slawen beherrschten Regierung gedeutet. In wenigen Wochen brach eine Pressekampagne los, die das ganze Königreich Böhmen erfasste und in allen gemischtsprachigen Gebieten zu Tumulten führte. Besonders bedeutsam waren die Demonstrationen in dem Städtchen Eger an der Grenze zu Bayern, einer Hochburg der Deutschnationalen, wo es fast gar keine tschechische Bevölkerung gab. Aber in einer durch die Propaganda aufgeheizten Atmosphäre genügte das Schreckgespenst der „sozialen Deklassierung", die mit der Einführung der Zweisprachigkeit verbunden sei, um die Beamten zum Protest anzustacheln. Die tschechischen Politiker und die Regierung waren überrumpelt: Badeni befal der Polizei, die streitlustigsten Mitglieder der Kammer festzunehmen, während die tschechischen Abgeordneten mit Schrecken das Übergreifen des Nationalismus auf Gebieten konstatierten, die bis dahin diesen Ideen „ziemlich gleichgültig"[42] gegenübergestanden hatten.

In Wahrheit bündelte der Widerstand gegen die Sprachverordnung eine Reihe von kleineren Konflikten rund um die lokale Verwaltung, die die deutsche Minderheit seit jeher gegen die tschechische Seite ausfocht. So gut wie überall hatten Beamte und Lokalpolitiker Demonstrationen gegen die Regierung koordiniert, als ob der wahre Einsatz die Selbstverwaltung der Kommunen wäre oder, auf höherer Ebene, des Landtags, gegen drohende Übergriffe aus Wien. Die 1849 von Minister Stadion verordnete Dezentralisierung der Verwaltung hatte ein theoretisches Gegengewicht in der Überwachungstätigkeit der staatlichen Stellen, alle voran der Hauptmannschaften und Statthalterschaften, die damit betraut waren, die Entscheidungen der untergebenen Stellen zu korrigieren oder gegebenenfalls zu blockieren. Aber die Kompetenzen der Landtage und Kommunen, die schon von Anfang an groß gewesen waren (Schulwesen, Landwirtschaft, Handel, Gesundheitswesen und Fürsorge) waren infolge der ökonomischen und sozialen Veränderung in den österreichischen Landen ins Maßlose angewachsen. So hatte sich eine auf politischer Ebene gefährliche Schere aufgetan: einerseits die Lokalregierungen, die ihre Autonomie zu festigen trachteten, andererseits Maßnahmen des Zentrums, das immer mehr Schwierigkeiten hatte, jene zu kontrollieren.

Während der ewig währenden Badeni-Krise klaffte diese Schere weit auseinander, auch wenn sie in ihren Voraussetzungen auf die Reformen der ersten liberalen Ära zurückgingen. Die Regierungen, die am Ende des Neoabsolutismus aufeinandergefolgt waren, hatten versucht, ein Staatsgebäude zu errichten, in dem die Rechte der Individuen durch eine effiziente und unparteiische[43] Bürokratie geschützt waren. Dieser Schutz wurde gewährleistet durch die Selbstverwaltung von Provinzen und Kommunen, die in der Tat durch die Maßnahmen der Regierung Schmerling von 1868 gestärkt worden waren. Diese merkwürdige Kombination von Provinz- und Gemeindeautonomien einerseits, staatlichem Zentralismus andererseits hatte ein in dreierlei Hinsicht „hybrides Wesen" hervorgebracht: Es bestätigte den Zentralismus als politische Lebensnotwendigkeit, erlaubte aber auch das Überleben von Stellen und Verwaltungseinheiten, die nicht der Kontrolle der Ministerien unterstanden; es entwickelte für den liberalen Konstitutionalismus typische Ideen und Verfahren, verknüpfte sie aber dann aber mit einem Netz von Institutionen und Privilegien, zum Beispiel der sakralen Würde des Souveräns oder dem Zensuswahlrecht, die sie in der Praxis widerlegten; es bemühte sich aufrichtig, dem Bürger verantwortungsvolle Beamte zu stellen, um dann aber doch eine autoritäre Verwaltung bürgerlicher Herkunft, kaisertreu und möglichst deutschsprachig, zu favorisieren[44]. Die Schwierigkeiten, das Erbe des alten, „bürokratisch zentralistischen" Reichs von vor 1848 mit der neuen konstitutionellen Verfassung zu vereinbaren, verschärften sich, als sich das politische Leben Österreichs für andere soziale Elemente öffnete und die beherrschende Stellung der höheren Klassen einer heftigen ideologischen Polarisierung zwischen Konservativen und Radikalen Platz machen musste.

Zwischen 1897 und 1900 folgten vier Regierungen aufeinander, von denen keine die Spannungen zwischen Tschechen und Deutschen einzudämmen vermochte. Am 18. Januar 1900 wurde Ernest von Koerber, ein hoher Beamter der habsburgischen Verwaltung, von Franz Joseph mit der Regierungsbildung betraut. Nach den Wahlen von 1901 bestand Koerbers Geschick darin, in einem erneut zersplitterten Parlament die Unterstützung fast aller Klubs zu erlangen, von den Nationalisten Schönerers bis zu den Christlichsozialen, indem er sie in die Regierung einband. Die Billigung des Staatshaushalts nach Jahren der Obstruktion erlaubte die Verabschiedung eines ehrgeizigen Programms für öffentliche Arbeiten, für das bei allen Parteien Konsens bestand. Koerber kontrastierte einen positiven Impuls zur Liberalisierung der Gesellschaft durch Beendigung von Zensur und polizeilicher Überwachung von Vereinen mit einer entgegengesetzten Haltung gegenüber den repräsentativen Organen der kommunalen Selbstverwaltung, deren Reduzierung er ausdrücklich forderte. Er galt als Kritiker des Parlamentarismus der österreichischen Situation nicht gewachsen. Er zeigte drei Mittel auf, um die Lähmung der Institutionen zu beheben: straffe Zentralität des monarchischen Prinzips, eine Bürokratie, die die Infrastruktur der Monarchie wieder in Bewegung bringen sollte und ein Parlament „als Kammer des Ausgleichs, wo die Nationalitäten mit der Regierungsbürokratie in Berührung kommen, um die günstigsten Bedingungen für Investitionen in die Modernisierung auszuhandeln"[45].

Die von Koerber in Aussicht genommenen Aktionslinien waren widersprüchlich, eine Mischung aus Neuem und Verhaftung im Vergangenen. Die Figur des Kaisers als lebendes Symbol für den österreichischen Zusammenhalt darzustellen, konnte vielleicht verhindern, dass sich die Quelle der Souveränität zu sehr auf den derzeit besonders verstrittenen kollektiven Korpus des Parlaments verlagerte. Die religiösen Prozessionen, die jedes Jahr in der Karwoche in Wien stattfanden, wenn der Kaiser das Ritual der Fußwaschung für die Armen der Hauptstadt vollzog, oder die großen Feierlichkeiten 1898 zum Jubiläum der Thronbesteigung Franz Josephs waren sorgfältig geplante symbolische Inszenierungen der Einheit von Reich und Dynastie. Doch der Mythos der Dynastie, der im bäuerlichen Kontext und in konservativem Ambiente noch Bestand hatte, genügte bei den dynamischeren sozialen Schichten nicht, um das Misstrauen gegenüber einem Kaiser zu beschwichtigen, der mittlerweile alt war und vor allem unausweichlich an die deutschen Ursprünge des Herrscherhauses erinnerte[46]. In Wahrheit schützte die Habsburger Monarchie, wie ihre europäischen Entsprechungen im 19. Jahrhundert, die politischen Kräfte, „die versuchten, in einer immer komplexeren Gesellschaft den Vermittler zu spielen"[47]. Und diese politischen Kräfte fanden sich in der Führungsriege der österreichisch-ungarischen Bürokratie, jenseits von oft nur oberflächlichen ideologischen oder politischen Differenzen.

Im Lauf der Legislaturperiode schlug der Regierungschef eine ständige Machterweiterung der zentralen Bürokratie vor, zu Ungunsten der peripheren Strukturen. Die Wiedereinsetzung einer „technischen" Funktion der Regierung, eine Art aus der Zeit gefallener Josephinismus, wurde mit voller Billigung des Kaisers und der Wiener politischen Kreise verfolgt, die der Mediation des Parlaments zunehmend unwillig gegenüberstanden. Das Ende der Regierung Koerber, einer nur notdürftig maskierten Diktatur im November 1904[48], fiel mit der Präsentation eines Gesetzentwurfs zusammen, der darauf abzielte, die Befugnisse der kommunalen Einrichtungen einzuschränken.

Im Abgeordnetenhaus verließen die Christlichsozialen unter dem mächtigen Wiener Bürgermeister Karl Lueger die Mehrheit und Koerber war zum Rücktritt gezwungen, offiziell aus gesundheitlichen Gründen.

Dualismus in der Krise

Koerbers Niederlage zeigt, dass auch ein verschärfter Zentralismus den Territorien der Monarchie keine einheitliche politische Identität zu sichern vermochte. Vor allem die Frage nach den Beziehungen zu Ungarn bleibt offen und im Grunde unlösbar. 1901 veröffentlicht der Historiker und Jurist Hans von Voltelini einen wichtigen Aufsatz mit historischem Thema aber unverkennbar politischen Implikationen unter dem Titel *Die österreichische Reichsgeschichte, ihre Aufgaben und Ziele*[49]. Die Arbeit Voltelinis, der damals in Innsbruck und ab 1908 in Wien Dozent für Österreichische Reichsgeschichte ist, geht aus von dem Gesetz vom 20. April 1893, durch das der Unterricht in Reichgeschichte für österreichische Studenten der Jurisprudenz Pflichtfach werden sollte[50]. Im Rahmen von Überlegungen zum Ausgleich stellt er die Frage, ob die Reichsgeschichte für beide Teile des Habsburgerreichs eine gemeinsame Geschichte ist, wie einige behaupten, oder ob sie sich nur auf die juristisch-staatliche Entwicklung derjenigen österreichischen Territorien bezieht, deren Repräsentanten im Wiener Reichsrat sitzen und nicht im Parlament von Budapest. Die Antwort auf die Frage tendiert zur zweiten Lösung:

> Ungarn ist nach den Ausgleichsgesetzen von 1867 ein in seinen inneren Angelegenheiten selbständiger und unabhängiger Staat. Die Geschichte seiner Verfassung und Verwaltung kann daher nur insoweit für die österreichische Reichsgeschichte von Belang sein, als die mit Österreich gemeinsamen Institutionen in Betracht kommen, und als die ungarischen Verhältnisse auf die Entwicklung des österreichischen Staatsrechts zurückgewirkt haben[51].

Der Unterschied zwischen Österreich und Ungarn ist nach Voltelini so groß, dass österreichische Rechtshistoriker es sich sparen können, die jenseits der Leitha geltenden Normen, Gesetze und Verfahren zu studieren und diese Themen ihren ungarischen Kollegen überlassen können. Als Jurist und Staatsbeamter beurteilt er die Abseitsstellung Ungarns als eine Verletzung der verfassungsmäßigen Einheit der Monarchie, die nie verwunden wurde. Das Eingeständnis dieses Scheiterns wird jedoch weniger schwerwiegend bei dem Gedanken, dass es in der österreichischen Staatsgeschichte ein Antidoton gegen die bestehende Krise geben muss. In der Tat muss die Geschichte Österreichs die Geschichte seines Staates bleiben, jedoch mit all den verschiedenen nationalen Kulturen, die ihm samt ihren Besonderheiten seit jeher angehören:

> Es gibt keine österreichische Literatur, sondern nur eine deutsch-österreichische, eine tschechische, polnische, magyarische, die einander fremder gegenüberstehen als z.B. die deutsche

und französische oder englische. In dem österreichischen Staate allein finden sich die einzelnen Nationen zusammen, an seinem Wachstum und seiner Entwicklung haben sie alle auf ihre Art Anteil genommen, in ihm allein können sie ein gemeinsames Geistesprodukt erkennen[52].

Voltelini hegt also die für einen österreichischen Altliberalen typische Überzeugung, dass es eine Geschichte der Monarchie gibt, die nicht ausschließlich deutsch ist, sondern sich aus kulturell verschiedenen Nationen zusammensetzt, welche durch ein höheres juristisch-staatliches Band zu einer Form des gemeinsamen Zusammenlebens gefunden haben. Tatsache ist jedoch, dass entgegen seinen Erwartungen eben dieses österreichische Staatswesen in diesen Jahren die Nationen Cisleithaniens nicht nur im kulturellen, sondern auch im juristischen Sinn legitimieren sollte.

Die Nachfolger Koerbers, angefangen mit Paul von Gautsch, schlagen zur Eindämmung der nationalen Konflikte den Weg ein, sie einzeln anzugehen, mit Lösungen, die für die einzelnen Kronländer oder Teile derselben gelten. Zum ersten Mal wird diese Methode 1905 angewandt, als man aus dem Königreich Böhmen die Provinz Mähren herauslöst und einen „Ausgleich" schließt, der die beiden Sprachgruppen, die tschechische und die deutsche, trennt. Per Gesetz wird ein nationaler Kataster eingeführt, er wird erhoben auf der Basis der Erklärungen der Zugehörigkeit zu einer der beiden Sprachgruppen; die Einschreibungen bestimmen die Zusammensetzung der Wählerlisten (ausgenommen die Kurie der Großgrundbesitzer) und die Zulassung zu Schulen, die nach Sprachkenntnissen der Schüler unterschieden sind.

Die partiellen Ausgleiche – 1910 wird einer mit der Bukowina, 1914 einer mit Galizien geschlossen – sind jedoch wirkungslos, da eine echte Perspektive in Sachen Nationalitäten fehlt, und sie lassen sich auch nicht überall anwenden: Es werden Entwürfe zu Ausgleichen mit dem Trentino, mit Böhmen, Istrien und Dalmatien aufgesetzt, die aber zu nichts führen[53]. Wo die ethnische Zusammensetzung zu vielfältig, die Bevölkerung zu durchmischt ist, versanden die Verhandlungen ausweglos in festgefahrenen Positionen. Gleichzeitig bedeuten die Versuche, die Einwohner einer Provinz zu einer Art Segregation zu bewegen, die Abkehr von den konstitutionellen Normen von 1867, denen zufolge den Nationalitäten keine kollektiven Rechte zustehen. Der mährische Kompromiss ist nicht nur praktisch schwer umsetzbar, er läuft auch darauf hinaus, dass die Behörden die Menschen – durch Volkszählungen, Kataster, Wähler- und Schülerlisten – der einen oder anderen ethnischen Gruppe zurechnen können[54]. Das ist ein signifikanter Schritt zurück, Symptom einer „schleichenden Föderalisierung"[55], mit der die führenden Kreise Österreichs sich abzufinden scheinen, und auch die Ungarns, obwohl sie geschlossener wirken.

Das Jahr 1905 bringt in Budapest das Ende der Herrschaft der Liberalen, die zwei Jahre nach Ernennung István Tiszas (dem Sohn Kálmáns) die Regierung verlassen. Die Partei stürzt über dem letzten Versuch einer lokalen Verwaltungsreform und aufgrund der Weigerung der Opposition, einer Erhöhung des Beitrags zum gemeinsamen Heer um 25% zuzustimmen. Nach der schweren konstitutionellen Krise 1905–1906 lösen sich bis 1910 vier Koalitionsregierungen ab (mit einer leichten Mehrheit der Unabhängigkeitspartei), die, um die Tumulte der schweren Agrarkrise und die Proteste der Minderheitennationalitäten zum Schweigen zu bringen, wieder einmal zum Mittel der Magyarisierung greifen. In der Tat behalten die Regierungen die von den Liberalen verfolgte Linie bei: Bestes Bespiel dafür sind das Gesetz Appony von 1907, das den juristischen Status des Staatsbeamten auf die Lehrer an konfessionellen Schulen ausdehnt, und im selben Jahr das vom Handelsminister Ferenc Kossuth erlassene Gesetz, mit dem das Ungarische für Eisenbahnpersonal Pflichtsprache wird.

Eine Schwächung der Regierung in Budapest sind die massiven Volksaufstände gegen den *Ban* von Kroatien und Slawonien Károly Khuen-Héderváry, einen ungarischen Adeligen und Cousin von Kálmán Tisza, der das Königreich seit 1883 mit eiserner Hand regiert. Im Januar 1903 gingen in Zagreb Zehntausende Menschen auf die Straße und verlangten größere finanzielle Autonomie, und die Revolte griff rasch auf das Land über. Im Unterschied zu 1883, als der Protest unterdrückt wurde, stellt Khuen-Héderváry die Ordnung durch den Einsatz von Heer und Gendarmerie wieder her, ruft aber lieber nicht den Belagerungszustand aus. Solche Vorsicht steht im Zusammenhang mit dem Aufstieg einer neuen politischen Formation, der Kroatischen Rechtspartei, Vertreterin der staatlichen Unabhängigkeit Kroatiens. Ihr ist es gelungen, die Mitglieder der Volkspartei, Erben der illyristischen Ideologie eines Zusammenschusses aller Südslawen, auf ihre Positionen zu vereinigen[56]. Das Übereinkommen zwischen *narodjaci* und *pravaši*, wie die Anhänger der beiden Gruppen genannt werden, findet sofort Widerhall in Dalmatien (das zu Cisleithanien gehört) und gibt 1904 den Impuls zur Gründung einer lokalen kroatischen Partei, die danach strebt, auch die Serben der Region zu repräsentieren. Der entscheidende Schritt zu einer großen kroatisch-serbischen Koalition geschieht im Oktober 1905 bei einem Treffen zwischen Abgeordneten des (zu Ungarn gehörigen) Königreichs Kroatien und des (zu Österreich gehörigen) Dalmatien in Fiume. In einem Dokument, das zwei Wochen später in Zara von den serbischen Abgeordneten des kroatischen Sabor verabschiedet wird, bittet man den Kaiser, die Vereinigung von Kroatien-Slawonien und Dalmatien innerhalb eines autonomen Königreichs Ungarn zu vollziehen, und außerdem um die Gleichstellung der beiden nationalen Gruppen: Dieses politische Programm ist nicht nur eine Kritik am Dualismus, sondern bewegt sich außerhalb desselben[57].

Das veränderte politische Klima in Kroatien stellte ein weiteres unvorhergesehenes Hindernis in den ohnehin schon angespannten Beziehungen zwischen dem Hof, den Liberalen und der ungarischen Opposition dar. Die Entfernung Khuen-Hédervárys aus dem Amt des *Ban* und der mit dem stillschweigenden Einverständnis Frans Josephs erzwungene Abschied Tiszas waren Friedenssignale an die Adresse der serbisch-kroatischen Koalition. Dennoch bliebe die Nachgiebigkeit Wiens und Budapests unverständlich, wenn man nicht berücksichtigte, wie konfus die Situation war, die in jenen Jahren an den Balkangrenzen der Doppelmonarchie entstanden war.

Die Ermordung des Königs von Serbien Alexandar Obrenoviĉ und seiner Frau im Juni 1903 hatte in der politischen Linie Belgrads einen radikalen Wandel bewirkt, den zu bemerken die österreichisch-ungarische Diplomatie jedoch eine Weile brauchte. Unmittelbar nach seiner Thronbesteigung machte der neue Souverän Peter Karadjordjeviĉ kein Geheimnis daraus, dass er die Wiederherstellung eines legendären „historischen" Serbien anstrebte, welches den Kosovo, Mazedonien und Montenegro umfasste. Die Begeisterung, die diese Wende auslöste, war in den Programmen von Fiume und Zara zu erkennen, doch eine noch größere Bedrohung stellte die Außenpolitik Belgrads dar, da die 1905 mit Bulgarien geschlossenen Handelsabkommen und die ausdrückliche russische Unterstützung für eine serbische Expansion im Mittelmeer Provinzen betrafen, die Wien als seine Hoheitsgebiete betrachtete. Mit anderen Worten, „was würde geschehen, wenn ein Handelsabkommen sich nur als der erste Schritt in Richtung auf eine ‚Liga' von Österreich-Ungarn feindlich gesinnten Staaten entpuppte, die sich an Sankt Petersburg orientierten?"[58].

Eine solche Perspektive lief den Leitlinien der österreichisch-ungarischen Politik zuwider, die darauf abzielten, die Balkangrenzen so wenig wie möglich anzutasten. Um die Mitte der 1870er Jahre hatte Minister Guyla Andrássy prophezeit, wenn Bosnien-Herzegowina in die Hände Serbiens oder Montenegros fallen sollte, würde Österreich als „der kranke Mann Europas" die Stelle des Osmanischen Reichs einnehmen. Aus dieser Überzeugung kam die Entscheidung, den Osmanen zuvorzukommen und die bosnischen Gebiete unter die eigene Kontrolle zu bringen. In der Besetzung von 1878, die auf dem Kongress von Berlin ratifiziert wurde, kamen viele Gründe zusammen: solche strategischer Natur, da das Heer auf eine Erweiterung der südöstlichen Grenzen der Monarchie drängte; solche außenpolitischer Natur, um den Einfluss Russlands auf dem Balkan auszugleichen; schließlich solche innenpolitischer Natur, um die Bildung eines großen Staatenverbunds der Südslawen zu verhindern. In dreißig Jahren hatten sich die Ziele der Habsburger Politik in der Region nicht geändert. Nun allerdings waren die Beziehungen der österreichisch-ungarischen Kroaten und Serben mit den Slawen jenseits der Grenzen sehr viel enger; vor allem hatte sich die innere Verfassung des Habsburgerreichs seit 1867 geändert, mit einem regeren aber auch schwerer zu lenkenden parlamentarischen Leben.

Ein scharfsinniger Beobachter, der beste, den die führende Klasse Österreichs zu dieser Zeit zu bieten hatte, ist Graf Alois Lexa von Aehrenthal, Botschafter in Sankt Petersburg und ab 1906 Außenminister[59]. Nachdem er am Ballhausplatz Einzug gehalten hatte, versucht er sein Ministerium nach preußischem Vorbild in eine Art kaiserliche Kanzlei umzugestalten und strebt eine dynamischere Außenpolitik an, begleitet von einer wirtschaftlichen Durchdringung des Balkans mit dem Ziel, das Prestige Österreich-Ungarns zu heben. Die verstärkten Aktivitäten auf dem balkanischen Schauplatz sollen der Entfremdung der Südslawen, insbesondere der Kroaten, entgegenwirken. Er ist gegen eine Stärkung der Autonomie Kroatien-Sloweniens eingestellt, weil das die dortige wirtschaftliche Stagnation verschlimmern würde, so macht er den Vorschlag, die Kroaten (Istriens und Dalmatiens) und die ungarischen Serben zu einer einzigen staatlichen Einheit zusammenzufassen[60].

In Aehrenthals Augen ist das Projekt eines dritten slawischen Reiches innerhalb Transleithaniens, das die Attraktivität des serbischen Nationalismus für die Kroaten mindern würde, die einzige mögliche Antwort auf den Stillstand der dualistischen Politik nach der Vertreibung der Liberalen Tiszas. In einem Brief vom Sommer 1905 – geschrieben in den Tagen der parlamentarischen Vorgänge, die zur Entlassung Tiszas führten – gibt er eine gnadenlose Momentaufnahme der politischen Krise der Monarchie: „Die ungarische Koalition hat bewiesen, dass der Dualismus à la longue unhaltbar ist. Daher sollte ein mutiger Vorstoß gemacht werden, um die Monarchie auf solidere Grundlage wie den Ausgleich 1867 zu basieren. Aber Wien steht unter dem Zeichen der Senilität und paralysiert den an manchen Orten vorhandenen Impuls zum Leben"[61]. Diese Argumente kehren zwei Jahre später in dem regen Briefwechsel mit dem ungarischen Ministerpräsidenten Sándor Wekerle wieder. Auch dieser weiß genau, warum die Beziehungen zwischen Wien und Budapest zum Stillstand gekommen sind: die Schwierigkeiten in den Wirtschaftsbeziehungen, die alle zehn Jahre anlässlich der Erneuerung des Ausgleichs wiederkehrenden Streitigkeiten über die Finanzierung des Heeres, die zunehmenden Verwerfungen innerhalb der Eliten Transleithaniens[62]. Zwischen den beiden Ministern besteht Einigkeit über die Außenpolitik: Will Österreich-Ungarn nicht bloß ein geografisches Agglomerat sein, muss es sich aufgefordert fühlen, den Vorposten der europäischen Mächte im Orient darzustellen. Aehrenthal betrachtet die von Wekerle vorgebrachten Kritikpunkte als Faktoren, die die Großmachtstellung der Monarchie in Europa gefährden; und weist wiederholt auf die Notwendigkeit hin, so bald wie möglich ein neues Wehrgesetz zu verabschieden, das die Forderungen Budapests „in Bezug auf die Anwendung der ungarischen Sprache und betreffend der Neuregelung der Wappen- und Emblemfrage berücksichtigt"[63].

Es ist nicht verwunderlich, dass in Aehrenthals Schriften die Außenpolitik vor allen anderen Argumenten an erster Stelle rangiert; schon 1898 beobachtet er, dass Österreich-Ungarn, nachdem es aus Deutschland und Italien vertrieben wurde, „nur eine Richtung zur Bestätigung seiner Vormachtstellung und seines Einflusses verbleibt. Das ist die Herrschaft auf der Adria und in den an ihrer Ostküste gelegenen Ländern"[64]. Sei es als Botschafter in Russland, sei es als Außenminister, betrachtet Aehrenthal die Innen- wie Außenpolitik als Mittel zur Erreichung derselben politischen Zielsetzung: Die Habsburgerregierung vor der Gefahr der Nationalismen zu bewahren und den Status als internationale Großmacht zu erhalten. Aus dieser Perspektive versteht man auch, dass er – im Unterschied zu Wekerle[65] – für die Einführung des allgemeinen Wahlrechts für Männer in Cisleithanien eintritt, dies vor allem in dem Glauben, dass es bald auch in der anderen Hälfte der Monarchie übernommen würde.

Aehrenthals Zustimmung zu einer Erweiterung des Wahlrechts spiegelt die sehr pragmatische Gewohnheit der habsburgischen Bürokratie wider, sich mit dem parlamentarischen Regime zu konfrontieren. Am Ende aufreibender politischer Kämpfe, die in erster Linie von Christlichsozialen und Sozialdemokraten ausgefochten wurden, gab Franz Joseph dem Drängen seines Ministerpräsidenten Max Wladimir von Beck nach und billigte die Wahlrechtsreform. Die Befürworter des allgemeinen Wahlrechts traten in ideologischer Hinsicht als gegnerische Parteien auf, was vielleicht nahelegte, dass man sie gegeneinander ausspielen könnte, und beide hatten eine fest in der Hauptstadt verankerte Führung, ein weiterer, für den Hof beruhigender Faktor.

Der Führer der Christlichsozialen, Albert Gessmann, stellte sich einen erbitterten Kampf gegen „die Roten" vor, der es seiner Partei erlauben würde, in den katholischen Alpenregionen zu gewinnen und den Sozialdemokraten in Wien Paroli zu bieten, wobei er auf den Zusammenhalt der verschiedenen deutschnationalen Gruppen (des Deutschen Nationalverbands) in Böhmen und Mähren rechnete, wo sie ihre Hochburgen hatten. Die Wahlen vom Juni 1907 bestätigten diese Vorhersagen. Die Liberalen und die Jungtschechen gingen geschwächt daraus hervor und die Deutschnationalen behaupteten ihre Position. Sieger der Wahlen waren die Sozialisten, die 87 Sitze bekamen, aber vor allem die Christlichsozialen, die zusammen mit den Katholischen Konservativen die Deutsche Christlichsoziale Reichspartei bildeten, mit 96 Mandaten der größte Klub der Kammer. Die beiden großen Parteien schöpften aus einem geografisch umschriebenen Raum – Sozialdemokraten und Christlichsoziale gewannen 123 ihrer 161 Sitze in den Gebieten der künftigen Republik[66] – mit dem Ergebnis einer verstärkten Zentralität Wiens in der gesamten Politik der Monarchie.

Die Gewährung des allgemeinen Wahlrechts wurde von den Zeitgenossen als der Beginn einer zweiten konstitutionellen Ära empfunden. Das Panorama der Nationalitäten unter den Abgeordneten war breit gefächert: 232 Deutsche, 19 Italiener, 5 Rumänen, 4 Jüdisch-Nationale, 256 Slawen (108 Tschechen, 79 Polen, 32 Ruthenen, 24 Slowenen, 11 Kroaten und 2 Serben), deren Zwistigkeiten von Beck schon 1908 zwangen, sein Mandat niederzulegen. Die wachsende Instabilität des parlamentarischen Parteienspektrums war jedoch nicht einfach der Reflex nationaler Konflikte, sondern vielmehr das Ergebnis tiefreichender Veränderungen in der Zivilgesellschaft und der Einführung neuer repräsentativer Mechanismen[67]. In sämtlichen Kronländern sahen sich Großgrundbesitzer und bürgerliche Honoratioren, die die Wahlkomitees bis dahin fest in der Hand gehabt hatten, nun durch politische Bewegungen herausgefordert, die sich aus Bauern, Handwerkern sowie kleinen Beamten zusammensetzten und Ausdruck alternativer sozialer Interessen und Ideologien waren. Eine neue Art der politischen Aktion eröffnete den Angriff auf die privilegierten Beziehungen des alten Adels mit der Regierungsbürokratie und löste sie teilweise auf. In der Tat stellte die große Mehrheit der um die Jahrhundertwende entstandenen „extremistischen" Parteien (der Alldeutsche Verband Georg von Schönerers, die Nationalsozialisten in Böhmen, die Nationaldemokraten in Galizien, die Rechtspartei in Kroatien) eine typisch populistische Revolte gegen den Elitismus der Konservativen und der Liberalen dar. Und nicht zufällig wurden letztere im Wahlkampf heftiger angegriffen als die „ethnischen" Feinde: Die 1898[68] gegründeten tschechischen Nationalsozialisten verwendeten ein sehr aggressives nationalistisches Vokabular mit dem Ziel, den Alt- und den Jungtschechen Wählerstimmen abspenstig zu machen, aber sie wandten es nicht gegen die deutschen Minderheiten in Böhmen und Mähren; dasselbe gilt für den Bruderkrieg, den die Christlichsozialen in den Alpenregionen gegen die konservativen Katholiken führten, für die Feldzüge der Parteien der polnischen Bauern und Nationalisten, die die Korruption der Grundbesitzer in Galizien anprangerten, oder schließlich die slowenischen Parteien, die die nationalistische Propaganda in erster Linie einsetzten, um ihre politische Position zu festigen.

Oft entsprang die Aufforderung zur Verteidigung linguistischer oder historischer Rechte ganz anderen, „konkreteren" Erfordernissen, auch wenn sie in nationaler Rhetorik vorgetragen wurde. Wie John W. Boyer gezeigt hat, fungierte der nationale Konflikt als „emanzipatorischer und zentripetaler Prozess"[69], der aus den österreichischen Wählern, egal, welcher ethnischen Gruppe, nicht nur „Subjekte", sondern auch „Akteure" ihrer politischen Zukunft machte[70]. Im Übrigen kam es häufig vor, dass das nationale Vokabular von den Parteien der Regierung oder der Opposition verwendet wurde, um die eigenen Interessen zu stützen. Als der Trentiner sozialistische Abgeordnete Augusto Avancini in seiner ersten Rede im Reichsrat (1908) die vordringlichsten Probleme des italienischen Tirol aufzählte, wies er auf die Abwanderung in andere Länder hin, auf das Fehlen von Investitionen, auf die Übergriffe des Militärs gegenüber der Zivilbevölkerung, nannte die nationalen Spannungen aber erst an letzter Stelle. Die deutschsprachige Mehrheit im Landtag von Innsbruck kramte das „Schreckgespenst des Irredentismus" hervor, nur um alle konkreten Maßnahmen zur Behebung der schwierigen wirtschaftlichen Lage des Trentino auf die lange Bank zu schieben. Und Avancinis Ansicht nach entbehrte der Verdacht einer Sezession des italienischen Tirol jeder Grundlage: Die „Herrschaften" Irredentisten und Liberalen – so nannte er sie mit einiger Verachtung – entstammten einem Teil des Bürgertums, der „im Durchschnitt zu faul ist, um staatsgefährlich zu werden"[71] und höchstens zur Rolle der Polizei zur Durchsetzung von Repressalien gegen das einfache Volk taugt.

Ähnlich wie viele andere Sozialisten seiner Zeit hielt Avancini die Konflikte zwischen Nationalitäten für künstlich, nichts weiter als das Produkt einer Manipulation von oben. Im Gegensatz dazu betrachteten die Vereine zur Verteidigung der Sprache (Deutscher Schulverein, Südmark, Pro Patria usw.) die nationalen Identitäten als Ausdruck tief verwurzelter historischer und sprachlicher Unterschiede und beklagten womöglich, dass die Mehrheit der Menschen diesen Werten gegenüber gleichgültig schien. Ein so breites (und so widersprüchliches) Spektrum von Meinungen hat in den letzten Jahren viele Forscher motiviert, sich derselben Fragen über die „Natürlichkeit" oder „Künstlichkeit" der nationalen Gefühle zu widmen. Und wie die Einwohner der Doppelmonarchie sind auch die Historiker von heute geteilter Meinung[72].

Die Debatte hat in erster Linie dazu beigetragen, den nationalen Konflikten die zentrale Bedeutung zu nehmen, die man ihnen noch bis vor wenigen Jahrzehnten beimaß: Detailliertere Untersuchungen der verschiedenen politischen Konzepte haben uns gelehrt, zu unterscheiden zwischen Nationalität als Prozess der Herausbildung einer gemeinsamen Identität und Nationalismus als politisch-ideologischem Programm, das imstande ist, üblicherweise begrenzte Gruppen von Aktivisten zusammenzuführen[73]. Größeres Augenmerk auf kulturelle Faktoren hat die Forscher für die Tatsache sensibilisiert, dass der Nationalismus für die verschiedenen sozialen Klassen – Adel, Bürgertum, Bauern – unterschiedliche Bedeutung hat und dass er sich mitunter an schon existierenden ökonomischen und konfessionellen Verwerfungslinien entlang entwickelt. Mit einer schönen Formulierung von John Breuilly könnten wir sagen, dass nationalistische Ideologien immer „miteinander unvereinbare" Ideen benutzen, die aber trotzdem für den, der sie benutzt, extrem überzeugend sein können[74].

Der Begriff „Nationalismus" war eine Art großer Topf, in den recht verschiedene intellektuelle und politische Praktiken hineinpassten. Wie sich an der politischen Karriere Karl Luegers ablesen lässt, der zunächst Abgeordneter und seit 1897 Bürgermeister von Wien war, konnte die nationale Botschaft durchaus Tradition und Modernität in sich vereinen, Wille zur Veränderung und sozialen Konservatismus. Sobald er seinen Posten im Rathaus bezogen hatte, nahm „der schöne Karl": ein breites Modernisierungsprogramm im Bausektor und in öffentlichen Verkehr in Angriff (zum Beispiel Bau der U-Bahn, elektrische Beleuchtung), das der Stadt im Lauf eines Jahrzehnts ein völlig neues Gesicht verlieh. Doch Lueger, der Wien als eine von Natur aus deutsche Stadt betrachtete, war auch imstande, eine sehr pragmatische und tolerante Nationalitätenpolitik zu betreiben, die auf eine „functional assimilation" der zugezogenen Bevölkerung abzielte, ohne je die Ängste seiner Mitbürger vor der Zuwanderung nicht-deutscher Ethnien zu schüren[75]. „Eine Stadtvision und Stadtgestalt ebenso souverän, deutschnational und antisemitisch wie egalitär und gemeinschaftlich" widersprach nicht der raschen Modernisierung der Hauptstadt. „Dieses Konzept einer Herstellung imaginierter Gemeinschaften über sezessionistische Codes (des Nationalen, des Populismus etc.), die aus Anonymen das ‚Wir' gegen die ‚Anderen' formen, finden wir in der multinationalen Habsburgermonarchie in den unterschiedlichsten Kontexten und in einer Vielzahl von Fällen"[76].

In Triest wie in Budapest, in Prag wie in Graz und Wien boten Strategien der Nationalisierung Wahlvorteile. So wurden die von den nationalistischen Ideologien hervorgebrachten Identifikationsprozesse ein wichtiges „Prinzip der Vision und der Division"[77] innerhalb der Monarchie und lieferten eine, wenn auch oft irrationale Lösung für das Problem der Beziehung zwischen Gesellschaft und staatlichen Institutionen. Die Gesetze zur sprachlichen Gleichstellung und die Volkszählungen hatten, vielleicht unbeabsichtigt, einen ersten Schritt in diese Richtung getan: Der Habsburger *composite state*, der bis zu diesem Augenblick als ein Ansammlung von Ethnien, Sprachen und unterschiedlichen Religionen betrachtet worden war, wurde nun als Ensemble von Nationen wahrgenommen und kritisiert. Ein weiterer Impuls kam durch die zunehmende Ausweitung des Wahlrechts. Das Gesetz über das allgemeine Wahlrecht hatte die Anziehungskraft des Wiener Parlaments gegenüber den Provinzen gestärkt. Die Wählerschaft der Sozialdemokraten und Christlichsozialen zum Beispiel ersteckte sich auf alle Provinzen, obwohl sie dazu neigte, das Habsburger Universum durch das Kaleidoskop des Wiener „provinziellen Kosmopolitismus"[78] zu betrachten. Doch was die zentripetale Wirkung des Reichsrats behinderte, war der mit der Zeit größer gewordene Unterschied zwischen universaler Geltung des Wahlrechts und der archaischen, unantastbaren Aufteilung in Kurien, auf die die österreichischen Bürger stießen, wenn sie ihre Abgeordneten für den Landtag oder den Gemeinderat wählen wollten.

In dieser Hinsicht stellte das Königreich Ungarn den eklatantesten Widerspruch dar, ein rigides Zulassungssystem verlieh dort weniger als 10% der Bevölkerung das Wahlrecht. In den kleinen Provinzstädten und im Parlament von Budapest herrschten unangefochten die traditionellen Eliten: Von den sechzehn Ministerpräsidenten, die einander zwischen 1867 und 1918 folgten, hatte keiner einen bürgerlichen Hintergrund und alle, außer einem (Wekerle, der Sohn eines Beamten), entstammten dem Hoch- oder Landadel[79]. Und obwohl die Reformen der Jahre 1882, 1897 und 1907 die politische Teilhabe auf Reichsebene schrittweise erweitert hatten, hatte sich auch in Cisleithanien an den Mechanismen der Lokalwahlen nichts oder sehr wenig geändert. Die verschiedenen Prozeduren verzerrten das Wahlergebnis in fast paradoxer Weise: In Triest konnten die Liberalnationalen 1907 im Parlament kein Mandat erringen – in der Tat gingen alle Sitze an die Sozialisten –, sie konnten sich jedoch 1909 erholen und gewannen die Wahlen zum Gemeinderat dank einer Öffnung der Kurien. Es gibt viele, „unnatürlich in einem politischen Körper vereinte Seelen", erklärt 1912 in Triest der Sozialist Angelo Vivante und unterstreicht die Irrationalität, auf der dieses Wahlrecht beruht[80]. Die Folgen aus dem Ungleichgewicht zwischen lokalem und staatlichem Wahlsystem waren nicht nur in Triest ein Problem, wo im Übrigen der Gemeinderat die Befugnisse eines Landtags hatte. Die Asymmetrien im Wahlsystem fanden sich überall in den Kronländern und sie wurden eklatanter infolge der Erweiterung der administrativen Kompetenzen, die den Landtagen und den größeren Städten im Zeitraum 1861–1873 gewährt wurden. Bekanntlich hatte die Provinzbürokratie fast vollständig die Verantwortung für Schulen, Straßen, Landwirtschaft und finanzielle Investitionen übernommen. Das Fehlen einer klaren Trennlinie zwischen staatlicher und Provinzregierung verursachte tagtäglich Spannungen und Konflikte, abgesehen von den Kosten für den Erhalt von zwei, manchmal drei Verwaltungsapparaten nebeneinander. Aber die „Verkronlandung" Cisleithaniens[81] hatte nicht nur administrative Auswirkungen: Sie verschob auch einen immer größeren Teil der politischen Auseinandersetzung auf die Landtage und entzog sie damit der vermittlerischen Fähigkeit des Reichstags.

Aus diesen Gründen wurden die Kronländer nach und nach das bevorzugte Aktionsfeld der nationalen Aktivisten[82]. In ihren Augen erschien die Kontrolle der Institutionen auf Provinzebene fast wichtiger als die Eroberung eines Sitzes im Parlament oder die Verbindung zu den großen Parteien. In der Tat begünstigte die Schwächung Wiens die Entstehung etlicher nationaler Gruppen in den einzelnen Gebieten, die in loser Ordnung agierten, mit Allianzen, Zerwürfnissen, Wiederversöhnungen, konfusen und unvorhersehbaren Frontwechseln.

Durch die Streuung der territorialen Nationalismen geriet die Stabilität der Institutionen unausweichlich in Gefahr. Nach Beck (1906–1908) lösten einander weitere drei Ministerpräsidenten ab, Bienerth, Gautsch und Stürgkh, die vergeblich versuchten, diese Asymmetrien zu beheben. 1909 erteilte das Kabinett Bienerth einer Expertenkommission den Auftrag zu untersuchen, aufgrund welcher Dysfunktionen die Kommunikation zwischen Hauptstadt und Peripherie gestört war. Die Kommission fand heraus, dass die abnorme Zunahme der Zahl der Beamten – zwischen 1890 und 1911 war das Budget für ihre Gehälter um 200% gewachsen – sowie die unklare Abgrenzung ihrer Aufgabenbereiche in erster Linie dafür verantwortlich waren. Die Mitglieder der Kommission, Juristen und Historiker wie Edmund Benatzik und Josef Redlich, waren der Meinung, die unverhältnismäßig hohen Kosten und die Ineffizienz der Beamten machten eine Neubestimmung ihrer Beziehungen zu den politischen Autoritäten erforderlich. Redlich, der sich mit Finanzverwaltung befasste, formulierte das wohl drastischste Urteil von allen. Außer der Zusammenlegung einiger Provinzen zu überregionalen Einheiten regte er an, die Zahl der Beamten zugunsten einer größeren finanziellen Verantwortlichkeit der Provinzen zu verringern. Durch Erweiterung der Kompetenzen der Provinzverwaltung wirkte er einerseits der Tendenz entgegen, alles auf Wien zu konzentrieren, andererseits erreichte er, dass die Minister die Kontrolle der öffentlichen Gelder in engem Kontakt mit dem Parlament durchführten[83].

Der Kontext, in dem die Kommission agierte, war der Grund für ihr Scheitern. Die Streitsucht des Abgeordnetenhauses und die unentwegte Verzögerungstaktik der Parteien hatten die Neigung des Hofes verstärkt, parlamentarische Mediation für kontraproduktiv zu halten. Franz Joseph und mit ihm die konservativsten Kreise waren zu der Überzeugung gelangt, dass die Verwaltung die einzige Macht sei, die imstande sei, die Regierungsgeschäfte zu erledigen: „Der Konstitutionalismus Franz Josephs war ja von Anfang an sehr viel Schein und wenig Substanz, aber jetzt war alles sozusagen Scheinwesen". Mit diesen Worten beschrieb Josef Redlich[84], der 1929 Professor in Harvard war, in seiner Biografie Franz Josephs einen der wesentlichen Aspekte des Zeitraums 1900–1904, als Ernest von Koerber Ministerpräsident war. Die zunehmende Immobilität des Parlaments hatte sogenannte „reine Beamtenministerien" hervorgebracht, die für einen deutschen Liberalen alter Schule wie Redlich eine Entartung des konstitutionellen Prozesses darstellten: weshalb seiner Ansicht nach „die Bürokratie im Namen des Kaisers absolutistisch regierte". Man muss jedoch feststellen, dass die Lähmung des Parlaments zum Teil von großer Flexibilität kompensiert wurde (bestehend aus informellen Absprachen, Übereinkünften und kleinen Kompromissen), womit die habsburgische Verwaltung agierte[85]. Aber trotz allem bleibt der Eindruck bestehen, dass seit Beginn des 20. Jahrhunderts der Weg zu einer autoritären Wende vorgezeichnet war. Es ging nicht mehr darum, die parlamentarischen Institutionen zu reformieren, es war ganz einfach die Zeit gekommen, sie beiseite zu lassen.

Unterstützung erfuhren die autoritären Bestrebungen durch Komplikationen in der Balkanfrage. 1908, als in Istanbul die Revolution der Jungtürken ausbrach, traf Aehrenthal die Entscheidung, Bosnien-Herzegowina militärisch zu besetzen. Die Annexion[86], die antiserbische Funktion hatte, wurde vom Thronfolger Erzherzog Franz Ferdinand[87] und vom Generalsstabschef Franz Conrad von Hötzendorf unterstützt. In den Plänen des Außenministers war die Annexion keine Konzession an die Deutschnationalen, die er für eine Gefahr für die dualistischen Strukturen hielt. Aber was auch immer seine Absichten waren, sicher ist, dass diese kriegstreiberische Wende auf innenpolitischer Ebene den Einfluss der Ratgeber Franz Ferdinands und des österreichischen Hauptquartiers stärkte, zwei Machtzentren, die innerhalb der österreichischen Kommandostrukturen teilweise Autonomie erlangten.

1911 gab es nach dem (von Franz Ferdinand durchgesetzten) Sturz Gautschs Neuwahlen. Das wichtigste Ereignis des Sommers war ein Sendbrief des Kaisers an die Parlamentskammern, in dem er „nachdrücklich auf die Wichtigkeit hinwies, die er dem Erlass eines neuen Gesetzes beimaß, das eine Verstärkung des kaiserlichen Heeres vorsah und verbunden war mit einer aktiven Auffassung der habsburgischen Außenpolitik"[88]. Von diesem Zeitpunkt an sollte das Wehrgesetz die Beziehungen des Herrschers zum österreichischen Parlament und zur Regierung in Budapest bestimmen. Wie der Kaiser erklärte der neue Ministerpräsident Stürgkh in seiner ersten Rede, er betrachte das parlamentarische System höchstens als ein Instrument im Dienste des Landes und des Volkswillens. Männer mit so unterschiedlichen Lebensläufen wie der aristokratische Außenminister Alois Lexa von Aehrenthal und der Liberale Josef Redlich kamen in der Ansicht überein, dass die Kraft der Monarchie nicht im Parlament lag sondern im Herrscherhaus, im Heer und in der Bürokratie[89]. Das Parlament zerfiel wieder einmal in mehr oder wenig gleich starke Gruppen, teils wegen der Spaltung der Sozialisten, teils wegen des spürbaren Rückgangs der Christlichsozialen nach dem Tod Luegers. Die einzigen, die Fortschritte erzielt hatten, waren die Deutschnationalen. Vor den Abgeordneten sprach Stürgkh „eine ziemlich unverhohlene Drohung aus, sie sollten der Krone keine Schwierigkeiten machen, andernfalls gebe es das Mittel des Paragraphen 14"[90].

Der Rückgriff auf den Notfallparagraphen, dank dessen der Ministerpräsident ohne Deckung durch das Parlament regierte, wurde durch die Dynastie unterstützt. Die Zuspitzung der Spannungen auf dem Balkan erlaubte es Stürgkh, das Wehrgesetz von 1912 mit großer Mehrheit durch die Kammer zu bringen oder sie ganz einfach zu übergehen, wie im Fall vieler Dekrete zur Anhebung der Militärausgaben. Die zwei Balkankriege 1912 und 1913 bestärkten das Misstrauen Österreichs gegenüber Serbien. Es kam zu einer plötzlichen Verschärfung der polizeilichen Überwachung gegenüber allem, was die militärische Schlagkraft der Monarchie schwächen konnte. Die Demonstrationen in Prag im Sommer 1913 um den Entwurf zu einem Sprachenkompromiss, den die Deutschnationalen zu Fall brachten, bewogen die Regierung zu der Entscheidung, den Landtag aufzulösen. Die Landtage von Dalmatien, Istrien und Kroatien waren schon ein paar Jahre zuvor geschlossen worden, und die Verbindungen zwischen Wien und der Peripherie liefen über Regierungsverordnungen[91]. Als Stürgkh im März 1914 die Kammer einberief, geschah das nur, um eine Phase der Notverordnungen einzuleiten. Am Vorabend des Krieges und kaum sechs Jahre nach den ersten Wahlen mit allgemeinem Wahlrecht war das parlamentarische System Österreichs festgefahren.

Krieg und Epilog

Am späten Vormittag des 28. Juni 1914 wurden der Thronfolger Erzherzog Franz Ferdinand und seine Frau, Gräfin Sophie von Chotek, durch zwei Pistolenschüsse getötet, die von einem bosnisch-serbischen jungen Mann, Gavrilo Princip abgefeuert wurden. Der Attentäter gehörte einer Gruppe von sieben Terroristen an, die die Ermordung mit Hilfe des Kommandanten des serbischen Geheimdienstes Dragutin Dimitrjevič (bekannt unter dem Pseudonym Apis) und mit stillschweigender Billigung des Belgrader Regierungschefs, Nikolas Pašić, geplant hatten. Wenige Stunden nach der Festnahme Princips, der einen vergeblichen Selbstmordversuch begangen hatte, war den österreichischen Justizbehörden klar, dass es sich nicht um die Aktion einiger versprengter Terroristen handelte. Die von der Polizei aufgenommenen Indizien ließen die Richter hinter dem Attentäter sofort die Hand Serbiens erkennen. Die jüngsten diplomatischen Spannungen zwischen den beiden Ländern schienen diesen Verdacht zu bestätigen. Aber noch bevor die juristischen Ermittlungen zu irgendeinem Schluss gelangten, bildete sich in wenigen Tagen nach dem Attentat vom 28. Juni „ein Konsens unter den Verantwortlichen der österreichischen Politik"[92] darüber, dass die Verantwortung für den Mord bei Serbien zu suchen sei.

Generalstabschef Feldmarschall Conrad von Hötzendorf benutzte den Mord, um erneut die Notwendigkeit einer militärischen Intervention und der Annexion Serbiens zu betonen[93]. Seiner Position schlossen sich Kriegsminister Alexander von Krobatin, Finanzminister Leon Bilinski, Ministerpräsident Karl Stürgkh an sowie General Oskar Potiorek, der als Generalgouverneur von Bosnien-Herzegowina die Verantwortung für die Fehler trug, die beim Schutz des Thronfolgers gemacht worden waren. Die Entscheidung zugunsten einer kriegerischen Strafmaßnahme lag nun beim Ballhausplatz. Außenminister Graf Leopold von Berchtold, seit 1912 im Amt, war keine starke Persönlichkeit wie Aehrenthal. Wie der italienische Botschafter Baron Kajetan Merey im Mai 1914 in einem Brief schrieb, hatte Berchtolds „Dilettantismus" bewirkt, dass die österreichische Außenpolitik von einigen hohen Beamten am Ballhausplatz, von der Kanzlei im Belvedere, von Schloss Schönbrunn, vom Generalstab des Heeres „und weiß Gott von wem noch"[94] abhing. Dennoch, nur wenige Stunden nach dem Attentat schloss sich auch der „elegant dilettant"[95] Berchtold entschieden der Kriegspartei an.

Der Entscheidung, Serbien in irgendeiner Weise zu treffen, lag ein instinktives Gefühl diffuser Feindseligkeit und Furcht zugrunde[96], das im Lauf der letzten Jahre zugenommen hatte. Aehrenthals Expansionspolitik mit der Besetzung Bosnien-Herzegowinas hatte durch die Siege Serbiens in den Balkankriegen und die wachsenden Aktivitäten Russlands an seinen Grenzen negative Auswirkungen gezeigt. Nach 1908 war man sich am Ballhausplatz nicht darüber im Klaren, dass ein Krieg gegen Serbien in jedem Fall Bosnien zur Intervention bewegen und damit eine Front in Galizien eröffnen würde. Zwei – zumindest auf dem Papier – Verbündete wie Italien und Rumänien, waren vollkommen unzuverlässig; der mächtigste Verbündete, Deutschland, war nicht nur ökonomisch ein zu fürchtender Konkurrent eben auf dem

Balkan, sondern hatte seine politisch-militärische Bündnispolitik auf Bulgarien und das Osmanische Reich ausgedehnt. Überdies hatte in jüngster Zeit der internationale Prestigeverlust der Monarchie die slawischen oder rumänischen Nationalitäten dazu ermuntert, Ansprüche geltend zu machen, gleichzeitig aber die ausländischen Mächte herausgefordert, sie zu unterstützen[97].

Aus Besorgnis über eine so unruhige Gesamtlage ging Ministerpräsident István Tisza, auf den Vorschlag eines Angriffs auf Serbien zunächst nicht ein. Besorgt, dass ein Krieg den Interessen Ungarns schaden könnte, lieferte sich Tisza, der 1913 an die Regierung zurückgekehrt war, in den ersten Juliwochen eine heftige Auseinandersetzung mit Berchtold. Gegen eine Annexion Serbiens eingestellt, welche die Anzahl der Slawen in der Monarchie vermehren würde, verlangte der Ministerpräsident, bevor man irgendetwas unternahm, Beratungen mit dem deutschen Alliierten. Die Frage, ob das Deutsche Reich Maßnahmen gegen Serbien unterstützen würde oder nicht, war natürlich zentral. In diesem Punkt waren sich alle einig: der Kaiser, Minister Berchtold und im Grunde auch Hötzendorf, der, nachdem er zuerst verlangt hatte, Serbien „sofort anzugreifen", zugeben musste, dass das Heer vor zwei Wochen nicht mobil sein konnte. Am 4. Juli brach der Kabinettschef des Außenministeriums Alexander (Alek) Hoyos mit dem Nachtzug nach Berlin auf; er hatte einen Brief des Kaisers (den in Wahrheit er selbst geschrieben hatte) bei sich und ein Dokument, das die österreichische Sicht auf die Gefährlichkeit der Lage auf dem Balkan resümierte.

Die Wahl Hoyos', der zwischen 1906 und 1909 Legationsrat in Berlin gewesen und vor allem ein unerbittlicher Verfechter der militärischen Lösung war, war kein Zufall. Am Ballhausplatz wusste man, dass eine Expansionspolitik auf dem Balkan nur mit Rückendeckung des Deutschen Reichs möglich war, und die ganze Diskussion unter den Mitarbeitern Berchtolds über die neue politische Ausrichtung der Außenpolitik orientierte sich an diesem Ziel. Ergebnis der Diskussion war ein Papier, das dem deutschen Kaiser die Unzuverlässigkeit Rumäniens und die Notwendigkeit einer Allianz mit Bulgarien vor Augen führte, Präliminarien, die zur Wahrung der österreichischen Interessen als unerlässlich galten. Hoyos kam am 6. Juli nach Wien zurück. In einer sehr angespannten Sitzung des Ministerrats vom 7. Juli (Tisza beschwerte sich über übertriebene Autonomie, die dem jungen Diplomaten gewährt worden war), erklärte er, dass Berlin bereit sei, Österreich in der Aktion gegen Serbien zu unterstützen, unter der Bedingung, dass Wien eine aktive Politik ohne Zögerlichkeiten einschlug. Ermuntert durch die deutsche Unterstützung, billigte der Ministerrat „eine rasche Entscheidung des Streitfalles Serbien im kriegerischen oder friedlichen Sinne", eine Wendung, bei der durchschien, dass die erste der beiden Optionen die gewünschte war. Mit anderen Worten, wie Fritz Fellner bemerkt, „am 7. Juli war in Wien der Krieg gegen Serbien beschlossen worden und alle Beratungen und weiteren diplomatischen Aktionen bis zur Kriegserklärung am 28. Juli waren nur konsequente Ausführungen des am 7. Juli gefassten Beschlusses"[98].

Jetzt, da man den berühmten Blankoscheck der deutschen Unterstützung in Händen hielt, konnte man sich auf die Kriegsvorbereitungen konzentrieren. Berchtold fuhr in die Sommerresidenz nach Bad Ischl, um den Kaiser von Tiszas Widerstand zu unterrichten. Auf die persönliche Versicherung Franz Josephs hin, dass es keinen Plan zur Annexion Serbiens gebe, lenkte der ungarische Ministerpräsident ein. Bemerkenswert ist, dass es in den Unterlagen der österreichischen Diplomatie keine Liste der möglichen diplomatischen Optionen und auch keine detaillierte Analyse des komplexen Netzes von Bündnissen auf dem Balkan gab. Die Gefahr, dass das Zarenreich an der Seite Serbiens mobil machen könnte, wurde von der Regierung in Wien erkannt aber nie ernsthaft erörtert. Nicht einmal die klar zutage liegende mangelnde Vorbereitung der habsburgischen Armee für eine moderne Kriegführung konnte die Entscheidungen aufhalten. Jede Unsicherheit wurde hinweggefegt von der Überzeugung, dass es keine Alternative zur Bestrafung Serbiens gebe. Was zählte, war in der Tat die Widerlegung der weit verbreiteten Überzeugung, die Habsburger Monarchie sei im Niedergang begriffen[99]. Die Unterschätzung der eigenen Schwächen – ein Fehler, den die Habsburger Monarchie oft begehen sollte – kollidierte mit dem Stolz, sich als Großmacht zu fühlen und mit den Ängsten vor etwaigen nationalen Abspaltungen.

Fast einen Monat lang ignorierten die europäischen Mächte was in den habsburgischen Machtzentralen geschah. Zumindest bis zum 20. Juli war die englische Diplomatie zuversichtlich, dass „die verwickelte serbische Affäre" sich schließlich lösen würde. Diese Gleichgültigkeit war Zeichen sowohl für die geringe internationale Bedeutung der Habsburger als auch für die Starre des Bündnissystems der Mächte auf dem Alten Kontinent. Sie erlaubte aber Österreich-Ungarn seinen Weg weiter zu verfolgen, als ob nichts wäre. Die europäische Diplomatie schwieg und in dieses Schweigen hinein beauftragte die Regierung Baron Alexander von Musulin mit der Abfassung eines Ultimatums, das am Spätnachmittag des 23. Juli Ministerpräsident Pašić übergeben wurde. Der Text, der später vom englischen Staatssekretär Grey als „das beeindruckendste Dokument" beschrieben werden sollte, „das je von einem Staat an einen anderen unabhängigen Staat gerichtet wurde", enthielt derartige, die serbische Souveränität verletzende Forderungen, dass er im Grunde unannehmbar war. Mit dem Rücken zur Wand – man hatte den Serben 48 Stunden Zeit für eine Antwort gelassen –, übergab Pašić bei Ablauf des Ultimatums dem österreichischen Botschafter eine im Ton ausweichende, in der Substanz aber bestimmte Antwort, die von der kaiserlichen Botschaft sofort als unzureichend eingestuft wurde. Am Spätnachmittag des 25. Juli verließ Giesl zusammen mit dem ganzen Personal der Botschaft die serbische Hauptstadt und brach damit die diplomatischen Beziehungen mit Serbien ab.

Schon am frühen Nachmittag hatten die Bewohner Belgrads angefangen, die Stadt zu verlassen, während das Heer auf den Anhöhen rund um die Stadt Stellung bezog. Am nächsten Tag trafen die ersten Depeschen des serbischen Botschafters in Sankt Petersburg ein, in denen er mitteilte, dass die zaristischen Truppen sich in Bewegung setzten, um das Land gegen mögliche österreichische Angriffe zu verteidigen. Die Nachricht von der erst partiellen, dann Generalmobilmachung des russischen Heeres löste eine Kettenreaktion aus, die an diesem Punkt niemand mehr aufhalten konnte: Am 1. August erklärte Deutschland Russland den Krieg und bereitete sich gleichzeitig, nach dem berühmten Schlieffen-Plan, auf den Einmarsch in Belgien vor; wenige Tage später griffen Frankreich und Großbritannien zur Verteidigung Belgiens ein. Am 28. Juli hatten die kaiserlich-königlichen Untertanen erfahren, dass sie im Krieg mit Serbien waren. In dem Aufruf „An meine Völker", der in den elf offiziellen Landessprachen gedruckt wurde, fasste Franz Joseph die Anklagepunkte gegen Serbien noch einmal zusammen. Der Text verweilte bei den Intrigen und Verschwörungen, die in den letzten Jahren von Serbien angezettelt worden seien und im Attentat von Sarajewo gipfelten. Es war ein verbrecherisches und verwerfliches Treiben, was ihn zum Krieg zwang, damit „die Ehre und Würde Meiner Monarchie unverletzt erhalten und ihre staatliche, wirtschaftliche und militärische Entwicklung von beständigen Erschütterungen bewahrt bleiben".

Schon in den Kampagnen gegen Italien hatte Franz Joseph von der Verteidigung seiner Würde und der der Monarchie gesprochen. Und in den Tagen, die der Überreichung des Ultimatums vorausgingen, bediente sich auch von Hötzendorf einer ähnlichen Rhetorik: Der Krieg konnte aussichtslos sein, schrieb der Feldmarschall, doch er musste geführt werden, „denn eine alte Monarchie und ein altes Heer können nur ruhmreich sterben". Das Bedürfnis, das internationale Prestige der Monarchie wiederherzustellen, ließ keine andere Wahl als den Krieg.

Im Sommer 1914 „glichen die Österreicher Stachelschweinen, die hastig eine Autostraße überqueren und dabei den Blick von den vorüberschießenden Autos abwenden"[100]. Der amüsante Vergleich Okeys lässt sich auf alle Protagonisten der Kriegstreiberei anwenden, die die Welt in den Abgrund stürzen sollte. Befangen in ihren Interessen, konnten keine Kanzlei und kein Militärkommando voraussehen, dass dieser Krieg so inhuman werden würde, dass darüber die europäische Staatenordnung zerbrechen sollte. Aber das Verblüffendste bei den österreichisch-ungarischen Herrschern war die Leichtfertigkeit, mit der sie ihre Entscheidungen fällten. Immer haben die großen Reiche einseitig gehandelt, um ihre Position zu behaupten, insbesondere dann, wenn man, wie das Habsburger Reich, bis in die Mitte des 19. Jahrhunderts, die Mittel dazu hatte; doch 1914 schien niemand in Wien zu begreifen, dass die zur Verfügung stehende Militärmacht ein solches Verhalten nicht erlaubte.

Das Gesetz über die allgemeine Wehrpflicht von 1868 und einige später erlassene Verfügungen hatten nach dem Zusammenbruch im preußischen Krieg das Heer gestärkt: 1889 war die Zahl der jährlichen Rekruten im allgemeinen Heer auf 103.000 gestiegen, dazu kamen 10.000 Rekruten in der k.k. Landwehr und 12.500 in der k.k. Honvéd, den beiden Territorialheeren. Dabei blieb es bis zum Wehrgesetz von 1912, als endlich eine Erhöhung der Kontingente beschlossen wurde. Im letzten Friedensjahr standen im allgemeinen Heer 159.000 Rekruten bereit, wozu 7.260 Männer in den autonomen bosnisch-herzegowinischen Regimentern kamen, außerdem etwa 20.000 den Territorialmilizen zugeteilte Männer. Trotz dieser Maßnahmen lag die Effektivstärke des österreichisch-ungarischen Heeres bei Ausbruch des Krieges weit unter der der anderen Großmächte (in Frankreich waren 8% der Bevölkerung in Waffen, in Österreich-Ungarn 2,75%). Analog dazu war der Wehretat weit unter dem Niveau der anderen europäischen Länder und erlaubte es nicht, die Ausrüstung dem Bedarf anzupassen. Nach den Statistiken für Cisleithanien, den einzigen heute verlässlichen, waren die diensttuenden Rekruten immer nur eine kleine Minderheit im Verhältnis zu den Wehrpflichtigen insgesamt: Der Anteil der nach ärztlicher Untersuchung für „wehrtauglich" Befundenen bewegte sich um die Jahrhundertwende zwischen 12,7% und 27,7%, mit einem stetigen Anstieg seit den siebziger Jahren, einem Höchststand von 27,7% im Jahr 1900 und einem Abfall auf 22,4% im Jahr 1910. Dahingegen blieb der Anteil der Wehdienstverweigerer immer ziemlich hoch, 1900 betrug er etwa 9,4%, um 1905 auf 18,6% zu steigen und schließlich auf 22,7% im Jahr 1900[101]. Die Gründe für die geringe Zahl der Diensttuenden waren nicht nationaler Natur: Die Wehrdienst-verweigerer konzentrierten sich auf Kroatien-Slawonien (45,4%), Galizien, Krain, und Dalmatien (35%), politisch sichere, aber von Armut und Emigration geplagte Gebiete; wenige waren es im Königreich Böhmen (6–7%), dem Herzen der nationalen slawi-schen Proteste, mehr in Tirol, dem Bollwerk des habsburgischen Katholizismus, wo jedoch Tausende Bauern aus Hunger zur Emigration gezwungen waren. Man kann also davon ausgehen, dass die Ursache für die Wehrdienstverweigerung nicht in „ideologischen Orientierungen"[102] (Nationalismus, Pazifismus oder Antimilitaris-mus) zu suchen ist, sondern in handfesteren Motiven wie Emigration und Suche nach Arbeit, die viele junge Männer zwangen, ihre Heimat zu verlassen.

Trotz alledem gingen die Teilmobilmachung am 28. Juli und die Generalmobil-machung am 1. August reibungslos vor sich. Zu begeisterten Kundgebungen für den Eintritt in den Krieg kam es in Wien, Budapest, Prag und Zagreb. In Prag waren sie, wie Graf Heinrich Clam-Martinic Josef Redlich anvertraute, von den österreichischen Behörden organisiert und keineswegs ein Beweis für die tschechische Loyalität[103]. Es ist schwer zu entscheiden, ob die Menschen, die in Budapest oder Prag auf die Straße gingen und die Kaiserhymne sangen, bereit waren, ihr ethnisches „Vaterland" zu verteidigen, oder ob ein Gefühl der Zugehörigkeit zum habsburgischen „Vater-land" überwog. Im Unterschied zu den anderen europäischen Kriegsparteien fehlte ein klares „Wir', rund um das sich die verschiedenen nationalen Identitäten scharen konnten"[104], und bei den Rekruten verhinderte wahrscheinlich die Loyalität zur Her-kunftsprovinz oder -stadt, wenigstens in dieser Phase, nicht, dass sie sich als Teil eines übernationalen Gebildes fühlten[105].

Die Einberufung der Soldaten war jedoch gut koordiniert, auch wenn im laby-rinthischen habsburgischen Staatsapparat alles mit der üblichen Langsamkeit vor sich ging. Tatsache ist jedoch, dass das Habsburgerheer nicht nur ein ethnischer Schmelztiegel, sondern ein Haufen von materiell schlecht ausgerüsteten Divisionen mit zu wenig Kriegsgerät war; für einen modernen Krieg fehlte es an Kanonen, Sta-cheldraht und Maschinengewehren. Das lässt sich an den katastrophalen Ergebnis-sen der ersten Kriegshandlungen ablesen. Am 11. August eröffneten die kaiserlichen Truppen den ersten Angriff auf Serbien und hinterließen dabei unter der Zivilbe-völkerung eine Spur der Gewalt und der Übergriffe, die in zwei Wochen mindestens 4000 Opfer forderte. Nach den vom Hauptquartier herausgegebenen Zahlen waren an der Operation insgesamt 450.000 Männer beteiligt, davon 200.000 in der zweiten Offensive zwischen Oktober und Dezember 1914. Das Ergebnis war trotz der anfänglichen Erfolge, verheerend: 30.000 Tote, 173.000 Verwundete und Kranke. Die serbische Gegenoffensive im Dezember traf die Truppen von General Potiorek unvorbereitet, er war zu einem beschämenden Rückzug gezwungen und wenig später zur Niederlegung des Oberbefehls an der Balkanfront. In wenigen Tagen hinterließ Österreich-Ungarn außer Kriegsgerät und Waffen aller Art zwischen 60.000 und 70.000 Soldaten in Hand der Serben[106].

Ähnlich taktisch unklug befehligte General Hötzendorf die Operationen an der russischen Grenze in Galizien. Die drei ersten Wochen der Kampfhandlungen forderten ein Drittel der Soldaten, einschließlich des größten Teils des Offizierskorps[107]. Im Dezember 1914, nach nicht einmal fünf Monaten Krieg, zählte man 189.000 Gefallene, Soldaten wie Offiziere, 490.000 Verwundete, 278.000 Vermisste und Gefangene. „Die gesamte Bilanz der ersten Kriegsmonate war erschütternd, und im Nachhinein lässt sich sagen, dass die ungeheuren Verluste des Jahres 1914 nie wieder ausgeglichen werden konnten"[108]. Von Januar bis April 1915 verlor das Heer 358.000 Offiziere und Soldaten: Tote, Verwundete und Kriegsgefangene der Russen. Die Offensiven zu Beginn des Sommers bei Gorlice und im Herbst 1915 in den Karpaten bezeichnete ein ranghoher Offizier als „die schändlichsten Operationen", die je unter seinem Kommando stattgefunden hätten, sie kosteten 500.000 beziehungsweise 230.000 Mann das Leben. 1916, als der russische General Brusilow zur Gegenoffensive überging, belief sich die Zahl der Gefallenen, Verwundeten und Vermissten um die 224.000 Mann monatlich[109].

Dieses grauenhafte Schlachten dezimierte den regulären und gut ausgebildeten Teil des Heeres und verwandelte es in eine Miliz aus jungen Rekruten und alten Reservisten, befehligt von einer nicht ausreichenden Zahl von Zivilen in Uniform anstelle von Berufsoffizieren[110]. Zwischen 1914 und 1916 waren mehr als zwei Millionen Gefangene des österreichisch-ungarischen Heeres auf die Dörfer und unwirtlichen russischen Gefangenenlager verteilt, eine immense Zahl, wenn man sie mit den nur 167.000 deutschen Kriegsgefangenen vergleicht und wenn man bedenkt, dass bei Ausbruch des Konflikts die Soldaten der Mittelmächte an der russischen Front gleich stark waren, ja, mit einer leichten Überlegenheit der deutschen Truppen[111]. Als Reaktion auf die sehr hohe Zahl der Gefallenen kam es zu Unfällen, Desertion und einigen Fällen von Insubordination, besonders in den böhmischen Regimentern an vorderster Front[112]. Außerdem führte die Notwendigkeit, die Verluste schnell auszugleichen, dazu, dass immer ältere Soldaten mit geringer Ausbildung an die Front geschickt wurden. Die bis dahin befolgte Praxis, in den einzelnen Regimentern ein Minimum an sprachlicher Homogenität zu wahren, wurde vernachlässigt, weil die Lücken gefüllt werden mussten: Aus allen habsburgischen Provinzen an die Front geworfen, wurden die Rekruten in kleinen Gruppen in Regimenter eingegliedert, wo zwei oder drei verschiedene Sprachen gesprochen wurden und wo es oft unmöglich war, die Befehle der Offiziere zu verstehen[113].

In der Zwischenzeit hatte das Königreich Italien Österreich-Ungarn den Krieg erklärt. Die Bedingungen, unter denen das Habsburger Heer 1915 den italienischen Angriff erwidern musste, waren äußerst schwierig, doch die zur Verteidigung des Isonzo abkommandierten Treppen konnten, obzwar zahlenmäßig unterlegen, den von General Luigi Cadorna befohlenen (blutigen und unnötigen) Angriffen standhalten. Opfergeist und Kampfwille waren erstaunlich, doch wenn man im Sommer 1914 in fernen Gegenden unter weitgehend unbekannten Völkern gekämpft hatte, berührte der Krieg nach 1915 erstmals den Kern der habsburgischen Provinzen.

Die Erfahrung des Krieges hatte einen radikalen Wandel im Alltagsleben der österreichischen Bürger zur Folge. Die gigantischen Verluste an Menschenleben sowie die russische Besetzung der Provinzen Galizien-Lodomerien und der Bukowina lösten eine Massenflucht in die westlichen Gebiete der Monarchie aus, die die schwachen produktiven Kapazitäten der österreichisch-ungarischen Landwirtschaft in die Knie zwang. Von Frühjahr 1915 an löste der Mangel an Grundnahrungsmitteln in allen Städten der Monarchie Proteste und soziale Spannungen aus, dazu eine Verschärfung der Konflikte mit dem Umland[114]. Unterdessen ließ die Suspension der Parlamentstätigkeit, die im Juli 1914 verfügt worden war, den Militärs vollkommen freie Hand, jede Form der Widersetzlichkeit zu verfolgen und in einsamer Selbstherrlichkeit Maßnahmen zur Wahrung der nationalen Sicherheit zu verhängen. Im Fall des böhmischen Gouverneurs Franz von Thun-Hohenstein, der das Armeeoberkommando angeklagt hatte, es verletze die Rechte der Bürger, konnte die Heeresleitung, unterstützt von den Deutschnationalen, die sofortige Entlassung durchsetzen.

Von Deportationen in Gefangenenlager war die Bevölkerung des Trentino betroffen, das sich nach dem Beitritt Italiens zur Entente an der Frontlinie befand: Etwa 77.000 Zivilisten, Frauen Alte und Kinder wurden nach Böhmen, Mähren und Niederösterreich evakuiert, dazu gezwungen durch Maßnahmen, die als eine Art Bestrafung für die politische Unzuverlässigkeit der italienischsprachigen Südtiroler verhängt wurden[115].

In den ersten Kriegsjahren machten die Strenge der Militärs und die von Stürgkh verhängte bürokratische Diktatur jeder Toleranz gegenüber den unterschiedlichen Nationalitäten ein Ende. Die zivilen Regierungskräfte in den Provinzen protestierten gegen Aktionen, die sie für unnütz und im Ende für kontraproduktiv hielten. Ein Memorandum des Ministerialsekretärs Baron Leo Di Pauli über die Lage im Trentino vom 2. Januar 1915 sprach es klar und deutlich aus:

> Auf der anderen Seite halten sich die Militärbehörden, unter Hinweis auf die Energielosigkeit der politischen Verwaltung, für befugt beziehungsweise verpflichtet, selbst scharf anzugreifen. Leider stiften aber manche ihrer Maßnahmen, die in Unkenntnis der tatsächlichen Verhältnisse oft auf Grund unrichtiger Informationen getroffen werden, mehr Schaden als Nutzen und geben unseren Feinden erwünschten Anlass zu tendenziösen Entstellungen[116].

Doch umsonst. Die leitenden Offiziere, in der Mehrheit Deutsche und Ungarn, waren der Ansicht, eiserne Disziplin würde die Kampfbereitschaft der Truppe stärken und die Auflösung der Heimatfront verhindern. Eine Außenstelle des Armeeoberkommandos, das Kriegsüberwachungsamt[117], schickte eine Liste aller Personen, die als „politisch unzuverlässig" eingestuft wurden, an die Militärjustiz, die in den Kriegsgebieten Tirol, Galizien, Bosnien-Herzegowina und Teile von Moldawien an die Stelle der normalen Justiz getreten war. Eine Welle von Strafprozessen, die auf nichtigen Verdachtsmomenten oder Denunziationen beruhten, führten schon 1914 zur Verhaftung von Hunderten italienischer, slowenischer Politiker[118]. Im folgenden Jahr, nach den ersten Fällen von Meuterei, betrafen die Anschuldigungen die wichtigsten Exponenten der tschechischen Parteien, die von den Militärs verhaftet und in völlig willkürlichen Verfahren zum Tode verurteilt wurden, wie der Abgeordnete Karel Kramář. In Ungarn griff man nicht auf Notgesetzgebung oder Militärgerichte zurück, aber die Unterdrückungsmaßnahmen gegen die Gemeinden der Serben oder Rumänen waren nicht weniger scharf als die in Wien angewandten. Die von beiden Regierungen eingeschlagene harte Linie diente nur dazu, das Gefühl der Entfremdung unter ihren Bürgern zu verschlimmern. Einige Pläne zu einer „deutschen Lösung" für Cisleithanien, die in ministeriellen Kreisen diskutiert wurden und deren Verfechter die Einführung einer radikalen Einsprachigkeit sowie die Aufteilung Böhmens nach ethnischen Gesichtspunkten forderten, zeugen vom Einfluss der deutschen Nationalisten auf die Regierung. Es war an den Militärs, sie in die Praxis umzusetzen, mit weiten, durch den Kriegszustand gerechtfertigten Befugnissen. Gegenüber der Hysterie der Militärs und ihren Ambitionen reagierten die sogenannten „slawischen und italienischen *subject races*" mit verstärkter Rückbesinnung auf ihre nationale Identität.

In welchem Maße der nationale Antagonismus schon vor Ausbruch des Krieges vorhandene Haltungen widerspiegelt und wie sehr die Antipathien zwischen ethnischen Gruppen die Kriegsanstrengungen der Monarchie schon von vornherein unterhöhlt haben, diese Fragen bleiben bis heute „contentious issues"[119]. Obwohl gezwungen, oft mit unzureichender Ausrüstung und unter unmenschlichen Bedingungen zu kämpfen, behielten die österreichisch-ungarischen Regimenter ihren Zusammenhalt bis zum Schluss. Die Fälle von Desertion, obwohl im Durchschnitt zehn Mal so viele wie im deutschen Heer, schwächten die Kohäsion der Ostfront oder der Südwestfront gegen Italien nicht. Trotzdem kann man sich des Eindrucks nicht erwehren, dass die Krise weit zurückliegende Ursachen hat. 1895 hatte Ministerpräsident Kasimierz von Badeni geschrieben, ein aus mehreren Nationalitäten zusammengesetzter Staat könne keinen Krieg führen, ohne Gefahr zu laufen sich aufzulösen[120]. Mehr oder weniger dieselben Überlegungen sollte ein Soldat des 54. Infanterieregiments, stationiert in Olmütz in Mähren, anstellen, als er 1913 schrieb, dass es im Fall eines Krieges Deutsche, Ungarn und Tschechen gebe, aber zu wenig Österreicher[121]. Das Gesetz zur allgemeinen Wehrpflicht von 1868 war der Versuch gewesen, unter den Soldaten des Kaisers das Gefühl einer übernationalen Identität zu schaffen. Dennoch hatte die Existenz unabhängiger militärischer Strukturen – gewöhnliches Heer, Landwehr und Honvéd, sowie die Kriegsmarine – die ethnischen Unterscheidungen im Inneren der Regimenter nicht abgeschafft. Tatsächlich wurde in den Musterungslisten jeder

Rekrut aufgrund der angegebenen Alltagssprache einer nationalen Gruppe zugeteilt: Ein tschechisch sprechender Soldat war automatisch tschechischer Nationalität, ein deutschsprechender Deutscher, ein italienischsprechender Italiener usw., nach einem Ordnungsschema, das keine Ausnahmen kannte. Sicher, bei den in den Listen aufgeführten „Nationen" sollte man nicht an unabhängige politische Einheiten denken, die verwendeten Begriffe waren immer „Volksstämme" oder „Nationalitäten", was in der bürokratischen Terminologie kulturelle oder linguistische Gruppen bezeichnete und keine politischen Gemeinschaften. Es ist jedoch interessant festzustellen, dass in den Militärstatistiken Kategorien wie „ohne Nationalität" oder einfach „Österreicher" nie verwendet wurden, womit als selbstverständlich angenommen wurde, dass Soldaten ursprünglich einer ethnischen Gruppe angehörten.

Ein Heer, das auf dem Papier keine nationale Identität haben sollte, ging im Gegenteil von der „Existenz ethnischer Nationen als unabänderlichem Faktum" aus und verstärkte diese dadurch[122]. Dieser Widerspruch war, wenn auch aus entgegengesetzten Gründen, in den höheren Rängen des Militärs noch deutlicher sichtbar. Bekanntlich überwog dort das deutsche Element: obwohl sie nur ein knappes Viertel der Bevölkerung der Monarchie stellten, machten die Deutsch-Österreicher bis zu 77% und 80% der Stellen in den Offiziersrängen des allgemeinen Heeres aus und circa 60% der Generäle im Generalstab (18% waren slawischer und 4,5% ungarischer Herkunft). Diese Vorherrschaft war nicht zufällig, sondern im Gegenteil ein lang und fest verankertes „ethnisches Vorurteil"[123], das keine Gesetzesreformen und auch das Gesetz von 1868 nicht aus der Welt schaffen konnten. Während andere „imperiale" Heere Offiziere unterschiedlicher ethnischer Herkunft integrierten – bekanntlich waren Schotten und Iren Kernbestand des britischen Heeres – blieb das habsburgische Heer in seiner Führungsspitze streng monoethnisch.

Insbesondere in den letzten Jahrzehnten des 19. Jahrhunderts war die Unfähigkeit, eine echte „imperiale Kultur" zu schaffen, Ursprung für ein wachsendes Gefühl der Separation und der Isolation, welches das Heer gegenüber der Zivilgesellschaft aufzubauen suchte. Die nationalen Polemiken, die Zusammenstöße zwischen den Parteien im Reichsrat und die ständigen Demonstrationen wurden von den führenden Kommandostellen als Symptome eines Niedergangs gelesen, dem Österreich-Ungarn anheimfiel. Und angesichts der Konfusion der Zivilgesellschaft hielt sich die Armee für die einzige Institution, die imstande war, diesen Zustand zu verändern: Ein effizientes Heer, natürlich unter der Führung von deutschen Offizieren, schien das letzte Bollwerk gegen die separatistischen Bestrebungen von Slawen, Rumänen oder Italienern, außerdem ein Halt gegen die politische Unordnung, die von den neuen Massenparteien ausging – eine Bedrohung, die von den Militärs fast als gefährlicher eingestuft wurde als die Nationalismen an sich.

Viele dieser Ideen, die schon vor 1914 kursierten, sollten in drastischer Weise im Lauf des Konflikts zutage treten. In der Tat wiesen fast alle Generäle sofort mit dem Finger auf die geringe Loyalität der Truppen, die nicht zu den deutsch- oder ungarischsprachigen Regimentern gehörten[124]. Unter den möglichen Ursachen der Niederlagen schien die ethnische Untreue die überzeugendste – und zweifelsohne die naheliegendste, um die eigenen Fehler zu beschönigen. Das Misstrauen gegenüber den kleineren Nationalitäten (spiegelbildlich zu einem Gefühl nationaler Überlegenheit auf Seiten der Deutschösterreicher) schlug sich in einer Verschärfung der militärischen Disziplin nieder. Nicht von Ungefähr waren Erinnerungen an Misshandlungen durch Offiziere auch wegen kleiner Vergehen eines der am häufigsten erzählten Erlebnisse in den Tagebüchern der italienischsprachigen Kaiserjäger in Galizien und der Bukowina[125]. Irgendwann fragte sich sogar Feldmarschall Hötzendorf, ob die nationale Verlässlichkeit der Armee lang würde anhalten können[126]. Denn so sah die Realität aus: Einerseits bewiesen die unnötigen Machtdemonstrationen des Heeres, dass die habsburgischen Führungskader größtenteils jedes Vertrauen in die Völker der Monarchie verloren hatten[127]; andererseits konnte die Loyalität zu Habsburg die jeden Tag in den Frontberichten verbreiteten Nachrichten von Hunderten Toten nicht verkraften und das verschärfte einen Prozess der Distanzierung, der unaufhaltsam schien.

Der Tod Franz Josephs am 21. November 1916 und die Thronbesteigung des Kaisers von Österreich und Königs von Ungarn Karls I. brachten von diesem Standpunkt aus nichts Neues. Im ersten Aufruf „An meine getreuen Völker" verkündete der junge Monarch eine sofortige Rückkehr zur konstitutionellen Legalität und den Erlass einer Amnestie für politisch Verdächtige, die den Protest der den Deutschnationalen nahestehenden politischen Kreise erregte. Aber der von dem jungen Karl angestrebte „neue Kurs" nahm unter den schlechtestmöglichen Bedingungen seinen Anfang[128]. Die Absetzung von Feldmarschall Hötzendorf nach den Misserfolgen der Strafexpedition gegen Italien verschlechterte die ohnehin schon schwierigen Beziehungen zum Armeeoberkommando. Die Suche nach kaisertreuen Regierungspersönlichkeiten – nach der Ermordung Stürgkhs durch Friedrich Adler im Oktober 1916 – führte zur Ernennung von Ministerpräsidenten (zuerst Heinrich Clam-Martinic und seit Juni 1917 Ernst von Seidler), die politisch zu schwach waren, um dem Druck der nationalistischen Kreise standzuhalten.

Nach Karls Absicht sollte die Rückkehr zur parlamentarischen Regierungsform ein für alle Mal die Parenthese der „Militärdiktatur" schließen und die Abgeordneten der Monarchie aufrufen, die Kriegsanstrengungen mitzutragen. Gleichzeitig wurde den Mächten der Entente der österreichische Wille signalisiert, die Bindung an Deutschland zu lockern und damit implizit die geheimen Friedensverhandlungen zu unterstützen, die Ende des Jahres zuvor aufgenommen worden waren. Die beiden Ziele erwiesen sich sofort als unrealisierbar. Bei Wiedereröffnung des Reichsrats am 30. Mai legten die tschechischen und jugoslawischen Abgeordneten eine Erklärung vor, in der die Umwandlung der Monarchie „in einen Bundesstaat von freien und gleichberechtigten nationalen Staaten" gefordert wurde. Der Vorschlag, der die Grundlagen des dualistischen Systems (mit Tschechen und Slowaken in einer einzigen Provinz) zerstört hätte, wurde natürlich von der ungarischen Regierung als inakzeptabel betrachtet, in diesem Fall mit Unterstützung von den deutsch-österreichischen Klubs, die die parlamentarische Arbeit lahmlegten. Außerdem erklärte die

Regierung in Budapest, nicht die kleinste der von Clam-Martinic vorgeschlagenen Änderungen am Wahlsystem hinnehmen zu wollen. Der Zusammenstoß provozierte den Rücktritt Tiszas (den Karl verlangte) und wenig später den des österreichischen Ministerpräsidenten.

Man kehrte also zur Situation des parlamentarischen Stillstands der ersten Jahre nach der Jahrhundertwende zurück, jetzt aber in einem Land, das von Hunger und Leiden entkräftet war und wo Angst und oft Hass die vorherrschenden Gefühle im Leben der Menschen waren. In einem immer schwierigeren politischen Klima versuchte Karl, die Einrichtung eines Friedensministeriums voranzubringen, das er dem katholischen Intellektuellen Heinrich Lammasch und dem Juristen Josef Redlich anvertraute und das einen Friedenskompromiss mit der Entente erarbeiten sollte. Die ambivalenten und vielleicht nie ganz ehrlichen Entspannungsbemühungen des Kaisers wurden jedoch von dem sensationellen Erfolg der Schlacht von Karfreit im Oktober 1917 überstrahlt, der die militärische Führung und die deutschen Nationalisten überzeugte, sie könnten am Ende des Krieges einen siegreichen Frieden mit Italien aushandeln.

Nicht einmal der schrecklich kalte vierte Kriegswinter konnte sie vom Gegenteil überzeugen: Die Siege Deutschlands zur See, die französischen Meutereien, und als Wichtigstes von allem, der Sturz des Zarenreichs aufgrund der Revolution ließen den militärischen Sieg immer noch in Reichweite erscheinen. Der Friedensvertrag von Brest-Litowsk, im Februar und März 1918 durch Deutschland, Österreich, die neue ukrainische Volksrepublik und das neue Sowjetrussland unterzeichnet, ermöglichte enorme territoriale Gewinne vor allem für Deutschland und ein siegreiches Kriegsende an der Ostfront. Dieser Frieden war jedoch ausschließlich deutsches Verdienst, die Österreicher hatten nie einen entscheidenden strategischen Beitrag geleistet (ja, in vielen Situationen waren ihnen die Deutschen zu Hilfe gekommen). Das Treffen im Hauptquartier in Spa am 12. Mai 1918, in dessen Verlauf Wilhelm Karl zur beschämenden Leugnung der geheimen Friedensverhandlungen zwang, bekräftigte eine Unterordnung des österreichischen Heeres unter das deutsche Oberkommando, die schon seit einigen Jahren Tatsache war.

Aber während das österreichisch-ungarische Heer an der italienischen Front verzweifelt seine letzten Schlachten schlug, vollendete in seinem Rücken die Doppelmonarchie den Prozess ihrer Auflösung. Die Rückkehr zu einem konstitutionellen Regime schürte die Instabilität der Innenpolitik. Von Ende 1917 an betraf eine Welle von Streiks und Protesten alle Gebiete der Monarchie: Im Januar 1918 traten in Wien die Arbeiter der Rüstungsindustrie in den Streik; von der Hauptstadt griff der Protest über nach Ungarn und kulminierte in den letzten Juniwochen in einem Generalstreik. Auch im Heer gab es erste Anzeichen von Rebellion: Im Februar verweigerten die Matrosen der Flottenbasis Kotor in Dalmatien ihren Offizieren den Befehl; im Mai dagegen waren es die Soldaten der Garnison von Pécs in Ungarn, die sich gegen Befehle auflehnten[129]. In der Zwischenzeit war die Ernährungslage der Zivilbevölkerung untragbar geworden. Nicht nur in den großen Städten, auch auf dem

Land mehrten sich die Hungertoten. Aus Pazin, der Hauptstadt der Grafschaft Istrien, meldete das lokale Zensurbüro im Mai 1918, dass die Menschen sich in Ermangelung von Brot von wilden Pflanzen und Milch ernährten, sonst nichts. Die tragische Bilanz der Opfer der Hungersnot – in Parzin hatten sich einige Menschen umgebracht, weil sie nichts zu essen fanden – nährte feindselige Gefühle gegenüber der Regierung. Ausgemergelt von Hunger und aufgebracht über das Ausbleiben von Hilfe, fragte sich die Bevölkerung Istriens, aus welchem Grund sie einem Staat gegenüber loyal sein sollte, der so unfähig war, ihr Überleben zu sichern[130].

Die verbreitete soziale Unzufriedenheit und die schrecklichen Bedingungen, unter denen die Völker der Monarchie lebten, waren der Diplomatie der Entente bekannt, ebenso wie den Komitees für die Emigration von Slawen, die seit einigen Jahren mit Unterstützung von einflussreichen britischen Diplomaten und Intellektuellen von London aus agierten[131]. Die Überzeugung, dass man ein Mitteleuropa ohne Österreich-Ungarn entwerfen musste, nahm immer mehr überhand. Etwa bis zum Sommer 1917 hofften der Engländer Lloyd George und der amerikanische Präsident Woodrow Wilson auf einen Separatfrieden mit Kaiser Karl und rechneten nicht mit der Auflösung der Monarchie. Selbst die Regierung in Rom begriff den Irredentismus der österreichischen Italiener mehr als ein Mittel der Propaganda denn als einen konkreten Kriegsgrund. Das alles änderte sich nach dem Herbst 1917, nicht nur, weil es dem italienischen Heer in den ersten Monaten des Jahres 1918 mit Unterstützung der Alliierten gelang, die deutsch-österreichische Offensive zu stoppen, sondern vor allem weil sich nach der Veröffentlichung der 14 Punkte des amerikanischen Präsidenten Woodrow Wilson „für eine künftige europäische Friedensregelung auf der Grundlage des Völkerrechts"[132] die Ziele des Konflikts für die Mächte der Entente änderten.

Das Frühjahr 1918 bezeichnete einen *point of no return*. Die geheimen Friedensverhandlungen des Außerministers Ottokar Czernin mit englischen Diplomaten waren im Sand verlaufen, was den Eindruck verstärkte, dass Österreich-Ungarn nunmehr bloß eine Marionette in den Händen Deutschlands sei. In einem Telegramm vom 21. Mai 1918 verwarf der britische Botschafter in Paris, Lord Robert Cecil, jede Hypothese eines Separatfriedens mit Österreich-Ungarn und forderte, mit der multinationalen Praxis der Monarchie unverzüglich ein Ende zu machen.

> We feel that the policy of trying to detach Austria from Germany must be abandoned as both inopportune and impracticable. Recent meeting of Emperors has obviously led to bonds between the two Empires being tightened. We think that the best plan is to give all possible support to oppressed nationalities in Austria in their struggle against German-Magyar domination[133].

Im Lauf des Sommers war das habsburgische Heer wegen Hungers und fehlender Ausrüstung in Auflösung begriffen. Während der missglückten Offensive am Piave im Juli streckten 12.000 habsburgische Soldaten die Waffen oder wurden zu Kriegsgefangenen: Auf Befragung durch die italienischen Offiziere erzählten sie von Regimentern, denen es an allem fehlte, an Lebensmitteln, Munition und Kleidung, und von dem allgemeinen Wunsch, nach Hause zurückzukehren. Das Ende der Kampfhandlungen an der Südfront war eine Frage von Wochen, wenn nicht von Tagen. Als ob man nichts von der bevorstehenden Katastrophe verspürte, folgten einander in Wien Treffen des Ministerrats, um eine „staatliche Verfassungsreform"[134] der Monarchie föderalistischen Typs zu beschließen. Im Lauf der Monate wurden die unterschiedlichsten Modelle vorgestellt, zum Beispiel die Neuaufteilung der Kronländer in Kreise, die Schaffung eines Staatenbunds (vorgeschlagen im Juli 1918 vom neuen Ministerpräsidenten Max Hussarek von Heinlein), bestehend aus Österreich, Ungarn, Kroatien und Galizien oder eine Wiederauflage des alten Dreierschemas, das zu Zeiten von Aehrenthal und Franz Ferdinand diskutiert worden war.

Alle konstitutionellen Reformvorhaben blieben bloße Entwürfe, blockiert vom Veto Ungarns und dem der Minister, die jede Schwächung des „deutschen" Kerns der Monarchie ablehnten. In gewisser Weise erinnerte die Debatte über die Verfassungsreform von 1917 und 1918 an analoge Diskussionen von vor Ausbruch des Weltkriegs. Die Aversion gegen den Dualismus war ein wiederkehrendes Motiv in der österreichischen Politik nach 1867, aber der Schematismus des Ausgleichs hatte trotz seiner Mängel auch nicht die geringste Änderung erfahren. Die deutschen und ungarischen Eliten hatten nicht begriffen, dass der Nationalismus der anderen Völker die Antwort auf ein zunehmendes Gefühl der Verunsicherung angesichts der raschen sozialen und politischen Veränderungen des späten 19. Jahrhunderts war. Der Gegensatz zwischen einigen industrialisierten und einigen sehr armen Gebieten, das Drama der Emigration und der massiven Verlagerung ganzer Bevölkerungsteile von einer Gegend in die andere, die Disharmonien zwischen dem Wahlrecht auf staatlicher und Provinzebene vertieften die Distanz zwischen dem Zentrum der Monarchie und ihren Provinzen. Noch 1914 strebte kein slawischer, rumänischer oder italienischer Politiker, außer in seltenen Ausnahmefällen, einen definitiven Bruch mit dem habsburgischen Staatswesen an; die nationalen Ideologien brachten ein Bedürfnis nach Emanzipation des Volkes, Erweiterung der politischen Rechte und nach ökonomischem und sozialem Fortschritt zum Ausdruck[135], ohne all das in eine Aufkündigung der Loyalität mit dem habsburgischen Staat umzusetzen; doch das war die vorherrschende Interpretation, welche die *dominant races* (Österreicher und Ungarn) von diesen Prozessen gaben, indem sie sie immer mehr als versteckte Formen des politischen Nationalismus einstuften, der bedrohlich nicht nur für die innere Ordnung der Monarchie sondern insgesamt für deren Überleben war.

Dieser „Entsolidarisierungsprozess"[136] beschleunigte sich drastisch mit Ausbruch des Krieges. Schon wenige Monate nach Beginn des Konflikts machten die massiven Verluste an Menschen und Material an der galizischen und der italienischen Front deutlich, dass Österreich-Ungarn in seiner derzeitigen Form den Krieg nicht überleben würde, so grundlegend hatte sich das interne Gleichgewicht verschoben, dass innere Brüche und nationale Ressentiments entstanden waren, die nicht mehr zu überbrücken waren. Der Wendepunkt kam wahrscheinlich mit dem Kongress der

„unterdrückten Nationalitäten", der am 8. April in Rom begann, im Beisein der Botschafter der Entente und unter Federführung der italienischen Regierung. Kroatische, tschechische, serbische, slowakische, rumänische und polnische Abgeordnete wurden von Regierungschef Vittorio Emanuele Orlando empfangen und verabschiedeten eine gemeinsame Erklärung, der zufolge die Neufestlegung der inneren Grenzen Österreich-Ungarns bei Kriegsende nach dem Prinzip der nationalen Selbstbestimmung vorgenommen werden sollte.

„Der Kongress versetzte der Donaumonarchie den Todesstoß"[137]. In der Tat, nach dem Kongress in Rom hatte keines der in Wien diskutierten Vorhaben für konstitutionelle Reformen eine Chance, zur Anwendung zu gelangen. Im Übrigen war klar, wenn man die in jenen Monaten im Reichsrat gehaltenen Reden betrachtet, dass auch die Abgeordneten selbst nicht mehr an ein Überleben Österreichs glaubten, die Slawen nicht, die Italiener nicht, die sich allerdings gemäß der Logik des Irredentismus schon in Trentiner und Adriaitaliener aufgespalten hatten, und im Grunde auch die Deutschösterreicher nicht, die den Tod der Monarchie als unvermeidlich ansahen. Machtlos beobachtete der Kaiser in Schönbrunn das Kommen und Gehen der Delegationen, „und keiner weiß, wie sich die Situation entwickeln wird", vermerkte Joseph Redlich in seinem Tagebuch[138].

Am 17. Oktober unterzeichnete Karl ein zweites Völkermanifest, das die Umwandlung Cisleithaniens in eine freie Föderation von Völkern verkündete. Die Erklärung wurde am 22. Oktober ergänzt durch eine Maßnahme des Ministerrats, die es den Südslawen erlaubte, sich unabhängig von der dualistischen Struktur als autonomer Staat zu konstituieren. In Wirklichkeit erließ das Parlament Gesetze für Gebiete, über die es schon gar keine Souveränität mehr hatte: Am 28. Oktober wurde als Reaktion auf das Völkermanifest die Unabhängigkeit eines tschechischen Staates erklärt, einen Tag später, am 29. Oktober, erklärte der kroatische und slowenische Nationalausschuss die Einheit der zwei Völker mit dem Königreich Serbien (am 1. Dezember sollte offiziell das Reich von Serben, Kroaten und Slowenen entstehen). Am 1. November 1918 trat in Innsbruck der Tiroler Nationalrat zusammen, ein repräsentatives Organ aller politischen Kräfte im Land, in dem aber die Tiroler Volkspartei die absolute Mehrheit besaß. Es handelte sich dabei um eine katholische, antikommunistische und stark antisemitische Partei. Der Antisemitismus bedeutete nicht nur eine Distanzierung vom Wiener Zentralismus und eine Waffe im Kampf gegen die sozialistische Partei (zweite Kraft im Land, verächtlich „Judenpartei" genannt), sondern auch eine Art und Weise, die katholischen Wurzeln der Tiroler Heimat zu betonen. Auch die Anwesenheit der ungarischen Minister im Ministerrat war nur mehr ein Anachronismus, da am 31. Oktober in Budapest ein Nationalrat die Geburt einer demokratischen Republik Ungarn ausgerufen hatte. Während der Auflösung des Staatsapparats und während der ersten Unabhängigkeitserklärungen musste die Regierung im Reichsrat selbst die Entstehung einer selbst ernannten „Provisorischen Nationalversammlung des unabhängigen Staates Deutsch-Österreich" hinnehmen. Mit einem expliziten Misstrauensvotum gegen Karl, der nominell immer noch ihr Herrscher war, stellten sich die Abgeordneten der deutschen Gruppe auf die Seite des Ministerrats: Die Unterschrift unter den Waffenstillstand mit Italien am 3. und 4. November in der düsteren Atmosphäre eines von Volksaufständen heimgesuchten Wien war eine der letzten Amtshandlungen des Kaisers.

Ein paar Tage zuvor, am 25. Oktober hatte er noch Heinrich Lammasch zum Ministerpräsidenten und Josef Redlich zum Finanzminister ernannt, in der Hoffnung, dass deren internationales Prestige das Reich vor dem Untergang retten könne: „Während des Erdbebens von Lissabon von 1755 schluckte ein Mann Antierdbebenpillen, im Oktober 1918 wechselte Karl die Minister aus"[139], lautete der lakonische Kommentar von Lewis Namier, dieses letzte, nutzlose Mittel, zu dem der Kaiser griff, bevor er wenige Tage später das Land verließ und ins Exil ging. Die neue Regierung blieb zur Abwicklung der Geschäfte bis 11. November 1918 im Amt, dem letzten Tag im Leben des Habsburgerreichs. Sein Verschwinden wurde von den Siegermächten als unvermeidlich angesehen; aber die 1919 zu den Friedensverhandlungen zusammengekommenen Diplomaten verstanden nicht, in welchem Ausmaß dieses faszinierende Patchwork unterschiedlicher Nationalitäten im vorherigen Jahrhundert das ganze europäische Gleichgewicht gestützt hatte.

Der plötzliche Zusammenbruch der Doppelmonarchie eröffnete eine Zeit der blutigen Bürgerkriege, welche die aus seiner Asche hervorgegangenen Territorien noch für einige Jahre heimsuchen sollten. Wenn die Friedensvereinbarungen von Saint Germain und Trianon ein endlich befriedetes Europa entwarfen, widerlegte der Übergang vom Reich zu den neuen Staaten diese Vorhersagen sofort. Gleich kleinen Imperien *en miniature*[140] und in ihrem Inneren von starken sprachlichen Minoritäten geprägt, durchlebten Tschechoslowakei, Ungarn, Polen, Jugoslawien, Rumänien und zum Teil auch Italien noch einmal in brutalerer Form die nationalen Konflikte ihres Vorgängerstaats. Das Verschwinden von Institutionen und Männern, die seit jeher gewohnt waren, dieses ethnische, religiöse und kulturelle Gemisch des Habsburgerreichs mit Umsicht zu leiten, machte einer Führungsriege Platz, die in der bewussten Ablehnung dieser Werte groß geworden war. Im Gespräch mit einem britischen Diplomaten erläuterte der tschechoslowakische Außenminister Eduard Beneš, wie seine Regierung die Frage der deutschsprachigen Minderheit der Sudeten zu regeln gedachte: „Zuerst waren die Deutschen dort (und er wies an die Decke) und wir hier (und er zeigte auf den Boden); und jetzt (und er machte das umkehrte Zeichen mit der Hand) sind sie hier und wir dort"[141]; das war es, was von seiner Regierung zu erwarten war.

Die Begeisterung über den Sieg – überall, gewiss nicht nur in der tschechoslowakischen Republik – rechtfertigte die Abschaffung der alten Regime: Beamte wurden entfernt und schleunigst durch dem neuen Regime treue Männer ersetzt, Grundbesitz und Vermögen wurde enteignet und flossen in die Staatskassen oder gingen in den Besitz der nationalen Führungselite über. Aber die Verwerfung der imperialen Vergangenheit war dort nicht weniger radikal, wo man mit der Bitterkeit der Niederlage leben musste. In der winzig kleinen Republik Österreich war es auch nach 1918 üblich, Freund und Feind nach der Zugehörigkeit zur deutschen Ethnie zu bestimmen. Das

schlechteste Erbe der letzten Kaiserzeit – Militärdiktatur, Verachtung des parlamentarischen Regimes, Feindseligkeit gegenüber ethnischen Minderheiten, Antisemitismus – ging in die Hände der Nachfolger über. Ähnlich wie viele Offiziere des Armeeoberkommandos hatte der Infanteriegeneral Alfred Krauss, Oberkommandierender
der Truppen an der Ostfront, in den ersten Monaten des Weltkriegs gedacht, dieser
könne die einmalige Chance bieten, die Machtzentren des Habsburgerreichs zugunsten seiner deutschen Bürger zu verschieben; und jetzt, da es das multiethnische Reich
nicht mehr gab, musste diese Chance gründlich ausgeschöpft werden: „Wir leben in
großartigen Zeiten", äußerte er sich in einer kleinen Schrift 1920, und die Vereinigung
mit Deutschland „ist nicht mehr aufzuhalten"[142].

Das Vorhaben einer radikalen „Entmischung" fand in der ersten Nachkriegszeit
Befürworter unter Siegern und Besiegten, alle schienen überzeugt, die Errichtung
strikt ethnischer Grenzen, gleich um welchen Preis, würde den Bürgern eine bessere
Zukunft garantieren. In einem seiner sehr seltenen positiven Urteile über das Habsburgerreich schrieb Lewis Namier 1915, dass Österreich für viele Nationalitäten ein
guter Zufluchtsort „vor den Unwettern von außen" gewesen war und räumte ein, dass
vielleicht in Zukunft, in besseren Zeiten jemand mit sentimentaler Trauer und Nos-
talgie auf dieses „poor old house" blicken könnte, in dem er hatte leben und groß
werden können"[143]. Doch viele Jahre lang sollte niemand diesen Bruchstücken der
„Welt von gestern" gern Aufmerksamkeit schenken.

Anmerkungen

Einleitung

1 J. Deak, *Forging a Multinational State. State Making in Imperial Austria from the Enlightenment to the First World War*, Stanford CA 2015; P.M. Judson, *The Habsburg Empire. A New History*, Cambridge 2016; S. Beller, *The Habsburg Monarchy 1815–1918*, Cambridge 2018.

2 Siehe dazu insbesondere den Band *Geschichte Österreichs*, hrsg. von T. Winkelbauer, Wien 2013 (darin ein ausführlicher Beitrag über das 18. und 19. Jahrhundert von Brigitte Mazohl) und die beiden Bände *Die Habsburgermonarchie und der Erste Weltkrieg*, hrsg. von H. Rumpler (*Die Habsburgermonarchie 1848–1918*), 1. Tlbd.: *Der Kampf um die Neuordnung Mitteleuropas*; 2. Tlbd.: *Vom Vielvölkerstaat Österreich-Ungarn zum neuen Europa der Nationalstaaten*, Wien 2016.

3 R. Romanelli, *Gli imperi nell'età degli stati*, in M. Bellabarba / B. Mazohl / R. Stauber / M. Verga (Hrsg.), *Gli imperi dopo l'Impero nell'Europa del XIX secolo* (Annali dell'Istituto storico italo-germanico. Quaderni, 76), Bologna 2008, S. 35–72, hier S. 35.

4 Der Artikel wird zitiert von M. Cornwall, *Introduction*, in ders. (Hrsg.), *The Last Years of Austria-Hungary. A Multi-National Experiment in Early Twentieth-Century Europe*, Plymouth / Chicago IL 2006, S. 1.

5 R. Musil, *Bin ich ein Österreicher?*, in „Tiroler Soldatenzeitung", Bozen, 20. August 1916, S. 2.

6 Bissig aber treffend dazu die Bemerkungen von L.B. Namier, *The Downfall of the Habsburg Monarchy*, veröffentlicht in dem Sammelband ders., *The Vanished Supremacy. Essays on European History, 1812–1918*, New York 1963, S. 112 ff.

7 Feldmarschall Conrad von Hötzendorf, *Aus meiner Dienstzeit 1906–1918*, Bd. 1: *Die Zeit der Annexionskrise 1906–1909*, Wien / Berlin / Leipzig / München 1921, S. 15.

8 Der faszinierende ikonografische Vergleich stammt bekanntlich von E. Gellner, *Nations and Nationalism*, Oxford 1983, S. 139–140.

9 Anspielung auf das postum erschienene Erinnerungsbuch von Stefan Zweig, *Die Welt von gestern*, London / Frankfurt a.M. 1942.

10 C. Magris, *Der habsburgische Mythos in der österreichischen Literatur*, Salzburg 1966, S. 11.

11 Zit. nach E. Brix, *The Role of Culture in the Decline of the European Empires*, in E. Brix / K. Koch / E. Vyslonzil (Hrsg.), *Decline of Empires*, Wien / München 2001, S. 9–20, hier S. 17.

12 A. Ara, *Ricerche sugli austro-italiani e l'ultima Austria*, Rom 1974, S. 225.

13 O. Hufton, *Europe. Privilege and Protest*, Brighton 1980, S. 155.

14 G. Soutou, *1914: vers la guerre de trente ans? La disparition d'un ordre européen*, in *Les enjeux de la paix. Nous et les autres. XVIII–XXIème siècle*, sous la direction de P. Chaunu, Paris 1995, S. 55–80, hier S. 67.

15 J. Adelman, *An Age of Imperial Revolutions*, in „The American Historical Review", 113, 2008, 2, S. 319–340, hier S. 330.

16 So A. Pagden, *People and Empires. A Short History of European Migration, Exploration and Conquest form Greece to the Present*, New York 2001.

17 Eine ausgezeichnete synthetische Darstellung dieser Zusammenhänge findet sich in P.M. Judson, *L'Autriche-Hongrie était-elle un empire?*, in „Annales. Histoire, Sciences sociales", 63, 2008, 3, S. 563–596; nützlich auch J. Kwan, *Nationalism and All That. Reassessing the Habsburg Monarchy*, in „European History Quarterly", 41, 2011, 1, S. 88–108.

18 R. Musil, *Der Mann ohne Eigenschaften*, Reinbek 2013, S. 445.

http://doi.org/10.1515/9783110674965-008

I Römisches Reich deutscher Nation und Habsburgermonarchie (1765–1804)

1 Zit. nach D. Beales, *Joseph II.*, Bd. 2: *Against the World 1780–1790*, Cambridge 2009, S. 629.

2 C.A. Macartney, *The Habsburg Empire 1790–1918*, London 1969, S. 1 f.

3 *Ebd.*, S. 11.

4 R.J.W. Evans, *The Making of the Habsburg Monarchy, 1550–1700. An Interpretation*, Oxford 1984, S. 447.

5 T.C.W. Blanning, *The Pursuit of Glory: Europe 1648–1915*, London 2007, S. 220.

6 H. Klueting, *L'„imperatore romano eletto" e „l'imperatore d'Austria": due figure di imperatore fra vecchio Impero e nuovi imperi*, in M. Bellabarba / B. Mazohl / R. Stauber / M. Verga (Hrsg.), *Gli imperi dopo l'Impero*, (Annali dell'Istituto storico italo-germanico in Trento. Quaderni, 76), Bologna 2008, S. 189–216, hier S. 205.

7 Eine vertiefte Darstellung in K. Vocelka, *Glanz und Untergang der höfischen Welt. Repräsentation, Reform und Reaktion im Habsburgischen Vielvölkerstaat* (Österreichische Geschichte 1699–1815), Wien 2001.

8 F.A.J. Szabo, *Kaunitz and Enlightened Absolutism 1753–1780*, Cambridge 1994, S. 76.

9 M. Hochedlinger, *Austria's War of Emergence. War, State, Society in the Habsburg Monarchy 1683–1787*, London 2003, S. 280–282.

10 C.A. Bayly, *Die Geburt der modernen Welt*, Frankfurt a.M. 2008, S. 49.

11 F.A.J. Szabo, *Kaunitz and Enlightened Absolutism*, S. 77.

12 P.G.M. Dickson, *Monarchy and Bureaucracy in Late Eighteenth Century Austria*, in „The English Historical Review", 110, 1995, 436, S. 323–359.

13 H.L. Dreyfus / P. Rabinow, *Michel Foucault: Beyond Structuralism and Hermeneutics*, Chicago IL 1983, S. 139.

14 F.M. Paladini, *„Un caos che spaventa". Poteri, territori e religioni di frontiera nella Dalmazia della tarda età veneta*, Venedig 2002, S. 230–231.

15 P.G.M. Dickson, *Finance and Government under Maria Theresia 1740–1780*, 2. Bde., Oxford 1987, hier Bd. 1, S. 224–225.

16 Grundlegend ist die Darstellung von C. Capra, *Il Settecento*, in D. Sella / C. Capra, *Il Ducato di Milano dal 1535 al 1796* (Storia D'Italia, 11), Turin 1984, S. 153–617.

17 Wie J. Darwin es kennzeichnete, in *Der imperiale Traum. Die Globalgeschichte großer Reiche 1400–2000*, Frankfurt 2017.

18 F.A.J. Szabo, *Kaunitz and Enlightened Absolutism*, S. 263.

19 D. Lieven, *Empire: The Russian Empire and its Rivals*, New Haven CT 1989, S. 159.

20 P. Kennedy, *The Rise and Fall of the Great Powers. Economic Change and Military Conflict from 1500 to 2000*, London / Sydney / Wellington 1988, S. 113.

21 Das Urteil findet sich *ebd.*, S. 91.

22 G. Klingenstein, *Riforma e crisi: la monarchia austriaca sotto Maria Teresa e Giuseppe II. Tentativo di un'interpretazione*, in P. Schiera (Hrsg.), *La dinamica statale austriaca nel XVIII e XIX secolo. Strutture e tendenze di storia costituzionale prima e dopo Maria Teresa* (Annali dell'istituto storico italo-germanico in Trento. Quaderni, 7), Bologna 1981, S. 93–125, hier S. 107.

23 Fundamental zu diesem Aspekt die Analyse von P.W. Schroeder, *The Transformation of European Politics 1763–1848*, Oxford 1994.

24 F.A.J. Szabo, *Kaunitz and Enlightened Absolutism*, S. 286 ff.

25 Der Kommentar stammt von D.E. Beales, *Joseph II. Rêveries*, in „Mitteilungen des Österreichischen Staatsarchivs", 33, 1980, S. 142–160, hier S. 146.

26 L. Firpo (Hrsg.), *Relazioni di ambasciatori veneti al Senato*, Turin 1968, S. 318.

27 R.J.W. Evans, *Austria, Hungary and the Habsburgs: Central Europe 1683–1867*, Oxford 2006, S. 17–35.

28 F.A.J. Szabo, *Kaunitz and Enlightened Absolutism*, S. 312.

29 C.A. Macartney, *The Habsburg Empire*, S. 124.

30 R.J.W. Evans, *Austria, Hungary*, S. 174.

31 So meint zum Beispiel K. Vocelka, *Glanz und Untergang*, S. 360.

32 M.V. Veres, *Putting Transylvania on the Map: Cartography and Enlightened Absolutism in the Habsburg Monarchy*, in „Austrian History Yearbook", 43, 2012, S. 141–164.

33 Siehe dazu die luzide Darstellung von D. Beales, *Joseph II.*, S. 54.

34 W. Heindl, *Gehorsame Rebellen, Bürokratie und Beamte in Österreich 1780 bis 1848*, Wien / Köln / Graz 1990, S. 22–34; F.A.J. Szabo, *Cameralism, Josephinism and Enlightenment. The Dynamic of Reform in the Habsburg Monarchy, 1740–92*, in „Austrian History Yearbook", 49, 2018, S. 1–14.

35 E. Faber, *Riforme statali nel Litorale austriaco nel secondo Settecento*, in F. Agostini (Hrsg.), *L'area alto-adriatica dal riformismo veneziano all'età napoleonica*, Venedig 1998, S. 423–447, hier S. 426.

36 *Ebd.*, S. 446.

37 Zu diesen Berechnungen siehe P.G.M. Dickson, *Monarchy and Bureaucracy*, S. 323–367.

38 E. Hellmuth, *Why Does Corruption Matter? Reforms and Reform Movements in Britain and Germany in the Second Half oft the Eighteenth Century*, in T.C.W. Blanning / P. Wende (Hrsg.), *Reform in Great Britain and Germany 1750–1850*, Oxford 1999, S. 6–23, hier S. 13.

39 A. Szantay, *Regionalpolitik im alten Europa. Die Verwaltungsreformen Josephs II. in Ungarn, in der Lombardei und in den österreichischen Niederlanden. 1785–1790*, Budapest 2005.

40 *Ebd.*, S. 136, Fn. 502, 18. April 1786.

41 R. Okey, *The Habsburg Monarchy, 1765–1918: From Enlightenment to Eclipse*, Basingstoke 2001, S. 56.

42 K. Verdery, *Transylvanian Villagers: Three Centuries of Political, Economic and Ethnic Change*, Berkeley CA 1983, S. 99 ff.

43 I. Beidtel, *Geschichte der österreichischen Staatsverwaltung, 1740–1848*, 2 Bde., Innsbruck 1896–1898, S. 67.

44 Die berühmte „imperiale Überdehnung", von der Kennedy in *The Rise and Fall of the Great Powers*, spricht.

45 L. Firpo (Hrsg.), *Relazioni di ambasciatori veneti*, S. 322 ff.

II Restauration und Vormärz

1 H. Möller, *Fürstenstaat oder Bürgernation. Deutschland 1763–1815* (Siedler Deutsche Geschichte, 7), Berlin 1989, S. 551.

2 P.W. Schroeder, *The Transformation of European Politics*, S. 171 ff.

3 H. Möller, *Fürstenstaat oder Bürgernation*, S. 552.

4 Ebd., S. 584.

5 H. Rumpler, *Eine Chance für Mitteleuropa. Bürgerliche Emanzipation und Staatsverfall in der Habsburgermonarchie* (Österreichische Geschichte 1804–1914), Wien 2005, S. 58.

6 B. Mazohl, *Il Sacro Romano Impero e l'Austria. La trasformazione del concetto d'Impero a cavallo tra XVIII e XIX secolo*, in B. Mazohl / P. Pombeni (Hrsg.), *Minoranze negli imperi. Popoli fra identità nazionale e ideologia imperiale* (Annali dell'Istituto storico italo-germanico. Quaderni, 88), Bologna 2012, S. 59–92, hier S. 87 f.

7 Nach der Formel von F. Oberhuber, *Reich und Kultur. Zum neo-josephinischen Kulturbegriff 1848–1918*, in „Österreichische Zeitschrift für Geschichtswissenschaft", 13, 2002, 2, S. 9–33, hier S. 12.

8 B. Mazohl, *La fine del Sacro Romano Impero nella percezione dei contemporanei*, in M. Bellabarba / B. Mazohl / R. Stauber / M. Verga (Hrsg.), *Gli imperi dopo l'Impero*, S. 155–188, hier S. 183.

9 W. Siemann, *Metternich. Staatsmann zwischen Restauration und Moderne*, München 2010.

10 *Ebd.*, S. 56–57.

11 D. Laven, *Austria's Italian Policy Reconsidered: Revolution and Reform in Restoration Italy*, in „Modern Italy", 1, 1997, 3, S. 3–33.

12 R. Stauber, *Politische und soziale Integration in „Illyrien" in der ersten Hälfte des 19. Jahrhunderts*, in M. Bellabarba / E. Forster / H. Heiss / A. Leonardi / B. Mazohl (Hrsg.), *Eliten in Tirol zwischen Ancien Régime und Vormärz. Le élites in Tirolo tra Antico Regime e Vormärz*, Bozen / Innsbruck 2010, S. 61–82.

13 Der Ausdruck findet sich in dem schönen Buch von K. Barkey, *Empire of Difference. The Ottomans in Comparative Perspective*, Cambridge / New York 2005, S. 25.

14 C. Magris, *Der habsburgische Mythos*, S. 30.

15 J.A. Demian, *Statistica dell'impero austriaco*, Pavia 1825, S. 188.

16 C. Magris, *Der habsburgische Mythos*, S. 46.

17 W. Brauneder, *Die Habsburgermonarchie als zusammengesetzter Staat*, in H.-J. Becker (Hrsg.), *Zusammengesetzte Staatlichkeit in der Europäischen Verfassungsgeschichte*, Berlin 2006, S. 197–236.

18 Zit. in H. Rumpler, *Eine Chance*, S. 209.

19 J. Springer, *Statistica dell'Impero d'Austria*, Pavia 1840, S. 249 und 251.

20 L. Cole, *Il Sacro Romano Impero e la monarchia asburgica dopo il 1806: riflessioni su un'eredità contraddittoria*, in M. Bellabarba / B. Mazohl / R. Stauber / M. Verga (Hrsg.), *Gli imperi dopo l'Impero*, S. 254–55.

21 A. Ara, *Fra nazione e impero. Trieste, gli Asburgo, la Mitteleuropa*, Mailand 2009, S. 98 ff. I. Deák, *Beyond Nationalism. A Social & Political History of the Habsburg Officer Corps 1848–1918*, New York / Oxford 1990, S. 12, präzisiert, dass die Ungarn sich selbst magyarische Nation nennen, und alle Bürger, welche Sprache auch immer sie sprechen, Magyaren (*magyarok*) genannt werden; wir folgen jedoch Deáks Rat, die „ethnischen Ungarn von den anderen zu unterscheiden und den Ausdruck Magyaren nur auf die erste Gruppe anzuwenden, und Ungarn für alle Bewohner des Königreichs". Die Unterscheidung birgt, wie man sehen wird, eine Fülle an Widersprüchen in sich.

22 H. Rumpler, *Eine Chance*, S. 194.

23 R.J.W. Evans, *Austria, Hungary*, S. 177 und Fußnote.

24 I. Deák, *The Lawful Revolution: Louis Kossuth and the Hungarians 1848–1849*, New York 2011, S. 3 ff.

25 E. Glassheim, *Noble Nationalists. The Transformation of the Bohemian Aristocracy*, Cambridge MA / London 2005, S. 14.

26 H.L. Agnew, *Noble Natio and Modern Nation. The Czech Case*, in „Austrian History Yearbook", 23, 1992, S. 50–71, hier S. 60.

27 T. Kamusella, *The Politics of Language and Nationalism in Modern Central Europe*, Basingstoke / New York 2009, S. 105.

28 A.-M. Thiesse, *La creazione delle identità nazionali*, Bologna 2001, S. 100. Es muss mit Nachdruck betont werden, dass das Tschechische nicht, wie das Deutsche, zwischen Tschechisch und Böhmisch, zwischen ethnisch-linguistischer und territorialer Identität, unterscheidet sondern für beide Begriffe dasselbe Wort verwendet.

29 D. Laven, *Venice and Venetia under the Habsburgs, 1815–1835*, Oxford 2002.

30 B. Mazohl-Wallnig, *Il Regno Lombardo-Veneto „provincia" dell'Impero austriaco*, in *Il rapporto centro-periferia negli stati preunitari e nell'Italia unificata*, Rom 2000, S. 97–111, hier S. 100.

31 M. Meriggi, *Il Regno Lombardo-Veneto*, Turin 1987, S. 30.

32 B. Mazohl-Wallnig, *Österreichischer Verwaltungsstaat und administrative Eliten im Königreich Lombardo-Venetien 1815–1859*, Mainz 1993; L. Rossetto, *Il commissario distrettuale nel Veneto asburgico. Un funzionario dell'Impero tra mediazione politica e controllo sociale (1819–1848)*, Bologna 2013.

33 B. Mazohl-Wallnig, *L'Austria e Venezia*, in G. Benzoni / G. Cozzi (Hrsg.), *Venezia e l'Austria*, Venedig 1999, S. 3–22, hier S. 13–14.

34 M. Berengo, *Le origini del Lombardo-Veneto*, in „Rivista storica italiana", 83, 1971, S. 527.

35 L. Wolff, *„Kennst du das Land?" The Uncertainty of Galicia in the Age of Metternich and Fredro*, in „Slavic Review", 67, 2008, 2, S. 277–300.

36 *Ebd.*, S. 287.

37 So die Definition von P.G.M. Dickson, *Finance and Government*, Bd. 1, S. 286.

38 M. Berengo, *Le origini del Lombardo-Veneto*, S. 536.

39 M. Meriggi, *Il Regno Lombardo-Veneto*, S. 63–65.

40 Der Passus stammt aus einem Bericht des provisorischen Gouverneurs Bellegarde aus dem Jahr 1815, wiedergegeben in A. Sandonà, *Il Regno Lombardo Veneto 1814–1859. La Costituzione e l'Amministrazione*, Mailand 1912, S. 364.

41 Wien, Haus-, Hof und Staatsarchiv, *Staatskanzlei*, Provinzen, Lombardo-Venetien, K 33 (alt. 40), c. 790v.

42 A.G. Haas, *Metternich, Reorganization and Nationality 1813–1818: A Story of Foresight and Frustration in the Rebuilding oft the Austrian Empire*, Wiesbaden 1963, S. 130 ff.

43 M. Meriggi, *Amministrazione e classi sociali nel Lombardo-Veneto*, Bologna 1983, S. 134.

44 A. Sandonà, *Il Regno Lombardo Veneto 1814–1859*, S. 373.

45 R. Bizzocchi, *La Biblioteca italiana e la cultura della Restaurazione (1816–1825)*, Mailand 1979, S. 78.

46 *Ebd.*, die Zitate finden sich auf S. 103 und 101.

47 F. Krones, *Freiherr von Baldacci über die inneren Zustände Österreichs. Eine Denkschrift aus dem Jahre 1816*, in „Archiv für österreichische Geschichte", 74, 1889, S. 1–160, hier S. 133–136.

48 W. Heindl, *Gehorsame Rebellen*, S. 140.

49 C. Magris, *Der habsburgische Mythos*, S. 22.

50 P.E. Turnbull, *Austria*, London 1840, Bd. 2, S. 242.

51 M. Rietra (Hrsg.), *Wirkungsgeschichte als Kulturgeschichte. Victor von Andrian Werburgs Rezeption im Vormärz. Eine Dokumentation mit Einleitung, Kommentar und einer Neuausgabe von „Österreich und dessen Zukunft"*, Amsterdam 2001. Die Zitate sind auf S. 239 und 242.

52 I. Beidtel, *Geschichte der österreichischen Staatsverwaltung*, Bd. 2, besonders S. 45.

53 *Tagebücher des Carl Friedrich Freiherrn Kübeck von Kübau*, hrsg. und eingel. von seinem Sohne Max Freiherrn von Kübeck. Bd. 2, Wien 1909, S. 378 und 381.

54 M. Meriggi, *Prima e dopo l'Unità: il problema dello Stato*, in M.L. Betri (Hrsg.), *Rileggere l'Ottocento. Risorgimento e nazione*, Turin 2010, S. 43 f.

55 M. Meriggi, *Il Regno Lombardo-Veneto*, S. 38.

56 *Ebd.*, S. 68.

57 E. Tonetti, *Governo austriaco e notabili sudditi. Congregazioni e municipi nel Veneto della Restaurazione (1816–1848)*, Venedig 1997, S. 130 und S. 135–136.

58 A. Ara, *Fra nazione e impero*, S. 469.

59 M. Meriggi, *Il Regno Lombardo-Veneto*, S. 110.

60 Der Anteil der Bevölkerung, der in der Landwirtschaft tätig ist, nimmt in diesem Zeitraum um 75% auf circa 71% ab; demgegenüber bleibt das Wachstum im Primärsektor niedrig, es pendelt sich bei 0,5–1,0% ein; R. Okey, *The Habsburg Monarchy*, S. 88.

61 G. Barany, *From Fidelity to the Habsburgs to Loyalty to the Nation. The Changing Role of the Hungarian Aristocracy before 1848*, in „Austrian History Yearbook", 23, 1992, S. 36–49, hier S. 42 ff.
62 R. Okey, *The Habsburg Monarchy*, S. 94.
63 Siehe dazu die subtile Analyse bei R.J.W. Evans, *Austria, Hungary*, S. 94.
64 E. Saurer, *Straße, Schmuggel, Lottospiel. Materielle Kultur und Staat in Niederösterreich, Böhmen und Lombardo-Venetien im frühen 19. Jahrhundert*, Göttingen 1989, S. 217, Fn. 1.
65 L. Höbelt, *Bürokratie und Aristokratie im Österreich der vor-konstitutionellen Ära*, in „Études danubiennes", 11, 1995, S. 149–162, hier S. 159.

III Revolution und Konterrevolution (1848–1861)

1 E. Hanisch, *Der kranke Mann an der Donau. Marx und Engels über Österreich*, Wien / München / Zürich 1978, S. 33.
2 T. Nipperdey, *Deutsche Geschichte 1800–1866. Bürgerwelt und starker Staat*, München 1983, S. 337–338.
3 *Tagebücher des Carl Friedrich Kübeck*, Bd. 2, S. 333.
4 E. Bruckmüller / H. Stekl, *Zur Geschichte des Bürgertums in Österreich*, in J. Kocka (Hrsg.), *Bürgertum im 19. Jahrhundert*, München 1988, 3 Bde., hier Bd. 1, S. 178.
5 Wenig mehr als 20% der italienischen Adeligen bekleideten Stellen, die mit denen der österreichisch-böhmischen Adeligen vergleichbar waren, während sich diese Zahl in Venetien auf etwa die Hälfte der Stellen belief, M. Meriggi, *Amministrazione e classi sociali*, S. 201–247.
6 C.A. Macartney, *The Habsburg Empire*, S. 306.
7 Die Definition stammt von S.N. Eisenstadt, *The Political System of Empires*, New Brunswick NY 2010, S. 113.
8 Eine brillante Darstellung hierzu, C. Tilly, *Trust and Rule*, Cambridge / New York 2004, besonders S. 34–35.
9 K. Clewing, *Der begrenzte Weg strategischen Wertes. Dalmatien als habsburgische Randprovinz*, in H.-C. Maner (Hrsg.), *Grenzregionen der Habsburger Monarchie im 18. und 19. Jahrhundert. Ihre Bedeutung und Funktion aus der Perspektive Wiens*, Münster 2005, S. 217–234, hier S. 229.
10 J.A. Helfert, *Casati und Pillersdorf und die Anfänge der italienischen Einheitsbewegung. Mit Einem Urkundlichen Anhange*, Wien 1902, besonders S. 456–464.
11 A. Ara, *Fra nazione e impero*, S. 55.
12 *Ebd.*, S. 96.
13 Nach dem berühmtem Urteil von L.B. Namier, *La rivoluzione degli intellettuali e altri saggi sull'Ottocento europeo*, Turin 1957, S. 211.
14 C.A. Bayly, *Die Geburt der modernen Welt*, S. 195.
15 B. Biwald, *Von Gottes Gnaden oder von Volkes Gnaden? Die Revolution von 1848 in der Habsburgermonarchie. Der Bauer als Ziel politischer Agitation*, Frankfurt a.M. et al. 1996, S. 45 ff. Zum Folgenden über die Zeit Schwarzenbergs in Galizien beziehe ich mich auf den Aufsatz von A. Sked, *Austria and the „Galician Massacres" of 1846. Schwarzenberg and the Propaganda War. An Unknown but Key Episode in the Career of the Austrian Statesman*, in *A Living Anachronism? European Diplomacy and the Habsburg Monarchy*, Festschrift für Roy Bridge zum 70. Geburtstag, Wien / Köln / Weimar 2010, S. 49–118.
16 A. Sked, *The Decline and Fall of the Habsburg Empire 1815–1818*, London 1989, S. 53–54; H. Sturmberger, *Der Weg zum Verfassungsstaat: die politische Entwicklung in Oberösterreich von 1792–1861*, München 1962, S. 45 ff.
17 M. Meriggi, *Il Regno Lombardo-Veneto*, S. 330.
18 A. Sked, *Radetzky: Imperial Victor and Military Genius*, London 2011, S. 182.

19 Fondazione Museo Storico del Trentino, *Archiv E 7*, E 14, cc. 104/v; Mailand 4. März 1848.

20 R. Price, *1848. Kleine Geschichte der europäischen Revolution*, Berlin 1992, S. 47.

21 C. Charle, *Vordenker der Moderne. Die Intellektuellen im 19. Jahrhundert*, Frankfurt a.M. 1997, S. 120 f.

22 R.J.W. Evans, *Austria, Hungary*, S. 132.

23 A. Ara, *Fra nazione e impero*, S. 263.

24 J. King, *The Nationalization of East Central Europe: Ethnicism, Ethnicity and Beyond*, in M. Bucur / N.M. Wingfield (Hrsg.), *Staging the Past. The Politics of Commemoration in Habsburg Central Europe, 1848 to the Present*, West Lafayette IN 2001, S. 112–152, hier S. 130 ff.

25 H.L. Agnew, *Czechs, Germans, Bohemians? Images of Self und Other in Bohemia to 1848*, in N.M. Wingfield (Hrsg.), *Creating the Other. Ethnic Conflict and Nationalism in Habsburg Central Europe*, New York / Oxford 2004, S. 56–77, hier S. 67.

26 J. Kořalka, *Bedingtheiten und Entscheidungen angesichts der Krise der multinationalen Monarchie. Prag-Frankfurt im Frühjahr 1848: Österreich zwischen Großdeutschtum und Austroslawismus*, in H. Lutz / H. Rumpler (Hrsg.), *Österreich und die deutsche Frage im 19. und 20. Jahrhundert*, München 1982, S. 227–239, das Zitat auf S. 135.

27 G. Stourzh, *La parità nei diritti delle nazionalità della vecchia Austria*, in „Römische Historische Mitteilungen", 29, 1987, S. 387–404, hier S. 388.

28 J. Hösler, *Von Krain zu Slowenien. Die Anfänge der nationalen Differenzierungsprozesse in Krain und in der Untersteiermark von der Aufklärung bis zur Revolution 1768 bis 1848*, München 2006, S. 207–237.

29 Zum Illyrismus des *Ban* siehe die schöne Darstellung von D. Kirchner Reill, *Nationalists Who Feared the Nation: Adriatic Multi-Nationalism in Habsburg Dalmatia, Trieste and Venice*, Stanford CA 2012,
S. 179–183.

30 C.A. Macartney, *The Habsburg Empire*, S. 353.

31 I. Deák, *Beyond Nationalism*, S. 34.

32 W. Brauneder, *Die Habsburgermonarchie als zusammengesetzter Staat*, S. 214–215.

33 G. Stourzh, *Der Umfang der österreichischen Geschichte*, Wien 2011, S. 42–43.

34 Die Rede ist wiedergegeben in A. Fischel (Hrsg.), *Die Protokolle des Verfassungsausschusses über die Grundrechte. Ein Beitrag zur Geschichte des österreichischen Reichstags vom Jahre 1848*, Wien / Leipzig 1912, S. 149–152, S. 195.

35 J. Redlich, *Das österreichische Staats- und Reichsproblem*, Bd. 1/1, Leipzig 1926, S. 240.

36 G. Stourzh, *La parità nei diritti*, S. 392.

37 A. Sked, *Decline and Fall*, S. 147.

38 Über die Revanche der europäischen Militärs nach 1848 siehe M.S. Anderson, *The Ascendency of Europe 1815–1914*, Edinburgh 2003, S. 101.

39 H.-H. Brandt, *Der österreichische Neoabsolutismus. Staatsfinanzen und Politik 1848–1860*, Göttingen 1978.

40 M. Meriggi, *Corte e società di massa. Vienna 1806–1918*, in C. Mozzarelli / G. Olmi (Hrsg.), *La corte nella cultura e nella storiografia. Immagini e posizioni tra Otto e Novecento*, Rom 1983, S. 135–165.

41 R.J.W. Evans, *Austria, Hungary*, S. 290; zur Wiederbelebung der *pietas austriaca* als Stütze des dynastischen Legitimismus siehe J. Shedel, *Emperor, Church and People: Religion and Dynastic Loyalty during the Golden Jubilee of Franz Joseph*, in „The Catholic Historical Review", 76, 1990, 1, S. 71–92.

42 C. Clark, *After 1848: the European Revolution in Government*, in „Transactions of the Royal Historical Society", 22, 2012, S. 171–197.

43 L. Cole, *Il Sacro Romano Impero e la monarchia asburgica dopo il 1806*, S. 241–276.

44 P. Urbanitsch, *Federalismo e centralismo in Austria dal 1861 alla prima guerra mondiale*, in M. Garbari / D. Zaffi (Hrsg.), *Autonomia e federalismo nella tradizione storica italiana e austriaca*, Trento 1996, S. 24.

45 B. Mazohl-Wallnig, *Österreichischer Verwaltungsstaat*, S. 361–382; D. Laven, *Venice 1848–1915. The Venetian Sense of the Past and the Creation of the Italian Nation*, in W. Whyte / O. Zimmer (Hrsg), *Nationalism and the Reshaping of Urban Communities in Europa 1848–1914*, Basingstoke 2011, S. 37–73.

46 R. Okey, *The Habsburg Monarchy*, S. 166.

47 C.A. Macartney, *The Habsburg Empire*, S. 472.

48 Sinnlos für die Politiker von damals und anachronistisch für die Historiker von heute wie R. Brubaker zeigt, *Nationalist Politics and Everyday Ethnicity in a Transilvanian Town*, Princeton NJ / Oxford 2006, S. 31 f.

49 S. Lippert, *Felix Fürst zu Schwarzenberg. Eine politische Biographie*, Stuttgart 1998, S. 202.

50 C. von Czoernig, *Ethnographie der Österreichischen Monarchie* und ders. *Ethnographische Karte der Österreichischen Monarchie*, Wien 1855. Zur habsburgischen Ethnographie und Statistik siehe unter anderem F. Oberhuber, *Reich und Kultur*; E.N. Kappus, *Imperial Ideologies on Peoplehood in Habsburg. An Alternative Approach to Peoples and Nations in Istria*, in „Annales: Anali za istrska in mediterabske študije / Annals for Istrian and Mediterranean Studies", Series Historia et Sociologia, 12, 2002, 2, S. 321–330; P. Šoltés, „*Europe in Miniature". Representations of Ethnic Diversity of Hungary in Statistics and Homeland Studies until the Revolution of 1848–1849*, in A. Hudek et al. (Hrsg.), *Overcoming the Old Borders: Beyond the Paradigm of Slovak National History*, Bratislava 2013, S. 25–42; M. Labbè, *Die ethnographische Karte der österreichischen Monarchie: ein Abbild der Monarchie*, in „Das Achtzehnte Jahrhundert und Österreich", 25, 2011, S. 149–163; H. Göderle, *Zensus und Ethnizität: zur Herstellung von Wissen über soziale Wirklichkeiten im Habsburgerreich zwischen 1848 und 1910*, Göttingen 2016.

51 G. Stourzh, *La parità nei diritti*, S. 977.

52 Eine unerwartete Erfindung, wenn man an das gängige Stereotyp vom Reich als „Völkerkerker" denkt, aber eine auf Regierungsseite nicht ungewöhnliche Art des *nation making*; einen analogen Fall, wenn auch in späterer Zeit, schildert Y. Slezkine, *The USSR as Communal Apartment, or How a Socialist State Promoted Ethnic Particularism*, in „Slavic Rewiew", 53, 1994, 2, S. 414–452.

53 L. Höbelt, *Die Konservativen Alt-Österreichs 1848 bis 1918: Parteien und Politik*, in R. Rill / U.E. Zellenberg (Hrsg.), *Konservatismus in Österreich. Strömungen, Ideen, Personen und Vereinigungen von den Anfängen bis heute*, Graz / Stuttgart 1999, S. 109–151.

54 W. Maleczek, *Auf der Suche nach dem vorbildhaften Mittelalter in der Nationalgeschichte des 19. Jahrhunderts. Deutschland und Österreich im Vergleich*, in H.P. Hye / B. Mazohl / J.P. Niederkorn (Hrsg.), *Nationalgeschichte als Artefakt. Zum Paradigma „Nationalstaat" in den Historiographien Deutschlands, Italiens und Österreichs*, Wien 2009, S. 97–131.

55 Zit. nach H. Rumpler, *Eine Chance*, S. 340.

56 C.A. Macartney, *The Habsburg Empire*, S. 482.

57 D. Lieven, *Empire*, S. 162.

IV Die konstitutionelle Ära: Vom Dualismus zur Krise (1861–1879)

1 Der bissige Kommentar des böhmischen Fürsten Karl Schwarzenberg lautete, die Ungarn „wollten Österreich faktisch, wenn nicht dem Namen nach, in ein Königreich Ungarn verwandeln", zit. nach J.-P. Bled, *Les fondements du conservatisme autrichien 1858–1879*, Paris 1988, S. 265.

2 Sehr ergiebig zu diesem Thema sind seine Memoiren *Österreichs Weg zur konstitutionellen Monarchie: aus der Sicht des Staatsministers Anton von Schmerling*, hrsg. von L. Höbelt, Frankfurt a.M., Wien 1994.

3 H. Rumpler, *Eine Chance*, S. 378–384.

4 J. Breuilly, *The Formation of the First German Nation-State 1800–1870*, Houndmills / Basingstoke / London 1996, S. 44.

5 J. Klabouch, *Die Lokalverwaltung in Cisleithanien*, in A. Wandruszka / P. Urbanitsch (Hrsg.), *Die Habsburgermonarchie 1848–1918*, Bd. 2: *Verwaltung und Rechtswesen*, Wien 1975, S. 270–305.

6 R.J.W. Evans, *Austria, Hungary*, S. 259 ff.

7 C.A. Macartney, *The Habsburg Empire*, S. 525.

8 I. Deák, *Beyond Nationalism*, S. 50.

9 J. Breuilly, *The Formation of the First German Nation-State*, S. 45.

10 C.A. Macartney, *The Habsburg Empire*, S. 535.

11 I. Deák, *Beyond Nationalism*, S. 52.

12 Zit. nach S. Verosta, *Theorie und Realität von Bündnissen. Heinrich Lammasch, Karl Renner und der Zweibund (1897–1914)*, Wien 1971, S. 54.

13 Zur Unterscheidung zwischen *master nations* und *subject nationalities*, die bekanntlich von L.B. Namier (dem Galizier Ludwik Bernsztain vel Niemirowski) getroffen wurde, siehe die Aufsätze in L. Namier, *Conflicts: Studies in Contemporary History*, London 1942. Die österreichische Prägung der Deutungen Namiers wird unter anderem untersucht von T. Tagliaferri, *Nazionalità territoriale e nazionalità linguistica nel pensiero storico di Lewis Namier*, in „Archivio di storia della cultura", 13, 2000, S. 119–148, und A. Graziosi, *Il mondo in Europa. Namier e il „Medio oriente europeo"*, 1815–1948, in „Contemporanea", 10, 2007, 2, S. 193–228.

14 E. Kiss, *Die Nation in Jószef Eötvös Hauptwerk des struktur-modernisierenden Liberalismus*, in E. Kiss / C. Kiss / J. Stagl (Hrsg.), *Nation und Nationalismus in wissenschaftlichen Standardwerken Österreich-Ungarns ca. 1867–1918*, Wien 1997, S. 42–56.

15 R.A. Kann, *Geschichte des Habsburgerreiches: 1526–1918*, Wien 1993, S. 302.

16 C.A. Macartney, *The Habsburg Empire*, S. 547–548.

17 R.A. Kann, *Geschichte des Habsburgerreiches*, S. 304.

18 A.J. May, *The Habsburg Monarchy 1867–1914*, New York 1951, S. 46.

19 G. Stourzh, *Der Umfang*, S. 109.

20 A.J. May, *The Habsburg Monarchy*, S. 82.

21 L. Katus, *Hungary in the Dual Monarchy 1867–1914*, New York 2008, S. 93 ff.

22 Ein eher strenger Kommentar bei J. Breuilly, *Nationalism and the State*, Manchester 1993, S. 129.

23 *Staatsgrundgesetz vom 21. Dezember 1867 über die allgemeinen Rechte der Staatsbürger für die im Reichsrathe vertretenen Königreiche und Länder*.

24 G. Stourzh, *La parità nei diritti*, S. 395.

25 C.A. Macartney. *The Habsburg Empire*, S. 566 und S. 571–74 über die informelle Rolle der Minister.

26 L. Namier, *La rivoluzione degli intellettuali*, S. 205; ders., *Vanished Supremacies*, S. 113.

27 C.A. Macartney, *The Habsburg Empire*, S. 568.

28 J.-P. Bled, *Les fondements*, S. 275.

29 L. Gogolák, *Ungarns Nationalitätsgesetze und das Problem des magyarischen National- und Zentralstaates*, in A. Wandruszka / P. Urbanitsch (Hrsg.), *Die Habsburgermonarchie 1848–1918*, Bd. 3/2: *Die Völker des Reiches*, Wien 1980, S. 1207–1303, hier S. 1243.

30 J.-P. Bled, *Les fondements*, S. 240.

31 Die Definition stammt von Z. Szás, *The Nation State*, in A. Gerő (Hrsg.), *The Austro-Hungarian Monarchy Rivisited*, New York 2009, S. 183.

32 Wie J.-P. Bled hervorhebt, *Les fondements*, S. 244.

33 H. Rumpler, *Eine Chance*, S. 244.

34 C.A. Macartney, *The Habsburg Empire*, S. 693.

35 R. Okey, *The Habsburg Monarchy*, S. 216.

36 G.B. Cohen, *The Politics of Ethnic Survival: Germans in Prague, 1861–1914*, West Lafayette IN 2006, S. 47. ff; P.M. Judson, *Exclusive Revolutionaries: Liberal Politics, Social Experience and National Identity in the Austrian Empire 1848–1914*, Ann Arbor MI 1996, S. 49–68.

37 P.M. Judson, *Frontiers, Islands, Forests, Stones: Mapping the Geography of a German Identity in the Habsburg Monarchy, 1848–1890*, in P. Yaeger (Hrsg.), *The Geography of Identity*, Ann Arbor MI 1996, S. 382–406.

38 C.A. Macartney, *The Habsburg Empire*, S. 652.

39 G.B. Cohen, *The Politics of Ethnic Survival*, S. 48.

40 H. Rumpler, *Parlament und Regierung Cisleithaniens 1867 bis 1914*, in H. Rumpler / P. Urbanitsch (Hrsg.), *Die Habsburgermonarchie 1848–1918*, Bd. 7/1: *Verfassung und Parlamentarismus*, Wien 2000, S. 667–894, hier S. 717.

41 B. Bader-Zaar, *From Corporate to Individual Representation: The Electoral System of Austria, 1861–1918*, in R. Romanelli (Hrsg.), *How Did They Become Voters? The History of Franchise in Modern European Representation*, Den Haag / London / Boston MA 1998, S. 295–339.

42 H. Rumpler, *Parlament und Regierung*, S. 723 („Klub" wurden die politischen Gruppierungen im Parlament genannt).

43 I.D. Armour, *Apple of Discord: Austria-Hungary, Serbia and the Bosnian Question 1867–1871*, in „Slavonic and East European Review", 87, 2009, 4, S. 629–680.

V Nationalität und Krieg (1879–1918)

1 J. Breuilly, *Approaches to Nationalism*, in G. Balakrishnan (Hrsg.), *Mapping the Nation*, London / New York 1996, S. 146–174, hier S. 169, behauptet „that state modernization is crucial for the development of genuine and strong nationalistic movements. Without such state modernization nationalism will simply be a rhetoric which provides one with little clue as to the real character of the movement".

2 So der sarkastische aber nicht unrealistische Kommentar von B. Anderson, *Die Erfindung der Nation. Zur Karriere eines folgenreichen Konzepts*, Berlin 1998, S. 95.

3 R. Okey, *The Habsburg Monarchy*, S. 326.

4 O. Jászi, *The Dissolution of the Habsburg Monarchy*, Chicago IL / London 1966, S. 334.

5 R. Brubaker, *Transylvanian*, S. 42 f.

6 Deutlichstes Beispiel dafür sind die Aufsätze und Bücher des britischen Historikers R.W. Seton-Watson, unter denen aufgrund ihrer stark antimagyarischen Tendenz hervorzuheben sind *Racial Problems in Hungary*, London 1908 und *Corruption and Reform in Hungary. A Study of Electoral Practice*, London 1911.

7 So H. Seton-Watson, *Nation and States. An Enquiry into the Origins of Nations and the Politics of Nationalism*, Boulder CO 1977, S. 165.

8 C.A. Macartney, *The Habsburg Empire*, S. 721.

9 M. Cornwall, *The Habsburg Monarchy*, in T. Baycroft / M. Hewitson (Hrsg.), *What is a Nation? Europe 1789–1914*, Oxford 2006, S. 171–180.

10 C. Horel, *Les tentatives de réforme de l'administration hongroise entre 1886 et 1914*, in „Études danubiennes", 11, 1995, 2, S. 183–194.

11 H. Rumpler, *Eine Chance*, S. 505.

12 A. Gottsmann, *La parità linguistica nell'amministrazione del Litorale austriaco (1848–1918)*, in A. Trampus / U. Kindl (Hrsg.), *I linguaggi e la storia*, Bologna 2003, S. 243–271, hier S. 257 f.

13 Siehe hierzu die Analyse von M. Wolf, *Die vielsprachige Seele Kakaniens. Übersetzen und Dolmetschen in der Habsburgermonarchie 1848 bis 1918*, Wien / Köln / München 2012.

14 G.B. Cohen, *The Politics of Ethnic Survival: Germans in Prague, 1861–1914*, West Lafayette IN 2006, S. 21 f.

15 Zit. nach G. Franzinetti, *Il problema del nazionalismo nella storiografia dell'Europa centro-orientale*, in „Rivista storica italiana", 103, 1991, 3, S. 811–846, hier S. 834.

16 *Ebd.*, S. 836.

17 J. Ulrich, *Lehrbuch des Österreichischen Staatsrechts für den akademischen Gebrauch und die Bedürfnisse der Praxis*, Berlin 1883, S. 111, über die korrekte Auslegung von Artikel 19.

18 H.-C. Maner, *Zum Problem der Kolonisierung Galiziens. Aus den Debatten des Ministerrates und des Reichsrates in der zweiten Hälfte des 19. Jahrhunderts*, in J. Feichtinger / U. Prutsch / M. Csáky (Hrsg.), *Habsburg Postcolonial*, S. 153–163, hier S. 160.

19 H. Rumpler, *Verlorene Geschichte. Der Kampf um die politische Gestaltung des Alpen-Adria-Raumes*, in A. Moritsch (Hrsg.), *Alpen-Adria. Zur Geschichte einer Region*, Klagenfurt 2001, S. 517–569, hier S. 546.

20 A. Gottsmann, *La parità linguistica*, S. 259.

21 P.M. Judson, *Frontiers, Islands, Forests, Stones: Mapping the Geography of a German Identity in the Habsburg Monarchy, 1848–1890*, in P. Yaeger (Hrsg.), *Geography of Identity*, Ann Arbor MI 1996, S. 382–406, hier S. 392 ff.

22 M. Cornwall, *The Struggle on the Czech German Language Border, 1880–1940*, in „The English Historical Review", 109, 1994, 433, S. 914–951, hier S. 919 ff.

23 Zit. nach J. King, *The Nationalization of East Central Europe. Ethnicism, Ethnicity, and Beyond*, in M. Bucur / N.M. Wingfield (Hrsg.), *Staging the Past. The Politics of Commemoration in Habsburg Central Europe, 1848 to the Present*, West Lafayette IN 2001, S. 112–152, S. hier 129.

24 G.B. Cohen, *The Politics of Ethnic Survival*, S. 67.

25 Sie dazu R. Brubaker, *Ethnicity without Groups*, London 2004.

26 J. King, *The Nationalization of East Central Europe*, S. 128–129; es gab 3.470.252 Tschechen, (62,78%), 2.054.174 Deutsche (37,17%) plus 94.449 (etwa 1,7%) Juden, auf die beiden Gruppen verteilt.

27 G.B. Cohen, *The Politics of Ethnic Survival*, S. 70–71.

28 Laut M. Cornwall, *The Struggle on the Czech German Language Border*, S. 943.

29 G. Stourzh, *Die Gleichberechtigung der Nationalitäten in der Verfassung und Verwaltung Altösterreichs 1848–1918*, Wien 1985.

30 M. Cornwall, *The Struggle on the Czech-German Language Border*, S. 920 f.

31 H. Fassmann, *Die Bevölkerungsentwicklung 1850–1910*, in H. Rumpler / P. Urbanitsch (Hrsg.), *Die Habsburgermonarchie 1848–1918, Bd. 9/1: Soziale Strukturen. Von der feudal-agrarischen zur bürgerlich-industriellen Gesellschaft*, Tlbd. 1/1, *Lebens- und Arbeitswelten in der industriellen Revolution*, Wien 2010, S.159–184, hier S. 172–175.

32 M. John, *National Movements and Imperial Ethnic Hegemonies in Austria, 1867–1918*, in D. Hoerder / C. Harzig / A. Shubert (Hrsg.), *The Historical Practice of Diversity. Transcultural Interactions from the Early Modern Mediterranean to the Postcolonial World*, New York 2003, S. 89–105, hier S. 91–93.

33 W. Maderthaner, *Urbane Lebenswelten: Metropolen und Großstädte*, in H. Rumpler / P. Urbanitsch (Hrsg.), *Die Habsburgermonarchie 1848–1918, Bd. 9/1, Tlbd. 1/1*, S. 493–538, hier S. 495.

34 H. Rumpler, *Eine Chance*, S. 474, weist darauf hin, dass wenn 1830 noch 84% der Bevölkerung des Reichs auf dem Land lebten, dieser Prozentsatz 1910 auf 54% gesunken war.

35 A. Moritsch, *Dem Nationalstaat entgegen (1848–1914)*, in A Moritsch (Hrsg.), *Alpen-Adria. Zur Geschichte einer Region*, Klagenfurt 2001, S. 368.

36 A. Millo, *Un porto fra centro e periferia (1861–1918)*, in R. Finzi / C. Magris / G. Miccoli (Hrsg.), *Il Friuli-Giulia (Storia d'Italia. Le regioni dall'Unità a oggi)*, Turin 1977, S. 181–235, hier S. 188; allgemeiner zu Triest zwischen dem 18. und 19. Jahrhundert, M. Cattaruzza, *Trieste nell'Ottocento. Le trasformazioni di una società civile*, Udine 1995.

37 A. Ara, *Fra nazione e impero*, S. 261–262.

38 E. Sestan, *Venezia Giulia. Lineamenti di una storia etnica e culturale*, Udine 1977, S. VII.

39 H. Rumpler, *Parlament und Regierung Cisleithaniens*, S. 786 f.

40 M. Cattaruzza, *Socialismo adriatico. La socialdemocrazia di lingua italiana nei territori costieri della monarchia asburgica: 1888–1915*, Manduria / Bari / Rom 1998, S. 9.

41 P. Pombeni, *Der junge De Gasperi. Werdegang eines Politikers* (Schriften des Italienisch-Deutschen Historischen Instituts, 26), Berlin 2012, S. 53.

42 M. Krzoska, *Die Peripherie bedrängt das Zentrum. Wien, Prag und Deutschböhmen in den Badeni-Unruhen 1897*, in H.-C. Maner (Hrsg.), *Grenzregionen der Habsburgermonarchie im 18. und 19. Jahrhundert. Ihre Bedeutung und Funktion aus der Perspektive Wiens*, Münster 2005, S. 145–165, hier S. 156.

43 Ein Thema, das aufgegriffen wird in der breit angelegten Untersuchung von J. Deak, *Forging a Multinational State*.

44 J.W. Boyer, *Freud, Marriage and Late Viennese Liberalism. A Commentary from 1905*, in „The Journal of Modern History", 10, 1978, 1, S. 72–102, hier S. 73.

45 P. Pombeni, *Der junge De Gasperi*, S. 113.

46 P. Urbanitsch, *Pluralist Myth and National Realities: The Dynastic Myth of the Habsburg Monarchy – a Futile Exercise in Creation of Identity?* in „Austrian History Yearbook", 35, 1994, S. 101–141, hier S. 138.

47 C.A. Bayly, *Die Geburt der modernen Welt*, S. 533.

48 C.A. Macartney, *The Habsburg Empire*, S. 699.

49 H. von Voltelini, *Die österreichische Reichsgeschichte, ihre Aufgaben und Ziele*, in „Deutsche Geschichtsblätter. Monatsschrift zur Förderung der landesgeschichtlichen Forschung", 2, 1901, 4, S. 97–108.

50 So G. Stourzh, *Der Umfang der österreichischen Geschichte*, S. 18–23. Mit dem Aufsatz von Voltelini befassen sich auch H.J.W. Kuprian / B. Mazohl, *Das Fach Österreichische Geschichte an der Universität Innsbruck: Traditionen und Perspektiven*, in M. Scheutz / A. Strohmayer (Hrsg.), *Was heißt „österreichische" Geschichte? Probleme, Perspektiven und Räume der Neuzeitforschung*, Innsbruck / Wien / Bozen 2008, S. 51–71.

51 H. von Voltelini, *Die österreichische Reichsgeschichte*, S. 103 f.

52 Ebd., S. 107.

53 Die einzige Ausnahme war der Ausgleich der Stadt Budweis (České Budějovice) 1913, so J. King, *Budweisers into Czechs and Germans. A Local History of Bohemian Politics, 1848–1948*, Princeton MA, 2002.

54 Sehr überzeugend erschienen mir zu den im mährischen Ausgleich enthaltenen konkreten Gefahren einer „politischen Ethnisierung" die Überlegungen von G. Stourzh, *Der Umfang*, S. 308 ff, als Entgegnung auf das weniger pessimistische Urteil von T. Zahra, *Kidnapped Souls. National Indifference and the Battle for Children in the Bohemian Lands 1900–1948*, Ithaca NY / London 2008; auf den Satz „gute Zäune machen gute Nachbarn" könnte man in Stourzhs Worten erwidern „gute Zäune machen nicht notwendig gute Nachbarn", aber vielleicht weniger aggressive und nur, wie in Moldawien, in sehr eingeschränkten Bereichen des öffentlichen Lebens und nur für ziemlich kurze Zeit.

55 J.W. Boyer, *Culture and Political Crisis in Vienna. Christian Socialism in Power, 1897–1918*, Chicago IL 1995.

56 E. Ivetic, *Jugoslavia sognata. Lo jugoslavismo delle origini*, Mailand 2012, S. 74–83, S. 233 ff.

57 A. Ara, *Fra nazione e impero*, S. 151.

58 C. Clark, *I sonnambuli. Come l'Europa arrivò alla grande guerra*, Rom / Bari 2013, S. 89.

59 Fundamental hierzu S. Wank, *The Twilight of Empire. Count Alois Lexa von Aehrenthal (1854–1912). Imperial Habsburg Patriot and Statesman*, Bd. 1: *The Making of an Imperial Habsburg Statesman*, Wien 2009; K. Canis, *Die bedrängte Großmacht. Österreich-Ungarn und das europäische Mächtesystem 1866/67–1914*, Paderborn 2016.

60 S. Wank, *Aerenthal's Programme for the Constitutional Transformation of the Habsburg Monarchy: Three Secret Mémoires*, in „The Slavonic and East European Review", 41, 1963, 97, S. 513–536.

61 S. Wank / C. M. Grafinger / F. Adlgasser (Hrsg.) *Aus dem Nachlass Aehrenthal: Briefe und Dokumente zur österreichisch-ungarischen Innen- und Außenpolitik 1885–1912*, Bd. 1, Nr. 280, S. 368, Brief vom 27./14. Juli 1905.

62 S. Wank / C.M. Grafinger / F. Adlgasser (Hrsg.), *Aus dem Nachlass Aerenthal*, Bd. 2, S. 433: „Die vormals sozusagen in einem gesellschaftlichen Kreis vereinigten und sich um den Hof gruppierenden Zelebritäten sind gegenwärtig in mehrfache Gliederungen geteilt und haben sich dem Interessenkreise dieser Fraktionen angeschlossen".

63 *Ebd.*, S. 459.

64 F. Fellner, *Das Italienbild der österreichischen Publizistik und Geschichtswissenschaft um die Jahrhundertwende*, in „Römische Historische Mitteilungen", 24, 1982, S. 117–132, hier S. 123.

65 Die Regierung in Budapest wehrte sich strikt gegen jede Veränderung des alten Wahlsystems, weil sie das allgemeine Wahlrecht als schädlich für die nationale Einheit betrachtete. Nach O. Jászi, *The Dissolution*, S. 286 und S. 362, ein schönes Beispiel für einen Nationalismus, der hervorgeht „aus den monopolistischen Interessen einiger Gruppen, die den ursprünglichen nationalen Idealen ferne stehen".

66 J.W. Boyer, *Power, Partisanship and the Grid of Democratic Politics. 1907 as the Pivot Point of Modern Austrian History*, in „Austrian History Yearbook", 44, 2013, S. 148–174, hier S. 157.

67 G.B. Cohen, *National Politics and the Dynamic of State and Civil Society in the Habsburg Monarchy, 1867–1914*, in „Central European History", 40, 2007, S. 241–278.

68 T.M. Kelly, *Taking it to the Street. Czech National Socialists in 1908*, in „Austrian History Yearbook", 29, 1998, S. 93–112.

69 K. Stauter-Halsted, *The Nation in the Village. The Genesis of Peasant National Identity in Austrian Poland 1848–1914*, Ithaka NY / London 2004.

70 J.W. Boyer, *Culture and Political Crisis*, S. 12.

71 *Stenographische Protokolle des Hauses der Abgeordneten des Reichsrates mit Beilagen und Indices*, 83. Sitzung der XVIII Session am 5. Juni 1908, S. 5480 f.

72 Eine luzide Darstellung der verschiedenen Positionen gibt in seinem Aufsatz L. Cole, *Differentiation or Indifference. Changing Perspectives on National Identification in the Austrian Half of the Habsburg Monarchy*, in M. Van Ginderachter / M. Beyen (Hrsg.), *Nationhood from Below. Europe in the Long Nineteenth Century*, Basingstoke 2012, S. 96–109.

73 L. Cole, *Alla ricerca della frontiera linguistica: nazionalismo e identità nazionale nell'Austria imperiale*, in „Quaderni storici", 43, 2008, 128/2, S. 501–514.

74 J. Breuilly, *Nationalism and the State*, S. 62.

75 Zum politischen Pragmatismus, der Luegers Handeln und das der Christlichsozialen (wenigstens bis zu Luegers Tod) in der nationalen Frage bestimmte, siehe die vorzügliche Analyse von J.W. Boyer, *Culture and Political Crisis*, S. 211 ff.

76 W. Maderthaner, *Urbane Lebenswelten*, S. 527.

77 R. Brubaker, *Nationalism Reframed. Nationhood and the National Question in the New Europe*, Cambridge 1996, S. 24.

78 J.W. Boyer, *The End of the Old Regime. Visions of Political Reform in Late Imperial Austria*, in „The Journal of Modern History", 58, 1986, 1, S. 159–193, hier S. 165.

79 L. Péter, *Hungary's Long Nineteenth Century. Constitutional and Democratic Traditions in a European Perspective*, in *Collected Studies of László Péter*, hrsg. von M. Lojkó, Leiden / Boston MA 2012, S. 318.

80 A. Vivante, *Irredentismo adriatico*, Trieste 1984, S. 205–207.

81 Der Ausdruck stammt von H.P. Hye, *Die cisleithanischen Länder im Gefüge der Habsburger-monarchie*, in H. Rumpler / P. Urbanitsch (Hrsg.), *Die Habsburgermonarchie*, Bd. 7/2: *Die regionalen Repräsentativkörperschaften*, Wien 2000, S. 2427–2464.

82 Sehr überzeugend zu diesem Aspekt die Analysen von P. Haslinger, *How to Run a Multinational Society: Statehood, Administration and Regional Dynamics in Austria-Hungary, 1867–1914*, in J. Augusteijn / E. Storm (Hrsg.), *Region and State in Nineteenth Century Europe. Nation-Building, Regional Identities and Separatism*, London 2012, S. 22–128 und von J. Osterkamp, *Cooperative Empires. Provincial Initiatives in Imperial Austria*, in „Austrian History Yearbook", 47, 2016, S. 128–146.

83 „Redlich was opposed not so much to the efficacy of administrative rule as he was to its inefficient, overly politicized and corrupt operations that undercut the public good", J.W. Boyer, *Culture and Political Crisis*, S. 198.

84 J. Redlich, *Kaiser Franz Joseph von Österreich. Eine Biographie*, Berlin 1919, S. 399. Aber Redlichs Urteile über die Monarchie vor dem Krieg waren oft viel positiver, siehe dazu den Brief, zitiert in A. Ng, *Nationalism and Political Liberty. Redlich, Namier and the Crisis of Empire*, Oxford 2006, S. 87.

85 So L. Höbelt, *Franz Joseph I. Der Kaiser und sein Reich. Eine politische Geschichte*, Wien / Köln / Weimar 2009, S. 70, „darin lag das Geheimnis der altösterreichischen Regierungskunst im halben Jahrhundert nach dem Ausgleich".

86 Siehe dazu die zusammengetragenen Artikel von C. Horel, *1908. L'annexion de la Bosnie-Herzégovine, cent ans après*, Brüssel 2011.

87 Zur komplexen und widersprüchlichen Figur Franz Ferdinands siehe die Biographie von J.-P. Bled, *Franz Ferdinand. Der eigensinnige Thronfolger*, Wien 2013.

88 A. Ara, *Governo e Parlamento in Austria nel periodo del mandato parlamentare di Cesare Battisti, 1911–1914*, in *Atti del Convegno di studi su Cesare Battisti*, Trento 1979, S. 165–176, hier S. 168.

89 S. Wank, *In the Twilight of Empire. Count Alois Lexa von Aehrenthal*, S. 88.

90 A. Ara, *Governo e Parlamento in Austria*, S. 171.

91 A.J. Motyl, *From Imperial Decay to the Imperial Collapse: The Fall of the Sovjet Empire in Comparative Perspective*, in R.L. Rudolph / D.F. Good (Hrsg.), *Nationalism and Empire. The Habsburg Empire and the Sovjet Union*, New York 1992, S. 15–43.

92 C. Clark, *I sonnambuli*, S. 425.

93 Ein Schritt, dem die geopolitischen Ziele Franz Ferdinands zuwiderliefen. Von diesem Gesichtspunkt verhinderte der Tod des Thronfolgers eine friedliche Lösung mit Serbien, so S.R. Williamson Jr., *Aggressive and Defensive Aims of Political Elites? Austrian-Hungarian Policy in 1914*, in H. Afflerbach / D. Stevenson (Hrsg.), *An Improbable War? The Outbreak of World War I and the European Political Culture before 1914*, Oxford 2007, S. 61–74, hier S. 65.

94 F. Fellner, *Die Mission Hoyos*, in F. Fellner / H. Maschl / B. Mazohl-Wallnig (Hrsg.), *Vom Dreibund zum Völkerbund: Studien zur Geschichte der internationalen Beziehungen*, München 1994. Zu den Vorläufern des Konflikts siehe auch J. Leslie, *The Antecendents of Austria-Hungary's War Aims. Policies and Policy-Makers in Vienna and Budapest before and during 1914*, in

E. Springer / L. Kammerhofer (Hrsg.), *Archiv und Forschung. Das Haus-, Hof- und Staatsarchiv in seiner Bedeutung für die Geschichte Österreichs und Europas*, München 1993, S. 307–394, sowie den detaillierten Band von G. Kronenbitter, *„Krieg im Frieden". Die Führung der k. und k. Armee und die Großmachtpolitik Österreich-Ungarns 1908–1914*, München 1993, S. 307–394.

95 So kennzeichnete ihn 1912 der britische Diplomat Tyrrell, zit. in T.G. Otte, *The Foreign Office Mind. The Making of British Foreign Policy 1865–1914*, Cambridge 2011, S. 371.

96 C. Clark, *I sonnambuli*, S. 466.

97 A.J. Rieber, *The Struggle for the Eurasian Borderlands. From the Rise of Early Modern Empires to the End of the First World War*, Cambridge 2014, S. 446.

98 F. Fellner, *Die Mission Hoyos*, S. 128.

99 Wie im Übrigen russische und zum Teil auch britische Diplomaten seit einiger Zeit dachten, T.G. Otte, *The Foreign Office Mind*, S. 375.

100 R. Okey, *The Habsburg Monarchy*, S. 377.

101 Die Zahlen entstammen der Tabelle im Anhang von C. Hämmerle, *Die k.(u.)k. Armee als „Schule des Volkes"? Zur Geschichte der Allgemeinen Wehrpflicht in der multinationalen Habsburgermonarchie (1866–1914/18)*, in C. Jansen (Hrsg.), *Der Bürger als Soldat. Die Militarisierung europäischer Gesellschaften im langen 19. Jahrhundert: ein internationaler Vergleich*, Essen 2004, S. 175–213.

102 R. Stergar, *Die Bevölkerung der slowenischen Länder und die allgemeine Wehrpflicht*, in L. Cole / C. Hämmerle / M. Scheutz (Hrsg.), *Glanz – Gewalt – Gehorsam*, S. 129–151, hier S. 145.

103 Zit. nach L. Valiani, *La dissoluzione dell'Austria-Ungheria*, S. 240.

104 A. Rachamimow, *Arbiters of Allegiance: Austro-Hungarian Censors during World War I*, in P. Judson / M. Rozenblit (Hrsg.), *Constructing Nationalities in East Central Europe*, New York / Oxford 2004, S. 159.

105 Auf die vielfältigen und differenzierten „Identitätssphären", die bei Kriegsausbruch die österreichischen Untertanen in sich vereinen konnten, verweist zu Recht L. Cole, *Differentiation or Indifference*?

106 M. Rauchensteiner, *Der Erste Weltkrieg und das Ende der Habsburgermonarchie 1914–1918*, Wien / Köln / Weimar 2013, S. 286; G. Wawro, *A Mad Catastrophe. The Outbreak of World War I and the Collapse of the Habsburg Empire*, New York 2014, S. 169 ff.

107 G.E. Rothenberg, *The Army of Francis Joseph*, East Lafayette IN 1998, S. 180.

108 M. Rauchensteiner, *Der Erste Weltkrieg*, S. 287. Das bedeutet, dass das Reich in den ersten fünf Monaten zwischen Kriegsausbruch und Ende 1914 fast die Hälfte seiner Soldaten und gut zwei Drittel seines Offizierskorps geopfert hatte, A. Di Michele, *Tra due divise. La Grande Guerra degli italiani d'Austria*, Rom / Bari 2018, S. 75.

109 R. Jeřábek, *The Eastern Front* und M. Cornwall *Disintegration and Defeat. The Austro-Hungarian Revolution*, in M. Cornwall (Hrsg.) *The Last Years of Austria-Hungary. A Multi-National Experiment in Early Thwentieth-Century Europe*, Chicago IL 2006, S. 149–165 und S. 167–196.

110 I. Deak, *Beyond Nationalism*, S. 130.

111 Die Daten in A. Rachamimow, *POWS and the Great War. Captivity on the Eastern Front*, Oxford / New York 2002, S. 104. 1917 betrug die Zahl der österreichischen Kriegsgefangenen in Russland etwa 2.700.000.

112 R. Lein, *Pflichterfüllung oder Hochverrat? Die tschechischen Soldaten Österreich-Ungarns im Ersten Weltkrieg*, Berlin 2011.

113 T. Scheer, *Habsburg Languages at War. „The Linguistic Confusion at the Tower of Babel Could't Have Been Much Worse"*, in J. Walker / C. Declercq (Hrsg.), *Language in the First World War. Communication in a Transnational War*, Basingstoke 2016, S. 62–78.

114 C. Morelon, *A Threat to National Unity? The Urban-Rural Antagonism in Prague during the First World War in a Comparative Perspective*, in W. Dornik / J. Walleczeck-Fritz /

S. Wedrac (Hrsg.), *Frontwechsel. Österreich-Ungarns „Großer Krieg" im Vergleich*, Wien / Köln / Weimar 2014, S. 325–342.

115 F. Frizzera, *Cittadini dimezzati. I profughi trentini in Austria-Ungheria e in Italia (1914–1919)*, (Annali dell'Istituto storico italo-germanico in Trento. Quaderni, 101) Bologna 2018; weitere 25.000 wurden dagegen in Italien interniert. Außerdem D. Leoni / C. Zadra (Hrsg.), *La città di legno. Profughi trentini in Austria 1915–1918*, Trento 1995.

116 *Heimatfronten. Dokumente zur Erfahrungsgeschichte der Tiroler Kriegsgesellschaft im Ersten Weltkrieg*, herausgegeben, eingeleitet und kommentiert von O. Überegger, Innsbruck 2006, S. 836.

117 T. Scheer, *Die Ringstraßenfront. Österreich-Ungarn, das Kriegsüberwachungsamt und der Ausnahmezustand während des Ersten Weltkrieges*, Heeresgeschichtliches Museum, Wien 2010.

118 M. Moll, *Kein Burgfrieden. Der deutsch-slowenische Nationalitätenkonflikt in der Steiermark 1900–1918*, Innsbruck 2007.

119 S. Beller, *The Habsburg Monarchy*, S. 264.

120 Zit. in A.J. Rieber, *The Struggle for the Eurasian Borderlands*, S. 184.

121 M. Zückert, *Imperial War in the Age of Nationalism – The Habsburg Monarchy and the First World War*, in J. Leonhard / U. von Hirschhausen (Hrsg.), *Comparing Empires. Encounters and Transfers in the Long Nineteenth Century*, Göttingen 2011, S. 500–517, hier S. 503.

122 R. Stergar, *L'esercito asburgico come scuola della nazione. Illusione o realtà?*, in B. Mazohl / P. Pombeni (Hrsg.), *Minoranze negli imperi: popoli fra identità nazionale e ideologia imperiale* (Annali dell'Istituto storico italo-germanico in Trento. Quaderni, 88), Bologna 2013, S. 289 f.; außerdem R. Stergar, *National Indifference in the Heyday of Nationalist Mobilization? Ljubljana Military Veterans and the language of Command*, in „Austrian History Yearbook", 43, 2012, S. 45–58.

123 So G.E. Rothenberg, *The Shield of the Dynasty. Reflections on the Habsburg Army, 1649–1918*, in „Austrian History Yearbook", 32, 2001, S. 169–206, hier S. 198.

124 M. Cornwall, *Morale and Patriotism in the Austro-Hungarian Army, 1914-1918*, in J. Horne (Hrsg.), *State, Society and Mobilization in Europe during the First World War*, Cambridge 1997, S. 173–191.

125 Q. Antonelli, *I dimenticati della grande guerra. La memoria dei combattenti trentini (1914–1920)*, Trento 2008.

126 Zit. in M. Zückert, *Antimilitarismus und soldatische Resistenz. Politischer Protest und armeefeindliches Verhalten in der tschechischen Gesellschaft bis 1918*, in L. Cole / C. Hämmerle / M. Scheutz (Hrsg.), *Glanz – Gewalt – Gehorsam. Militär und Gesellschaft in der Habsburgermonarchie (1800 bis 1918)*, Essen 2011, S. 199–215, hier S. 215.

127 L. Cole, *Military Culture & Popular patriotism in Late Imperial Austria*, Oxford 2014, S. 322.

128 Siehe dazu die detaillierte Analyse von H. Rumpler, *Die Todeskrise Cisleithaniens 1911–1918. Vom Primat der Innenpolitik zum Primat der Kriegsentscheidung*, in H. Rumpler (Hrsg.), *Die Habsburgermonarchie 1848-1918*, Bd. XI/1: *Die Habsburgermonarchie und der Erste Weltkrieg*, Wien 2016, S. 1165–1256.

129 S. Beller, *The Habsburg Monarchy*, S. 269.

130 M. Cornwall, *The Great War and the Yugoslav Grassroots. Popular Mobilization in the Habsburg Monarchy 1914–1918*, in D. Djokić / J. Ker-Lindsay (Hrsg.), *New Perspectives on Yugoslavia. Key Issues and Controversies*, London / New York 2011, S. 27–45. Wie Laurence Cole schreibt: „The gradual military and economic collapse opened up a power vacuum into which nationalist social and political elites could step, now also openly endorsed by Allied policy"; L. Cole, *Questions of Nationalization in the Habsburg Monarchy*, in N. Wouters / L. van Yperselepp (Hrsg.), *Nations, Identities and the First World War Shifting Loyalities to the Fatherland*, London 2018, S. 115–134, hier S. 129.

131 M. Cattaruzza, *Das Ende Österreich-Ungarns im Ersten Weltkrieg. Akteure, Öffentlichkeiten, Kontingente*, in „Historische Zeitschrift" 308, 2018, S. 81–107, hier S. 97 ff.

132 B. Mazohl, *Die Habsburgermonarchie 1848–1918*, S. 447.

133 H. Hanak, *The Government, the Foreign Office and Austria Hungary, 1914–1918*, in „The Slavonic and East European Review", 47, 1969, 108, S. 161–197, hier S. 188.

134 Zur Ausarbeitung dieser Projekte siehe H. Rumpler, *Die Todeskrise Cisleithaniens*, S. 1219 ff.

135 G.B. Cohen, *Cultural Crossing in Prague, 1900: Scenes from Late Imperial Austria*, in „Austrian History Yearbook", 45, 2014, S. 1–30, hier S. 30.

136 M. Healy, *Vienna and the Fall oft he Habsburg Empire. Total War and Everyday Life in World War I*, Cambridge 2004, S. 31–86 und S. 300–313.

137 So eindrücklich M. Cattaruzza, *Das Ende Österreich-Ungarns im Ersten Weltkrieg*, S. 102.

138 F. Fellner / D. Corradini (Hrsg.), *Schicksalsjahre Österreichs. Die Erinnerungen und Tagebücher Josef Redlichs 1869–1936*, Bd. 2: *1915–1936*, Wien / Köln / Weimar 2011, S. 437, 2. Oktober 1918.

139 Zit. in A. Ng, *Nationalism*, S. 97.

140 P.M. Judson, *The Habsburg Empire*, S. 446.

141 R. Gerwarth, *1918 and the End of Europe's Land Empires*, in M. Thomas / A.S. Thompson (Hrsg.), *The Oxford Handbook of the End of Empires*, Oxford 2018, S. 1–18, hier S. 8.

142 Zit. in R. Gerwarth, *Control and Chaos. Paramilitary Violence and the Dissolution of the Habsburg Empire*, in W. Heitmeyer / H.-G. Haupt / A. Kirschner / S. Malthaner (Hrsg.). *Control of Violence. Historical and International Perspectives on Violence in Modern Societies*, New York / Dordrecht / Heidelberg / London 2011, S. 527–533, hier S. 527.

143 L.B. Namier, *Germany and Eastern Question*, London 1915, S. 124.

Weiterführende Literatur

Hauptwerke

Beller S., *The Habsburg Monarchy 1815–1918* (New Approaches to European History), Cambridge 2018

Deak J., *Forging a Multinational State. State Making in Imperial Austria from the Enlightenment to the First World War*, Stanford CA 2015

Evans R.J.W., *The Making of the Habsburg Monarchy, 1550–1700. An Interpretation*, Oxford 1984

Evans R.J.W., *Austria, Hungary and the Habsburgs. Central Europe c.1683–1867*, Oxford 2006

Hanák P. (Hrsg.), *Die Geschichte Ungarns: von den Anfängen bis zur Gegenwart*, Budapest 1988

Ingrao C., *The Habsburg Monarchy, 1615–1815*, Cambridge 2000

Judson P., *The Habsburg Empire. A New History*, Cambridge MA 2016

Kann R.A., *The Multinational Empire. Nationalism and National Reform in the Habsburg Monarchy 1848–1918*, 2 Bde., New York 1950

Kann R.A., *Geschichte des Habsburgerreiches: 1526–1918*, Wien 1977

Kontler L.A., *A History of Hungary. Millennium in Central Europe*, Basingstoke 2002

Mitchell Wess A., *The Grand Strategy of the Habsburg Empire*, Princeton MA / Oxford 2018

Macartney C.A., *The Habsburg Empire: 1790–1918*, London 1971

Okey R., *The Habsburg Monarchy, c. 1765–1918. From Enlightenment to Eclipse*, New York 2002

Österreichischen Akademie der Wissenschaften (Hrsg.), *Die Habsburgermonarchie 1848–1918*, 12 Bde., Wien 1973–2019

Rieber A.J., *The Struggle for the Eurasian Borderlands. From the Rise of Early Modern Empires to the End of the First World War*, Cambridge / New York 2014

Rumpler H., *Eine Chance für Mitteleuropa. Bürgerliche Emanzipation und Staatsverfall in der Habsburgermonarchie* (Österreichische Geschichte 1804–1914), Wien 2005

Scheutz M. / Strohmeyer A. (Hrsg.), *Von Lier nach Brüssel: Schlüsseljahre österreichischer Geschichte (1496–1995)*, Innsbruck / Wien / Bozen 2010

Sked A., *Der Fall des Hauses Habsburg. Der unzeitige Tod eines Kaiserreichs*, Berlin 1993

Stourzh G., *Der Umfang der österreichischen Geschichte. Ausgewählte Studien 1990–2010*, Wien / Köln / Graz 2010

Sutter Fichtner P., *The Habsburg Monarchy, 1490–1848. Attributes of Empire* (European History in Perspective), Houndmills / Basingstoke 2003

Whaley J., *Germany and the Holy Roman Empire*, Bd. 2: *From the Peace of Westphalia to the Dissolution of the Reich 1648–1806* (Oxford History of Early Modern Europe), Oxford 2012

Winkelbauer T. (Hrsg.), *Geschichte Österreichs*, Wien 2013

Beales D.E., *Joseph II.*, 2 Bde., Cambridge 1987–2009

Capra C., *Il Settecento*, in D. Sella / C. Capra, *Il Ducato di Milano dal 1535 al 1796* (Storia d'Italia, 11), Turin 1984

Dickson P.G.M., *Finance and Government under Maria Theresia 1740–1780*, 2 Bde., Oxford 1987

Duchhardt H. / Kunz A. (Hrsg.), *Reich oder Nation? Mitteleuropa 1780–1815*, Mainz 1998

http://doi.org/10.1515/9783110674965-009

Evans R.J.W. / Thomas T.V. (Hrsg.), *Crown, Church and Estates. Central European Politics in the Sixteenth and Seventeenth Centuries*, New York 1991

Faber E., *Litorale austriaco. Das österreichische und kroatische Küstenland 1700–1780*, Graz, 1995

Haas A.G., *Metternich, Reorganization and Nationality 1813–1818. A Story of Foresight and Frustration in the Rebuilding of the Austrian Empire*, Wiesbaden 1963

Klingenstein G., *The Meaning of „Austria" and „Austrian" in the Eighteenth Century*, in R. Oresko / G.C. Gibbs / H.M. Scott (Hrsg.), *Royal and Republican Sovereignty in Modern Europe*, Cambridge 1997, S. 423–478

Möller H., *Fürstenstaat oder Bürgernation. Deutschland 1763–1815* (Siedler Deutsche Geschichte, 7), Berlin 1989

Mozzarelli C., *Le intendenze politiche della Lombardia austriaca (1786–1791)*, in R. De Lorenzo (Hrsg.), *L'organizzazione dello Stato al tramonto dell'Antico Regime*, Neapel 1990, S. 61–118

Riva E., *La riforma imperfetta. Milano e Vienna tra „istanze nazionali" e universalismo monarchico (1789–1796)*, Mantua 2003

Schröder P.W., *The Transformation of European Politics 1763–1848*, Oxford 1994

Scott H. / Simms B. (Hrsg.), *Cultures of Power in Europe during the Long Eighteenth Century*, Cambridge 2007

Sked A., *Metternich and Austria. An Evaluation*, Basingstoke / New York 2008

Stauber R., *Der Zentralstaat an seinen Grenzen. Administrative Integration, Herrschaftswechsel und politische Kultur im südlichen Alpenraum 1750-1820*, Göttingen 2001

Szabo F.A.J., *Kaunitz and Enlightenend Absolutism. 1753–1780*, Cambridge 1994

Szántay A., *Regionalpolitik im alten Europa. Die Verwaltungsreformen Josephs II. in Ungarn, in der Lombardei und in den österreichischen Niederlanden. 1785–1790*, Budapest 2005

Vocelka K., *Glanz und Untergang der höfischen Welt. Repräsentation, Reform und Reaktion im Habsburgischen Vielvölkerstaat* (Österreichische Geschichte 1699–1815), Wien 2001

Wolff L., *Inventing Eastern Europe. The Map of Civilization on the Mind of the Enlightenment*, Stanford CA 1994

Restauration und Vormärz

Asche M. / Nicklas T. / Stickler M. (Hrsg.), *Was vom Alten Reiche blieb … Deutungen, Institutionen und Bilder des frühneuzeitlichen Heiligen Römischen Reiches Deutscher Nation im 19. und frühen 20. Jahrhundert*, München 2011

Barany G., *From Fidelity to the Habsburgs to Loyalty to the Nation: the Changing Role of the Hungarian Aristocracy before 1848*, in „Austrian History Yearbook", 23, 1992, S. 36–49

Beidtel I., *Geschichte der österreichischen Staatsverwaltung, 1740–1848*, 2 Bde., Innsbruck 1898

Bellabarba M. / Forster E. / Heiss H. / Leonardi A. / Mazohl B. (Hrsg.), *Eliten in Tirol zwischen Ancien Regimè und Vormärz. Le élites in Tirolo tra Antico Regime e Vormärz*, Innsbruck 2010

Berengo M., *Cultura e istituzioni nell'Ottocento italiano*, Bologna 2004

Brauneder W., *Die Habsburgermonarchie als zusammengesetzter Staat*, in H.-J. Becker (Hrsg.), *Zusammengesetzte Staatlichkeit in der Europäischen Verfassungsgeschichte*, Berlin 2006, S. 197–236

Glassheim E., *Noble Nationalists. The Transformation of the Bohemian Aristocracy*, Cambridge MA / London 2005

Heindl W., *Gehorsame Rebellen. Bürokratie und Beamten in Österreich 1780 bis 1848*, Wien 1990

Heindl W. / Saurer E., *Grenze und Staat. Passwesen, Staatsbürgerschaft, Heimatrecht und Fremden-gesetzgebung in der österreichischen Monarchie (1750–1867)*, Wien 2000

Kamusella T., *The Politics of Language and Nationalism in Modern Central Europe*, Basingstoke / New York 2009

Mazohl-Wallnig B., *Österreichischer Verwaltungsstaat und administrative Eliten im Königreich Lombardo-Venetien 1815–1859*, Mainz 1993

Mazohl-Wallnig B., *Il Regno Lombardo-Veneto „provincia" dell'Impero austriaco*, in *Il rapporto centro-periferia negli stati preunitari e nell'Italia unificata*, Rom 2000, S. 97–111

Mazohl-Wallnig B., *Governo centrale e amministrazione locale. Il Lombardo Veneto, 1848–1859*, in F. Valsecchi / A. Wandruszka (Hrsg.), *Austria e province italiane 1815–1918. Potere centrale e amministrazioni locali* (Annali dell'Istituto storico italo-germanico in Trento. Quaderni, 6), Bologna 1981, S. 13–46

Meriggi M., *Il Regno Lombardo-Veneto*, Turin 1987

Saurer E., *Straße, Schmuggel, Lottospiel. Materielle Kultur und Staat in Niederösterreich, Böhmen und Lombardo-Venetien im frühen 19. Jahrhundert*, Göttingen 1989

Siemann W., *Metternich. Staatsmann zwischen Restauration und Moderne*, München 2010

Stauber R., *Der Wiener Kongress*, Wien / Köln / Weimar 2014

Thiesse A.-M., *La creazione delle identità nazionali in Europa*, Bologna 2001

Vick B.E., *The Congress of Vienna. Power and Politics after Napoleon*, Cambridge MA / London 2014

Revolution und Konterrevolution

Agnew H., *Noble Natio and the Modern Nation. The Czech Case*, in „Austrian History Yearbook", 23, 1992, S. 50–71

Bernardello A., *Venezia nel Regno Lombardo-Veneto. Un caso atipico (1815–1866)*, Mailand 2015

Biwald B., *Von Gottes Gnaden oder von Volkes Gnaden? Die Revolution von 1848 in der Habsburger-monarchie: der Bauer als Ziel politischer Agitation*, Frankfurt a.M. 1996

Brunello P., *Colpi di scena. La rivoluzione del Quarantotto a Venezia*, Sommacampagna 2018

Cole L. (Hrsg.), *Different Paths to the Nation. Regional and National Identities in Central Europe and Italy (1830–70)*, London 2007

Deák I., *The Lawful Revolution. Louis Kossuth and the Hungarians 1848–1849*, New York 1979

Drobesch W. / Stauber R. / Tropper P.G. (Hrsg.), *Mensch, Staat und Kirchen zwischen Alpen und Adria 1848–1938. Einblicke in Religion, Politik, Kultur und Wirtschaft einer Übergangszeit*, Klagenfurt 2007

Gottsmann A., *Venetien 1859–1866. Österreichische Verwaltung und nationale Opposition*, Wien 2005

Heindl W. / Saurer E. (Hrsg.), *Passwesen, Staatsbürgerschaft, Heimatrecht, und Fremdgesetzgebung in der österreichischen Monarchie (1750–1867)*, Wien 2000

Hösler J., *Von Krain zu Slowenien. Die Anfänge der nationalen Differenzierungsprozesse in Krain und der Untersteiermark von der Aufklärung bis zur Revolution 1768 bis 1848*, München 2006

Jeismann M., *Nation, Identity, and Enmity. Towards a Theory of Political Identification*, in T. Baycroft / M. Hewitson (Hrsg.), *What is a Nation? Europe 1789–1914*, Oxford 2006, S. 17–27

Kirchner Reill D., *Nationalists who Feared the Nation. Adriatic Multi-Nationalism in Habsburg Dalmatia, Trieste, and Venice*, Stanford CA 2012

Lippert S., *Felix Fürst zu Schwarzenberg. Eine politische Biographie*, Stuttgart 1998

Rottenbacher B., *Das Februarpatent in der Praxis. Wahlpolitik, Wahlkämpfe und Wahlentscheidungen in den böhmischen Ländern der Habsburgermonarchie 1861–1871*, Frankfurt a.M. 2001

Sked A., *The Survival of he Habsburg Empire: Radetzky, the Imperial Army, and the Class War, 1848*, London / New York 1979

Valsecchi F. / Wandruszka A. (Hrsg.), *Austria e province italiane 1815–1918. Potere centrale e amministrazioni locali* (Annali dell'Istituto storico italo-germanico in Trento. Quaderni, 6), Bologna 1981

Die konstitutionelle Ära: Vom Dualismus zur Krise

Ara A. / Magris C., *Triest: eine literarische Hauptstadt in Mitteleuropa*, München 2005

Bader-Zaar B., *Foreigners and the Law in Nineteenth-Century Austria. Juridical Concepts and Legal Rights in the Light of the Development of Citizenship*, in A. Fahrmeir / O. Faron / P. Weil (Hrsg.), *Migration Control in the North Atlantic World. The Evolution of State Practices in Europe and the United States from the French Revolution to the Inter-War Period*, New York / Oxford 2003, S. 138–152

Boyer J.W, *Religion and Political Development in Central Europe around 1900. A View from Vienna*, in „Austrian History Yearbook", 25, 1994, S. 13–57

Bucur M. / Wingfield N.M. (Hrsg.), *Staging the Past. The Politics of Commemoration in Habsburg Central Europe, 1848 to the Present*, West Lafayette IN 2001

Cattaruzza M. (Hrsg.), *Nazionalismi di frontiera. Identità contrapposte sull'Adriatico nord-orientale 1850–1950)*, Soveria Mannelli 2003

Cohen G.B., *Nationalist Politics and the Dynamics of State and Civil Society in the Habsburg Monarchy, 1867–1914*, in „Central European History", 40, 2007, S. 241–278

Finzi R. / Magris C. / Miccoli G. (Hrsg.), *Il Friuli-Venezia Giulia* (Storia d'Italia. Le regioni dall'Unità ad oggi), 2 Bde., Turin 2002

Freifeld A., *Nationalism and the Crowd in liberal Hungary 1848–1914*, Baltimore MD 2000

Gottsmann A., *Rom und die nationalen Katholizismen in der Donaumonarchie. Römischer Universalismus, habsburgische Reichspolitik und nationale Identitäten 1878–1914*, Wien 2010

Horel C., *Multi- und Plurikulturalismus in urbaner Umwelt. Nationale und soziale Vielfalt in den Städten der Habsburger-Monarchie 1867–1914*, in „Mitteilungen des Instituts für österreichische Geschichtsforschung", 113, 2005, 3–4, S. 349–361

Judson P. M., *Guardians of the Nation. Activists on the Language Frontiers of Imperial Austria*, Cambridge MA 2007

Nationalität und Krieg

Ara A., *Ricerche sugli austro-italiani e l'ultima Austria*, Rom 1974

Ara A., *Fra nazione e impero. Trieste, gli Asburgo, la Mitteleuropa*, Mailand 2009

Ara A., Kolb E. (Hrsg.), *Grenzregionen im Zeitalter der Nationalismen: Elsass-Lothringen / Trient-Triest, 1870–1914* (Schriften des Italienisch-Deutschen Historischen Instituts in Trient, 12), Berlin 1998

Bahm K.F., *Beyond the Bourgeoisie. Rethinking Nation, Culture and Modernity in Nineteenth-Century Central Europe*, in „Austrian History Yearbook", 32, 1998, S. 19–35

Bellabarba M. / Mazohl B. / Stauber R. / Verga M. (Hrsg.), *Gli imperi dopo l'Impero nell'Europa del XIX secolo* (Annali dell'Istituto storico italo-germanico in Trento. Quaderni, 76) Bologna 2008

Binder H., *Galizien in Wien. Parteien, Wahlen, Fraktionen und Abgeordnete im Übergang zur Massenpolitik*, Wien 2005

Boyer J.W., *Culture and Political Crisis in Vienna. Christian Socialism in Power, 1897–1918* Chicago IL / London 1995

Breuilly J. (Hrsg.), *The Oxford Handbook of the History of Nationalism*, Oxford 2013

Cole L., *„Growing Crisis" or „Crisis of Growth". The Habsburg Empire in the Early Twentieth Century* in „Ricerche di storia politica", 3, 2006, S. 323–334

Cole L., *Questions of Nationalization in the Habsburg Monarchy*, in N. Wouters / L. van Ypersele (Hrsg.), *Nations, Identities and the First World War. Shifting Loyalties to the Fatherland*, London 2018, S. 115–134

Deák I., *Beyond Nationalism. A Social and Political History of the Habsburg Officer Corps 1848–1918*, New York 1990

Evans R.J.W. / Pogge von Strandmann H. (Hrsg.), *The Coming of the First World War*, Oxford 1998

Fellner F. / Maschl H. / Mazohl-Wallnig B. (Hrsg.), *Vom Dreibund zum Völkerbund. Studien zur Geschichte der internationalen Beziehungen 1882–1919*, München 1994

Gerwarth R., *Die Besiegten. Das blutige Erbe des Ersten Weltkriegs*, München 2017

Gumz J.E., *The Resurrection and Collapse of Empire in Habsburg Serbia, 1914–1918*, Cambridge 2009

Hämmerle C., *Des Kaisers Knechte. Erinnerungen an die Rekrutenzeit im k. (u.) k. Heer 1868 bis 1914*, Wien / Köln / Weimar 2012

Healy M., *Vienna and the Fall of Habsburg Empire. Total War and Everyday Life in World War One*, New York 2004

Höbelt L., *Franz Joseph I. Der Kaiser und sein Reich. Eine politische Geschichte*, Wien 2009.

Ivetic E., *Le guerre balcaniche*, Bologna 2006

Jelavich B., *Clouded Image. Critical Perceptions of the Habsburg Empire in 1914*, in „Austrian History Yearbook", 23, 1992, S. 223–235

Judson P.M. / Rozenblit M.L. (Hrsg.), *Constructing Nationalities in East Central Europe*, New York 2004

Kann R. / Király B. / Suttner Fichtner P. (Hrsg.), *The Habsburg Empire in World War I. Essays on the Intellectual, Military, Political and Economic Aspects of the Habsburg War Effort*, New York 1977

Kelly M.T., *Without Remorse. Czech National Socialism in Late-Habsburg Austria*, Boulder CO 2006

Kronenbitter G., *„Krieg im Frieden". Die Führung der k. und k. Armee und die Großmachtpolitik Österreich-Ungarns 1906–1914*, München 2003

Kuprian H.JW. / Überegger O. (Hrsg.), *Katastrophenjahre. Der Erste Weltkrieg und Tirol*, Innsbruck 2011

Mazohl B. / Pombeni P. (Hrsg.), *Minoranze negli imperi. Popoli fra identità nazionale e ideologia imperiale* (Annali dell'Istituto storico italo-germanico in Trento. Quaderni, 88) Bologna 2012

Namier L., *Vanished Supremacy. Essays on European History 1812–1918*, New York / Evanston 1958

Plaschka R. / Mack K. (Hrsg.), *Die Auflösung des Habsburgerreiches. Zusammenbruch und Neuorientierung im Donauraum*, Wien 1970

Rauchensteiner M., *Der Erste Weltkrieg und das Ende der Habsburgermonarchie*, Wien / Köln / Weimar 2013

Rumpler H. (Hrsg.), *Die Habsburgermonarchie und der Erste Weltkrieg: der Kampf um die Neuordnung Mitteleuropas*, XI/1/1: *Vom Balkankonflikt zum Weltkrieg*, XI/1/2: *Vom Vielvölkerstaat Österreich-Ungarn zum Neuen Europa der Nationalstaaten*, Wien 2016

Sondhaus L., *In the Service of the Emperor. Italians in the Austrian Armed Forces 1814–1918*, Boulder CO 1990

Überegger O., *Der andere Krieg. Die Tiroler Militärgerichtsbarkeit im Ersten Weltkrieg*, Innsbruck 2002

Überegger O., (Hrsg.), *Heimatfronten: Dokumente zur Erfahrungsgeschichte der Tiroler Kriegsgesellschaft im Ersten Weltkrieg*, Innsbruck 2006

Überegger O., *Erinnerungskriege. Der Erste Weltkrieg, Österreich und die Tiroler Kriegserinnerung in der Zwischenkriegszeit*, Innsbruck 2011

Vocelka M. / Vocelka K., *Franz Joseph I. Kaiser von Österreich und König von Ungarn 1830–1916*, München 2015

Watson A., *Ring of Steel. Germany and Austria-Hungary in World War I*, New York 2014

Wawro, Geoffrey, *A Mad Catastrophe. The Outbreak of World War I and the Collapse of the Habsburg Empire*, New York 2014

Williamson S.R. Jr., *Austria-Hungary and the Origins of the First World War*, New York 1991

Wingfield N.M, *Flag Wars and Stone Saints. How the Bohemian Lands Became Czech*, Cambridge MA / London 2007

Wolf M., *Die vielsprachige Seele Kakaniens. Übersetzen und Dolmetschen in der Habsburgermonarchie 1848 bis 1918*, Wien / Köln / Weimar 2012

Personenregister

Acerbi, Giuseppe 59
Adler, Friedrich 160
Adler, Viktor 136
Aehrenthal, Alois Lexa Graf von 143 f., 149–151, 163
Albert, Erzherzog 103
Alexander Obrenović, König von Serbien 142
Andrássy, Gyula Graf 105, 107, 114, 119, 120, 143
Andrássy, Gyula jun. 125
Andrian-Werbung, Viktor Franz Freiherr von
    61–62, 75, 80
Antonelli, Giacomo 104
Appony, György 65, 72, 77
Arneth, Alfred von 107
Auersperg, Adolf von 119, 120
Auersperg, Carlos von 115 f., 119
Avancini, Augusto 146

Bach, Alexander Freiherr von 91, 94–95
Badeni, Kazimierz von 131, 137 f., 158
Baldacci, Anton von 59 f.
Batthyány, Familie 12, 45
Batthyány, Lajos 78
Beck, Max Wladimir von 145, 148
Beidtel, Ignaz 62
Belcredi, Richard 102, 105
Beller, Steven 5
Benedek, Ludwig August von 74, 103
Beneš, Edvard 165
Berchtold, Leopold Graf 151 f.
Beust, Friedrich Ferdinand von 105, 107, 110
Bienerth, Richard Freiherr von 149
Biliński, Leon 151
Boyer, John W. 146
Breuilly, John 147
Bruck, Karl Ludwig von 78, 92, 94
Buol-Schauenstein, Karl Ferdinand Graf von 95

Cadorna, Luigi 157
Carpani, Giuseppe 59
Casati, Gabrio 71
Cecil, Lord Robert 162
Chlebowczyk, Józef 128
Chmel, Joseph 95
Choiseul, Étienne François de 19
Chotek von Chotkowa, Sophie 151
Chotek, Johann von 16
Chotek von Chotkowa, Rudolf 33

Christian IX., König von Danmark 101
Clam-Martinic, Heinrich 155, 160–161
Cobenzl, Ludwig von 35, 37, 39
Cole, Laurence 5
Collin, Ludwig 74
Conrad von Hötzendorf, Franz 3, 149, 151
Czernin, Ottokar 162
Czoernig, Karl von 63 f., 92 f., 95

Dalberg, Karl Theodor von 38
Deák, Ferenc 65, 72, 78, 99, 104 f., 108 f., 112,
    114, 116
Deák, István 170
Degenfeld, August Graf von 100
Di Pauli, Leo 157
Dimitrjević, Dragutin 151
Doblhoff-Dier, Anton Freiherr von 84
Dolfin, Daniele 34

Elisabeth von Österreich-Ungarn 106
Eötvös, József 65, 104, 114
Esterházy, Familie 12, 23
Esterházy, Ferenc 23
Esterházy, Pál 78, 100

Fellner, Fritz 152
Ferdinand I., Kaiser von Österreich und König
    von Ungarn 66, 78, 81, 83 ff.
Ferdinand II., Kaiser 9
Ferdinand III., Kaiser 40, 149
Festetics, Familie 12
Ficquelmont, Karl Ludwig von 76
Forgách, Antal 100
Franz Ferdinand, Erzherzog 149 ff., 163, 180
Franz I., Kaiser 21, 37, 39 ff., 50, 53 f., 56 f., 60,
    66, 70, 116
Franz II./I., Kaiser 34, 37 ff., 43 f.
Franz IV., Erzherzog 40
Franz Joseph, Kaiser von Österreich und König
    von Ungarn 88 ff., 95 ff., 99 ff., 105 f., 107,
    109 f., 111, 115 f., 118 ff., 129, 131, 138 f.,
    145, 149, 153 f., 160
Friedrich II., König von Preußen 11, 17 f.
Friedrich Wilhelm II., König von Preußen 35

Gautsch Freiherr von Frankenthurn, Paul 141,
    149 f.

http://doi.org/10.1515/9783110674965-010

George II., König von England 18
Gessmann, Albert 145
Giesl Freiherr von Gieslingen, Wladimir 153
Giskra, Karl 119
Goëss, Peter 53 f.
Görgey von Görgő und Toporc, Artúr 89
Grassalkovich, Familie 23
Grey, Charles 153

Haugwitz, Friedrich Wilhelm Graf von 11 ff., 15 ff., 20
Havlíček, Karel 81
Haynau, Julius Jakob von 91
Heinlein, Max Hussarek von 163
Henikstein, Alfred Freiherr von 103
Herbst, Eduard 120
Hohenwart, Karl Sigmund von 118, 120, 126
Hoyos, Alexander (Alek) 152
Humboldt, Caroline von 43
Humboldt, Wilhelm von 94

Jelačić, Josip 84 f.
Johann, Erzherzog 36, 39 f., 84
Joseph I., Kaiser 10 f.
Joseph II., Kaiser 6 f., 9, 20 ff., 25, 27 ff., 31 ff., 36, 42
Judson, Pieter M. 5

Karl Albert, König von Sardinien-Piemont 77
Karl Albrecht, Erzog von Bayern (Karl VII, Kaiser) 13, 15 f.
Karl I., Kaiser von Osterreich und König von Ungarn 160 ff., 164 f.
Karl VI., Kaiser 9 f., 13, 16, 37, 99
Karl, Erzherzog 40
Károly, Familie 12
Katharina II., Zarin von Russland 27, 32
Kaučič (Kavčič), Matija 86
Kaunitz-Rietberg, Wenzel Anton Fürst von 6, 16 ff., 20 ff., 24 f., 27, 31, 40, 56
Khuen-Héderváry, Károly 142
Koerber, Ernst von 138 ff., 149
Kokoschka, Oskar 3
Kolowrat-Liebsteinsky, Franz Anton Graf von 66 f., 70, 73, 75, 77
Kossuth, Ferenc 142
Kossuth, Lajos 65, 72, 76, 78, 84 f., 89, 99, 105, 114, 122
Kramář, Karel 158

Krauß, Alfred 166
Krismanić, Gideon von 103
Krobatin, Alexander von 151
Kübeck, Freiherr von Kübau, Carl Friedrich von 50, 62, 67, 69, 70, 75, 88, 90
Kudlich, Hans 85

Lacy, Franz Moritz Graf von 21
Lammasch, Heinrich 161, 165
Latour, Theodor Graf Baillet de 86
Laudon, Ernst Gideon von 33
Lažanský, Prokop 50
Lecher, Otto
Leonardi, Andrea V, 5
Leopold II., Kaiser 33 f., 48
Lloyd George, David 162
Louis Philippe I. von Orléans, Bürgerkönig 66
Ludwig XIV., König von Frankreich 18
Ludwig XVI., König von Frankreich 33
Ludwig, Erzherzog 67
Lueger, Karl 136, 140, 147, 150, 179

Macartney, Carlile Aylmer 7, 112
Madeyski, Stanisław 127
Manin, Daniele 77
Maria Theresia von Österreich 7, 10 f., 16 f., 21 ff., 25, 27 f., 50
Mazohl, Brigitte V, 5
Mensdorff-Pouilly, Alexander Graf von 102
Mérey, Kajetan 151
Meriggi, Marco 5, 56
Metternich, Klemens von 40 ff., 45, 49, 54, 57 f., 64, 66 f., 71 f., 74 ff., 92, 101
Modigliani, Amedeo 3
Moltke, Helmuth Karl Bernhard von 103
Musil, Robert 2 f., 5, 120
Musulin, Alexander von 153

Namier, Lewis Bernstein 165 f.
Napoleon I., Kaiser der Franzosen 35 f., 37 ff., 42, 51, 53 f., 57, 59
Napoleon III., Kaiser der Franzosen 95, 102

Okey, Robin 65, 154
Orlando, Vittorio Emanuele 164
Ostrožinski, Ognjeslav Utješenović 82

Palacký, František 80 ff., 86 f., 118
Pálffy, Aloys Graf 77

Pálffy, Familie 12
Pálffy, Nikolaus Graf 23
Pašić, Nikolas 151, 153
Pellico, Silvio 58
Pergen, Johann Anton von 6
Peter I. Karadjordjević, König von Serbien 143
Peter III., Zar von Russland 18
Petöfi, Sándor 72, 78
Pillersdorf, Franz von 77, 82, 84
Pius IX., Papst 116
Plener, Ignaz von 100
Potiorek, Oskar 151, 156
Pražák, Alois von 127
Princip, Gavrilo 151

Raab, Franz Anton von 26
Radetzky von Radetz, Josef Wenzel Graf von 77 f., 83, 91
Rainer Ferdinand, Erzherzog 96
Rainer Joseph, Erzherzog und Vizekönig des Lombardo-Venetianischen Königreiches 51
Rauchberg, Heinrich 132
Rechberg, Bernhard von 97, 100, 102
Redlich, Josef 149 f., 155, 161, 164 f., 180
Renier, Polo 23
Riccabona, Vittorio de 137
Rieger, František Ladislav 118
Romanow, Familie 19
Romilli, Carlo Bartolomeo 76
Rossetto, Luca 5
Rottenhan, Heinrich Franz Graf von 48

Šantel/Schantel Anton 82
Sardagna, Joseph von 56 ff.
Saurau, Franz von 51, 57
Schlieffen, Alfred von 154
Schmerling, Anton von 90, 96 ff., 116, 127, 138
Schönerer, George von 129, 136, 139, 145
Schwarzenberg, Felix von 74 f., 88, 90 ff., 95 f., 101
Schwarzenberg, Friedrich von 113
Schwarzenberg, Karl 174
Seidl, Gabriel 82

Seidler von Feuchtenegg, Ernst 160
Sembratowicz, Josyf 129
Sommaruga, Franz von 77
Sonnenfels, Joseph von 29
Springer, Johannes 44
Stadion, Franz von 88, 98, 130, 138
Stadion, Johann Phillip von 39 f.
Stadion, Rudolph von 74
Stauber, Reinhard 5
Stourzh, Gerald 132, 178
Strassoldo, Giulio 58
Stürgkh, Karl von 149 ff., 157, 160
Szabo, Franz A.J.
Szapáry de Szapár, Gyula Graf 125
Széchenyi, István Graf 64 f., 67, 72, 78

Taaffe, Eduard von 121, 126, 134 ff.
Thugut, Franz de Paula 35 f.
Thun, Familie 47
Thun-Hohenstein, Franz Graf von 157
Thun-Hohenstein, Leo Graf von 83, 94 f., 112 f.
Tisza, István 152
Tisza, Kálmán 114 ff., 118, 122, 124 f., 142
Tommaseo, Niccolò 77
Torresani, Carlo Giusto 76
Turco Turcati, Simone 87
Turnbull, Peter Evan 61

Überegger, Oswald V, 5

Vivante, Angelo 148
Voltelini, Hans von 140 f.

Wekerle, Sándor 144, 148
Wenkheim, Béla 115
Wessélenyi, Miklós 64 f.
Wilhelm I., König von Preußen 101, 102
Wilhelm Karl, Erzherzog 161
Wilson, Woodrow 162
Windisch-Graetz, Alfred I. zu 86, 88

Zinzendorf, Karl von 33
Zinzendorf, Ludwig von 16
Zweig, Stefan 167

www.ingramcontent.com/pod-product-compliance
Lightning Source LLC
Chambersburg PA
CBHW050920150426
42812CB00051B/1922